高等职业教育机电类专业规划教材

中文版 AutoCAD 项目教程

朱　芸　李文斌　主　编

李云平　鲁　静
李　勇　曾令慧　副主编

中国铁道出版社
CHINA RAILWAY PUBLISHING HOUSE

内 容 简 介

本书结合《机械制图》及 CAD 绘图国家标准，主要介绍了使用 AutoCAD 2007 中文版进行机械绘图的流程、方法和技巧。采用项目式编写方式，全书分为三个模块，分别对应三个教学阶段，模块一为 AutoCAD 2007 制图基础，模块二为机械制图，模块三为三维绘图。三个模块共包括 15 个项目，每个项目分设“项目目标”“相关知识”“项目描述”以及“项目实施”等版块，同时还为广大读者准备了大量项目练习与项目拓展。读者通过完成“项目”，掌握相关理论知识和绘图方法。全书所有绘图任务均选择在“AutoCAD 经典”绘图空间进行讲解，因此适用于 AutoCAD 2006 及以上软件版本。

本书适合作为高等职业院校机械设计与自动化、数控技术、计算机辅助设计与制造、机电一体化等专业的教学用书，也可供 AutoCAD 软件的初学者参考。

图书在版编目（CIP）数据

中文版 AutoCAD 项目教程 / 朱芸，李文斌主编. —北京：中国铁道出版社，2015.12
高等职业教育机电类专业规划教材
ISBN 978-7-113-20536-2

Ⅰ. ①中… Ⅱ. ①朱… ②李… Ⅲ. ①机械制图－AutoCAD 软件－高等职业教育－教材 Ⅳ. ①TH126

中国版本图书馆 CIP 数据核字（2015）第 181283 号

书　　名：中文版 AutoCAD 项目教程
作　　者：朱　芸　李文斌　主编

策　　划：何红艳　　　　**读者热线：**010-63550836
责任编辑：何红艳
编辑助理：钱　鹏
封面设计：付　巍
封面制作：白　雪
责任校对：汤淑梅
责任印制：李　佳

出版发行：中国铁道出版社（100054，北京市西城区右安门西街 8 号）
网　　址：http://www.51eds.com
印　　刷：北京明恒达印务有限公司
版　　次：2015 年 12 月第 1 版　　2015 年 12 月第 1 次印刷
开　　本：787 mm×1 092 mm　1/16　**印张：**13.25　**字数：**322 千
书　　号：ISBN 978-7-113-20536-2
定　　价：29.00 元

FOREWORD | 前言

AutoCAD（Auto Computer Aided Design）是 Autodesk（欧特克）公司首次于 1982 年开发的自动计算机辅助设计软件，用于二维绘图、详细绘制、设计文档和基本三维设计。现已经成为国际上广为流行的绘图工具。AutoCAD 具有良好的用户界面，通过交互菜单或命令行方式便可以进行各种操作。它的多文档设计环境，让非计算机专业人员也能很快地学会使用。在不断实践的过程中更好地掌握它的各种应用和开发技巧，从而不断提高工作效率。AutoCAD 具有广泛的适应性，它可以在各种操作系统支持的微型计算机和工作站上运行。

学习并掌握 AutoCAD 绘图技术可大幅度提高设计绘图效率。随着科学技术的进步，AutoCAD 不断完善，但考虑到有些企业和学校软件尚未更新，职业技能鉴定部门也还在使用 AutoCAD 2007，为兼顾先进性和实用性，本教材以 AutoCAD 2007 为主进行介绍，使读者探索 AutoCAD 前进的轨迹，不断完成知识更新、能力更新。

本书的特点在于项目教学法，以市场需求为基础、以岗位能力要求为依据，规划课程的构造体系，将课程内容分为三个模块对应三个教学阶段。第一个模块为 AutoCAD 2007 制图基础，第二个模块为机械制图，第三个模块为三维绘图。本书包含 AutoCAD 2007 入门、基本二维图形绘制与编辑、高级二维图形绘制与编辑、图块的应用、外部参照和设计中心的应用、文字输入与表格创建、图层特性管理、尺寸标注及编辑等 15 个项目。本书从机械专业绘图的岗位需求出发，根据实际产品的设计思路和生产要求精心设计各个项目，将岗位能力所需的相关知识和技能整合起来，形成若干个相互独立又有内在联系的主题项目。从简单平面图形开始，逐步增加知识与技能的难度。各项目间形成梯度，相同难度的项目又有多个实训案例可供学生自主选择练习。学生围绕项目任务，通过教师传授知识和示范操作，完成对相关理论知识的学习并实现实践操作技能的提高，从而达到高级绘图员的岗位能力要求。在学习形式上，学生边动手、边思考、边学习，通过各种手段提高了学生的学习兴趣和积极性，增强学生主动探究问题和练习实践的信心，提高了学生的专业综合素质和能力。

本教材由武汉软件工程职业学院电子工程学院朱芸、李文斌担任主编，李云平、鲁静、李勇、曾令慧担任副主编。

由于时间仓促，加之编者水平有限，书中难免存在疏漏和不足之处，恳请读者提出宝贵的意见和建议。

编　者

2015 年 10 月

CONTENTS | 目　录

模块一　AutoCAD 2007 制图基础

项目一　AutoCAD 2007 入门 2
项目练习 18
项目拓展 18
项目二　基本二维图形绘制与编辑 20
项目练习 43
项目拓展 46
项目三　高级二维图形绘制与编辑 47
项目练习 1 70
项目练习 2 71
项目拓展 72
项目四　图块的应用 74
项目练习 1 81
项目练习 2 82
项目拓展 1 82
项目拓展 2 83
项目五　外部参照和设计中心的应用 84
项目练习 88
项目拓展 88
项目六　文字输入与表格创建 90
项目练习 97
项目拓展 98
项目七　图层特性管理 99
项目练习 106
项目拓展 107
项目八　尺寸标注及编辑 108
项目练习 1 125
项目练习 2 125
项目拓展 1 126
项目拓展 2 127

模块二 机械制图

项目九 轴类零件图的绘制 130
项目练习 1 137
项目练习 2 138
项目拓展 1 138
项目拓展 2 139
项目十 盘盖类零件图的绘制 140
项目练习 1 142
项目练习 2 143
项目拓展 1 144
项目拓展 2 145
项目拓展 3 146
项目十一 叉架类零件图绘制 148
项目练习 151
项目拓展 1 152
项目拓展 2 152
项目十二 箱体类零件图的绘制 154
项目练习 158
项目拓展 1 159
项目拓展 2 160
项目十三 轴测图的绘制 162
项目练习 169
项目拓展 170
项目十四 装配图的绘制 171
项目练习 176
项目拓展 179

模块三 三维绘图

项目十五 三维实体建模 184
项目练习 1 202
项目练习 2 203
拓展项目 1 204
拓展项目 2 205

本模块为基础篇。全篇由浅入深、循序渐进地介绍了 AutoCAD 2007 的基本功能和使用技巧，是指导初学者学习 AutoCAD 2007 的入门篇。本模块中详细介绍了初学者必须掌握的基础知识、操作方法和使用技巧。

整个模块包括七个项目，分别介绍了 AutoCAD 2007 的工作界面及其基本操作、二维平面绘图命令、修改编辑命令、图块的应用、文字输入与表格创建、图层特性管理、尺寸标注及编辑。

模块一

AutoCAD 2007 制图基础

项目一 AutoCAD 2007 入门

AutoCAD 的版本一直在不断更新，为了保持软件的兼容性，AutoDesk 公司不仅保留了以前版本的诸多优点，如操作方便、绘图快捷等，同时在易用性和提高工作效率方面增加了许多新的功能和特性。

项目目标

1．熟悉 AutoCAD 2007 中文版软件的工作界面，掌握其文件管理的基本方法。

2．熟悉 AutoCAD 2007 中文版软件基本功能命令和操作。

3．掌握精确绘制图形的基本方法。

相关知识

一、AutoCAD 2007 的工作界面与文件管理

1．软件启动

安装了 AutoCAD 2007 中文版软件后，可以采用以下三种方法启动。

（1）双击桌面上的 AutoCAD 2007 快捷图标。

（2）单击桌面上的“开始/程序/AutoCAD 2007”。

（3）从“我的电脑”打开相应的文件夹，找到 AutoCAD 2007 中文版安装的目录，双击 ACAD.EXE 程序。

2．经典界面介绍

AutoCAD 2007 经典界面主要由标题栏、菜单栏、工具栏、绘图窗口、命令栏、坐标系图标、状态栏等组成，如图 1–1 所示。

（1）标题栏

标题栏位于屏幕的顶部，其中显示的内容有 AutoCAD 的程序图标、软件名称、当前打开的文件名等信息。标题栏的右边是 Windows 标准应用程序的控制按钮，用户可以通过单击相应的按钮使 AutoCAD 窗口最小化、最大化或者关闭。

（2）菜单栏

菜单栏位于标题栏的下方，是 AutoCAD 命令的集合，默认的情况下有 11 个菜单项目，其中包含了 AutoCAD 中几乎所有的功能和命令，如图 1–2 所示。

特别提示

- 命令后跟有右三角符号，表示该命令下还有子命令。
- 命令后跟有快捷键（或组合键），表示按下该快捷键（或组合键）即可执行该命令。
- 命令后跟有省略号，表示选择该命令后会弹出相应的对话框。
- 命令呈现灰色，表示该命令在当前状态下不可用。

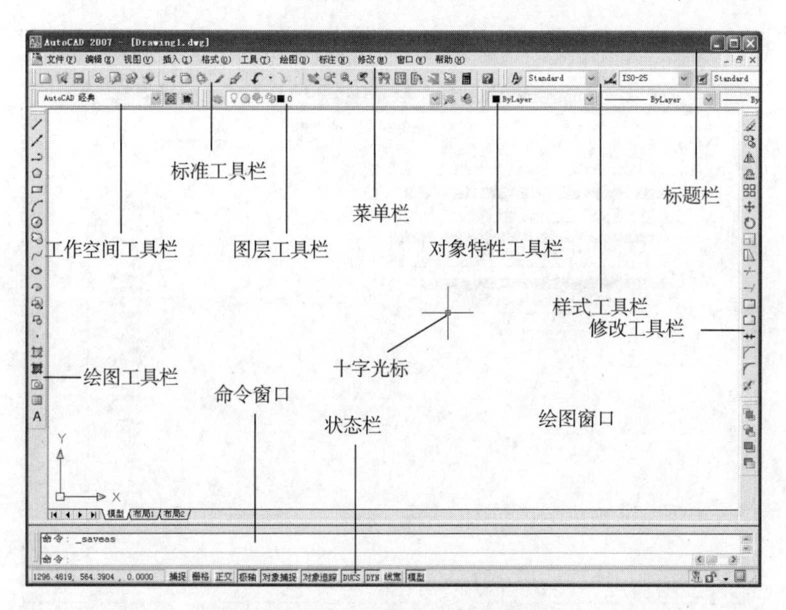

图 1-1　AutoCAD 2007 操作界面

图 1-2　下拉菜单栏

（3）工具栏

工具栏可以看作由图标命令按钮组成的 AutoCAD 命令的快捷方式。AutoCAD 2007 提供了 30 多种标准工具栏，默认情况下存在“标准”“工作空间”“绘图”“修改”“特性”“图层”“样式”这七个工作栏，并且将其固定在绘图窗口周围，用户可以用鼠标拖动并移动这些工具栏，使其处于浮动状态，如图 1-3 所示。

根据需要，也可以打开其他工具栏或关闭已有工具栏。可采用以下方法：在 AutoCAD 窗口中任一个工具栏上右击，在弹出的菜单中选择需要打开或关闭的工具栏，如图 1-3 所示，或单击“视图”菜单，选择“工具栏(O)……”，在“自定义用户界面”对话框中打开需要的工具栏。

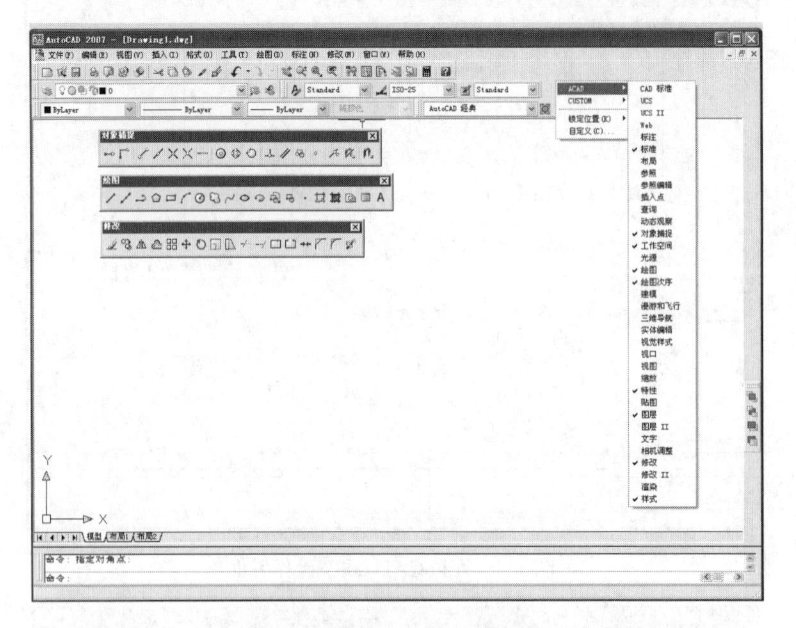

图 1-3　工具栏的开启、关闭及移动

特别提示

● 将鼠标放在工具栏上的某一个按钮上面时，将弹出该按钮的名称。

（4）绘图区

绘图区类似于手工绘图时的图纸，是用户绘制与编辑图形的主要场所。用户可以根据需要隐藏或关闭绘图窗口周围的选项板和工具栏来扩大绘图区域，也可以按【Ctrl+O】组合键切换到“专家模式”，在该模式下只显示菜单栏、绘图窗口、命令栏和状态栏可最大限度地扩大绘图区域，“专家模式”适用于对 AutoCAD 非常熟悉的高级用户。

鼠标移动至绘图区变成十字线光标，称为十字光标，其交点反映了光标在当前坐标系中的位置。默认情况下，坐标系为世界坐标系（WCS）。窗口的下方还有“模型”和“布局”选项卡，选择相应的选项卡可以在模型空间和布局空间之间进行切换。

（5）命令提示窗口

命令提示窗口是用户和 AutoCAD 进行人机对话的窗口。在绘图时应特别注意这个窗口。AutoCAD 2006 以后的版本中，系统在“动态输入”光标附近提供了一个命令界面，以帮助用户专注于绘图区。默认情况下，命令行固定于绘图窗口的底部，用户可以根据需要用鼠标拖动命令栏的边框来改变命令行的大小，或拖动命令行的标题栏，使其处于浮动状态，另外，用户还可以按【F2】键或选择“视图”→“显示”→“文本窗口”命令，在打开的“AutoCAD 文本窗口”中查看这些信息。

（6）状态栏

状态栏位于绘图窗口的下端，用来显示当前的绘图状态。状态栏左端显示绘图区中光标定位点的坐标 X、Y、Z，右侧依次有“捕捉”“栅格”“正交”“极轴”“对象捕捉”“对象追踪”“允许/禁止动态 UCS（DUCS）”“动态输入（DYN）”“线宽控制”和“模型/图纸空间”10 个辅助绘图按钮，如图 1-4 所示。

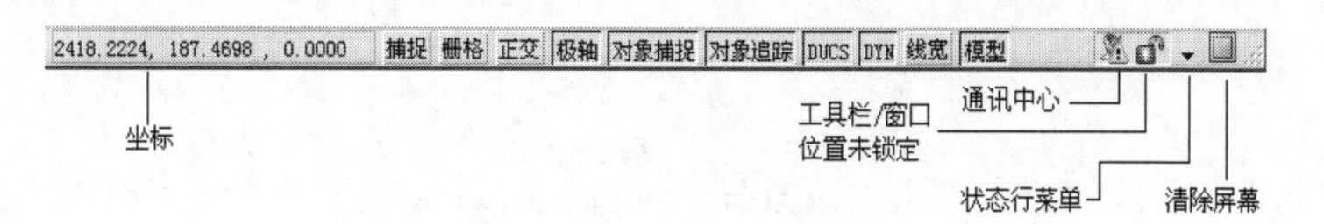

图 1-4　工具栏的开启、关闭及移动

3. 三维建模界面

在 AutoCAD 2007 中，系统提供了两种工作空间供用户选择，一种是“AutoCAD 经典”工作界面，另一种是“三维建模”界面。选择“工具”→“工作空间”→“三维建模”命令，或在“工作空间”工具栏的下拉列表中选择“三维建模”选项，即可切换工作空间到“三维建模”界面，如图 1-5 所示。

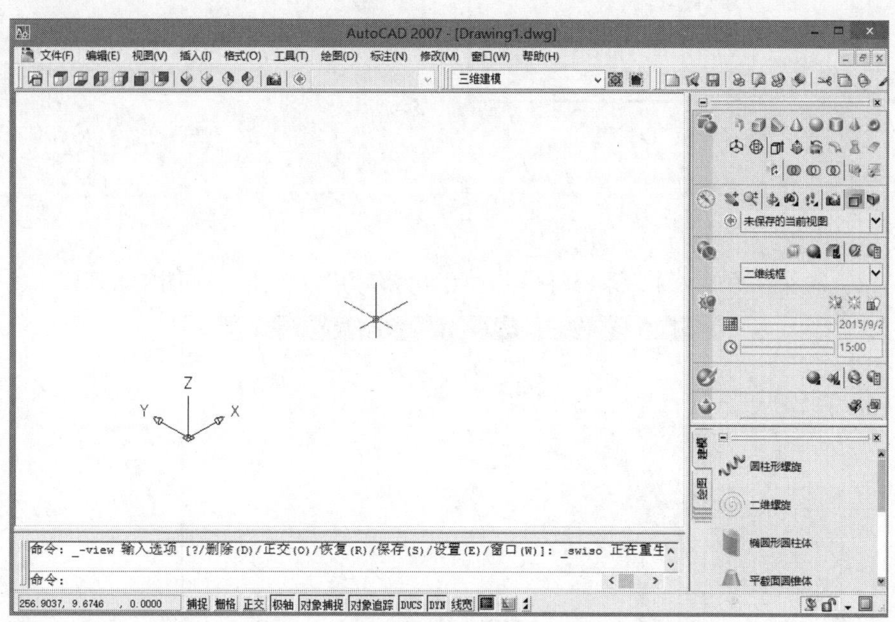

图 1-5　AutoCAD 2007 三维建模界面

在“三维建模”界面中，系统默认栅格以网格的形式显示，同时光标也变成了由三条相互垂直的直线组成的三维光标。另外，在“面板”选项板中集成了“三维制作控制台”“三维导航控制台”“光源控制台”“视觉控制台”“材质控制台”和“渲染控制台”等选项区域，从而为创建与编辑三维对象、创建动画提供了非常方便的环境。该部分内容将在本书模块三中具体介绍。

4. 文件管理

（1）新建图形文件

标准工具栏：单击□按钮。

下拉菜单：“文件”“新建”。

命令窗口：new ↙或 qnew↙。

执行新建图形命令后，AutoCAD 将弹出“选择样板”对话框，如图 1-6 所示。在该对话框中的列表框中选择需要的样板文件，单击“打开”按钮即可新建图形文件。

（2）打开和保存图形文件

标准工具栏：单击按钮。

下拉菜单：“文件”“打开”按钮。

命令窗口：open↙。

打开图形时，用户可以单击“打开”按钮右边的下三角按钮，选择不同的打开方式，如图 1-7 所示。

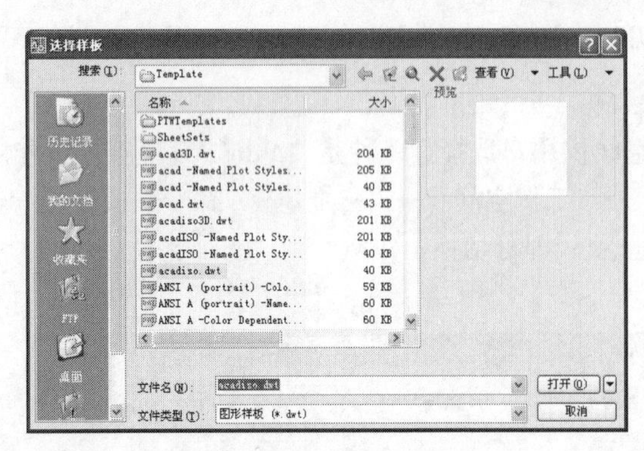

图 1-6 “选择样板”对话框

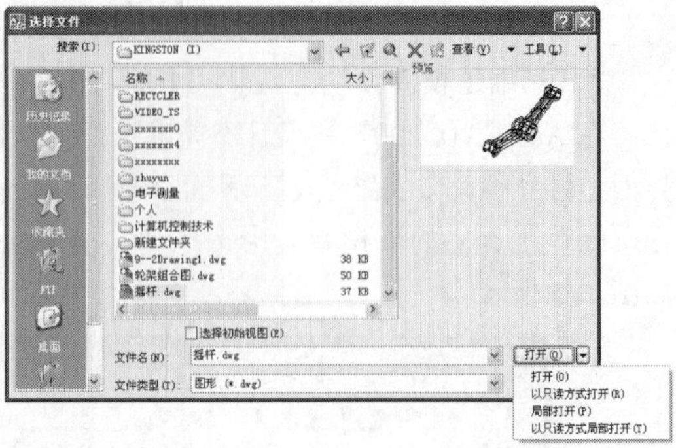

图 1-7 “选择文件”对话框

标准工具栏：单击按钮。

下拉菜单：“文件”“保存”

命令窗口：qsave↙。

若是第一次保存图形文件，系统将弹出“图形另存为”对话框，如图 1-8 所示。

图 1-8 “图形另存为”对话框

特别提示

根据需要保存为其他格式的文件：

- .dwg 格式：标准 AutoCAD 各版本的图形格式。由于低版本的图形文件可以在高版本下打开，但是高版本的文件不能在低版本下打开，当需要在装有不同版本的计算机上使用文件时，可以选择较低的版本存储图形。
- .dws 格式：用来创建定义图层特性、标注样式、线型和文字样式的标准文件。
- .dwt 格式：图形样板文件。通常可能包含预定义的图层、标注样式、文字样式和视图等。系统定义的样板文件保存在 template 目录中，也可以定制用户自己的样本文件以提高绘图效率。
- .dxf 格式：被广泛支持的矢量图形格式，文件可以直接采用文本编辑器阅读。它用于在应用程序之间共享图形数据。目前 dxf 格式是许多图形软件相互之间交换数据的一种格式，如 CorelDRAW、3DS Max 和 AutoCAD 等都支持 dxf 格式。

（3）加密图形文件

在 AutoCAD 2007 中，用户在保存文件时可以使用密码保存功能，对文件进行加密保存。对图形文件进行加密的具体操作方法如下：选择“文件”→“另存为”命令，打开“图形另存为”对话框，在该对话框中的“工具”下拉列表中选择“安全选项”选项，弹出“安全选项”对话框，如图 1-9 所示。在“安全选项”对话框中选择“密码”选项卡，在该选项卡中的文本框中输入密码，单击“确定”按钮后弹出“确认密码”对话框，如图 1-10 所示。

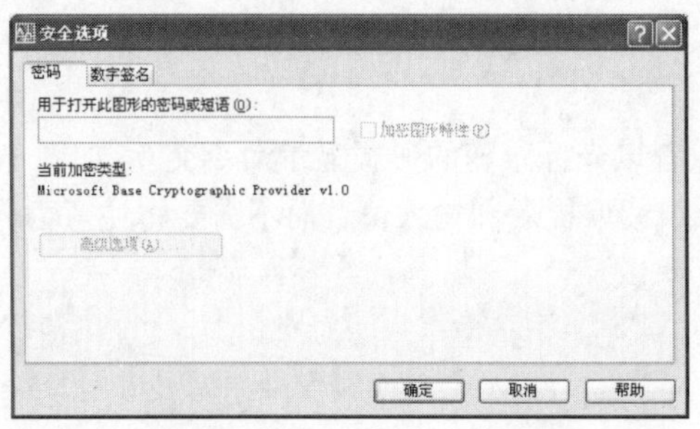

图 1-9 “安全选项”对话框

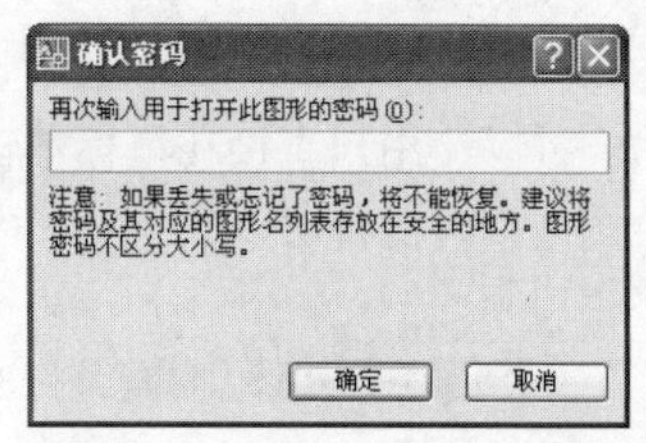

图 1-10 “确认密码”对话框

在“确认密码”对话框中的文本框中再次输入密码，单击“确定”按钮后返回到“图形另存为”对话框。这样保存的图形文件在打开时就会弹出“密码”提示框，用户只有正确输入密码后才能打开该图形文件。

（4）关闭与退出

绘制图形结束后，需要关闭图形文件，然后退出程序。执行关闭图形文件的方法有以下 5 种：单击标题栏右上角的“关闭”按钮；选择“文件”→“关闭”命令；选择“文件”→“退出”命令；双击标题栏左上角的图标或图标；在命令行中输入命令 close 或 quit。

二、AutoCAD 2007 的基本功能命令与操作

1．调用命令

调用命令的方法主要有 5 种：

（1）菜单栏

通过单击菜单栏中的某一个菜单项，会弹出对应的下拉式菜单，再单击下拉式菜单中的某一选项，即可完成某种命令的调用。

（2）命令行

在命令行直接输入命令。有些命令具有缩写的名称，称为命令别名，此时可以输入命令别名，以缩短输入时间。要在命令行使用键盘输入命令，请在命令行中输入完整的命令名称，然后按【Enter】键或空格键。例如，除了通过输入 LINE 来启动直线命令之外，还可以输入 L 快捷键启动绘制直线命令。

特别提示

- 如果要无限次重复使用某个命令，在命令行输入命令时可以在要调用的命令名前输入“MULTIPLE”，就可以无限次重复执行该命令，要终止该命令，按【Esc】键即可。例如：无限次执行 LINE，则可以输入“MULTIPLE”，然后再输入“LINE”即可。

（3）工具栏

工具栏是最常用的命令调用方法，单击工具栏中的命令按钮，即可执行相应的命令。

（4）快捷菜单

单击鼠标右键弹出对应的菜单，单击菜单中的命令按钮，即可执行相应的命令。

AutoCAD 2007 可以重复调用刚刚使用过的命令，而不需要重新选择该命令。按空格键或【Enter】键，或单击鼠标右键在快捷键的顶部选择要重复执行的命令，该命令应是用户刚刚使用过的命令，如图 1-11 所示。

（5）动态输入

在 AutoCAD 2006 版以后，新的动态提示输入设置以光标跟随的形式显示命令交互，如图 1-12 所示。可以让用户直接在鼠标单击处快速启动命令，读取提示和输入值，而不需要将注意力分散到绘图区以外的地方。

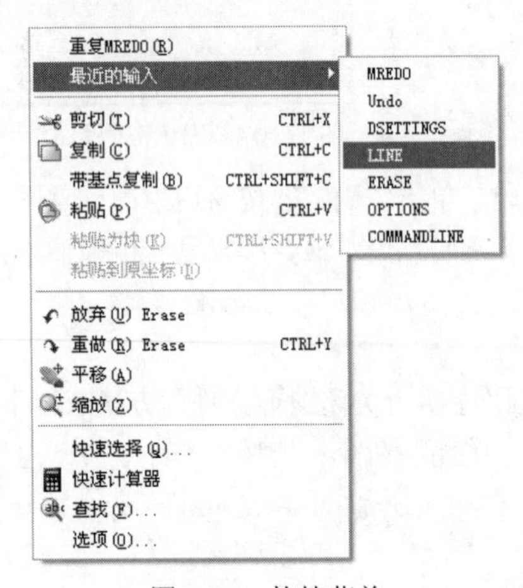

图 1-11　快捷菜单

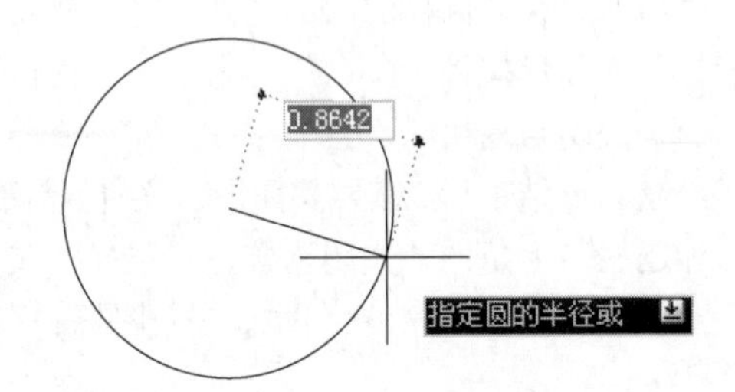

图 1-12　动态输入示例

2. 命令的终止、撤销与重做

在 AutoCAD 中，用户可以方便地终止正在执行的命令或撤销前面执行的一条或多条命令。此外，撤销前面执行的命令后，还可以通过重做来恢复。

（1）终止命令

命令执行过程中，用户在下拉菜单或工具栏调用另一命令，将自动终止正在执行的命令。此外，可以随时按【Esc】键终止命令的执行。

（2）撤销命令

标准工具栏：单击按钮。

下拉菜单："编辑""放弃"。

命令窗口：undo(u)↙。

利用撤销命令可逐次撤销前面输入的命令。在命令行输入 undo 命令，然后再输入要放弃的命令的数目，可一次撤销前面输入的多个命令。例如要撤销最后的三个命令。

输入命令 undo 后，命令窗口会出现提示信息：

输入要放弃的操作数目或 [自动(A)/控制(C)/开始(BE)/结束(E)/标记(M)/后退(B)] <1>: 3↙

由于命令的执行是依次进行的，所以当返回到以前的某一操作时，其间的所有操作都将被取消。

（3）重做命令

如果要恢复撤销的最后一个命令，使用 redo 命令或选择"编辑"→"重做"命令。

标准工具栏：单击按钮。
下拉菜单："编辑""重做"。
命令窗口：redo↙。

3. 选取对象

对图形进行编辑操作时，首先需要选择编辑的对象，AutoCAD 2007 用虚线高亮显示被选择的对象，以提醒用户注意，这些被选择的对象将构成选择集。

（1）选取一个对象

如果选取一个对象，直接在要选择的对象上单击，系统将高亮显示对象，表示已经选择上了。如果要取消选择，按【Esc】键即可。

（2）逐个选取多个对象

单击鼠标，将矩形框放在要选择对象的位置，系统将高亮显示对象，再次单击即可选择对象。如果选择的某些对象并不是用户想要的，可以按住【Shift】键，并再次单击该对象，系统将从当前选择集中去掉误选的对象。

（3）同时选取全部对象

单击鼠标，将矩形框放在要选择对象的位置，注意要全部覆盖被选择的对象，系统将高亮显示对象，再次单击即可选择对象。或者在"选择对象:"提示下，输入"ALL"并按【Enter】键，即可选择全部对象。

4. 设置图形单位和界限

（1）图形单位

下拉菜单："格式""单位"
命令窗口：unit↙。

弹出的图形单位对话框中可以设置长度和角度测量单位类型及精度，同时还可以设定角度起始点及角度测量方向，默认 0° 方向为东，如图 1-13 所示。

（2）图形界限

下拉菜单："格式""图形界限"
命令窗口：limits↙。

命令窗口会出现提示信息：

指定左下角点或[开（ON）/（OFF）]<0.0000,0.0000>:

提示中选项"开（ON）"表示打开图形界限检查，选择此选项后，系统不接受设定的图形界限之外的点输入；选项"关（OFF）"表示关闭图形界限检查，用户可在图形界限之外拾取点，此项为系统的默认设置。

5. 显示控制

在绘制图形时，由于显示屏的大小有限，画图时经常放大局部画图，这样就要经常对视窗进行放大和缩小。

视图缩放

标准工具栏：单击按钮。
下拉菜单："视图""缩放 ▸""实时"/"上一个"/"窗口"等。
命令窗口：zoom↙。

视图缩放工具有 9 个选项，如图 1-14 所示。

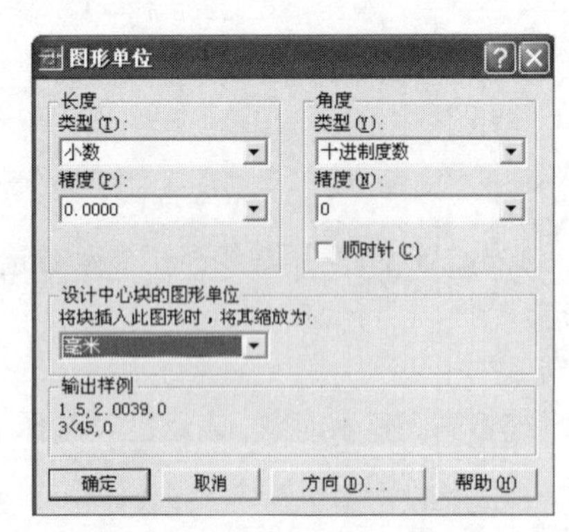

图 1-13 “图形单位”对话框

图 1-14 缩放工具栏

窗口缩放——此为默认选项。系统将把窗口内的图形放大到全屏显示。

动态缩放——利用此项选项，可以实现动态缩放及平移两个功能。

比例缩放——按照输入的比例，以当前视图中心为中心缩放视图。比例因子大于 1，图像将被放大；小于 1，将被缩小。如果在比例因子中，带有 x，表示对当前视图进行缩放；带有 xp，表示相对图纸空间缩放当前视图；如果仅仅是数字，会将图形的真实尺寸进行缩放后显示在屏幕上。

中心缩放——系统将按照用户指定的中心点、比例或高度，进行缩放。

中心缩放——以便尽可能大地显示一个或多个选定的对象并使其位于绘图区域的中心。

放大——默认的情况下放大一倍。

缩小——默认的情况下缩小一半。

全部缩放——以绘图范围显示全部的图形。

范围缩放——选择此项，将使图形充满屏幕。与全部缩放不同的是，此项仅针对图形范围，而不是绘图范围。

三、精确绘制图形

1. 坐标系统

要精确绘制图形，必须以某个坐标系作为参照。AutoCAD 的坐标系统可以帮助绘图者在绘图过程中精确定位对象，准确的设计绘制图形。

(1) 笛卡儿坐标系

笛卡儿坐标系 CCS（Cartesian Coordinate System）是平面坐标系与三维坐标系的“二合一”坐标系，在屏幕底部状态栏上所显示的三维坐标值，就是笛卡儿坐标系中的数值，它准确无误地反映出当前十字光标所处的位置，如图 1-15 所示。

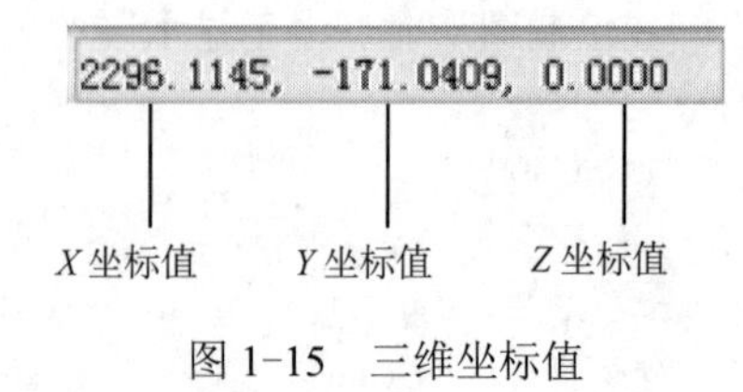

图 1-15 三维坐标值

该坐标系统分为直角坐标系和极坐标系两种。直角坐标系中，用户可以用分数、小数或科学记数等形式输入点的 *X*、*Y*、*Z* 坐标值，坐标间用逗号隔开，如（7，5，0）、（100，50，60）。极坐标系中，把输入值看作对点（0，0）的位移，只不过给定的是距离和角度，其中距离和角度用“<”号分开，如 18<45 和 60<120，如图 1-16 所示。

(2) 世界坐标系和用户坐标系

世界坐标系（World Coordinate System，简称 WCS），又称通用坐标系。AutoCAD 默认的世界

坐标系 X 轴正向水平向右，Y 轴正向垂直向上，Z 轴与屏幕垂直，正向由屏幕向外。图纸上的任何一点，都可以用该点到原点的位移来表示，原点的坐标为（0，0，0）。

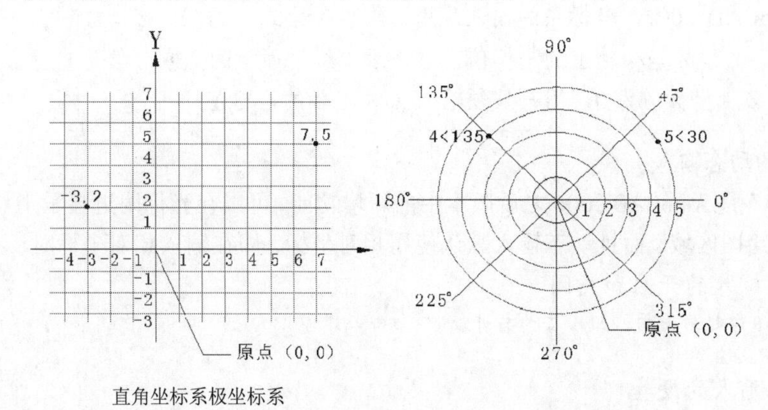

图 1-16　笛卡儿坐标系

用户坐标系（User Coordinate System，简称 UCS），是一种相对坐标系。与世界坐标系不同，用户坐标系可选取任意一点为坐标原点，也可以任意方向为 X 轴正方向。用户可以通过调用 UCS 命令去创建用户坐标系。尽管 WCS 是固定不变的，但可以从任意角度、任意方向来观察或旋转 WCS，而不用改变其他坐标系。默认情况下 WCS 和用户坐标系（UCS）重合。世界坐标系和用户坐标系如图 1-17 所示。

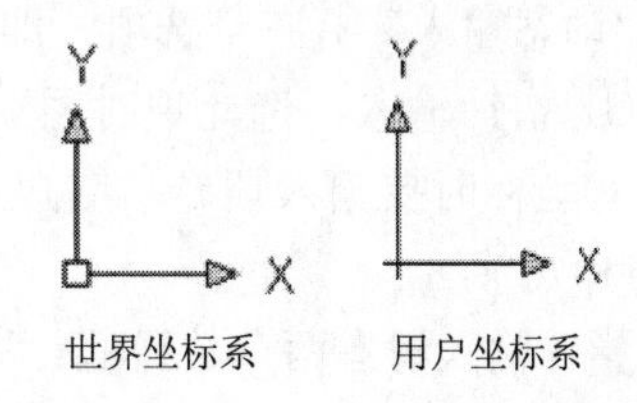

图 1-17　世界坐标系和用户坐标系图示

（3）坐标的表示方法

在 AutoCAD 2007 中，点的坐标可以使用绝对直角坐标、绝对极坐标、相对直角坐标和相对极坐标 4 种表示方法。在二维绘图中，可暂不考虑点的 Z 坐标。

① 绝对直角坐标。指当前点相对坐标原点 O 的坐标值。如图 1-18 所示 A 点的绝对坐标为(50, 86.6)。

② 绝对极坐标。它可用“距离<角度”表示。其中距离为当前点相对坐标原点的距离，角度表示当前点和坐标原点连线与 X 轴正向的夹角。如图 1-18 所示，A 点的绝对极坐标可表示为（100<60）。

③ 相对直角坐标。相对直角坐标是指当前点相对于某一点坐标的增量。相对直角坐标前加“@”符号。例如图 1-18 中 A 点的绝对坐标为（50, 86.6），B 点相对 A 点的相对直角坐标为（@35.4, 35.4），则 B 点的绝对直角坐标为(85.4, 122)。

④ 相对极坐标。相对极坐标用“@距离<角度”表示，例如图 1-18 中 B 点相对 A 点的相对极坐标为（@50<45）表示当前点到下一点的距离为 50，当前点与下一点连线与 X 轴正向夹角为 45°。

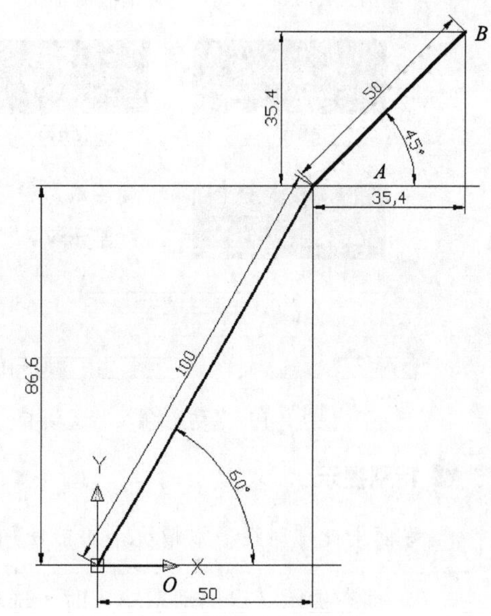

图 1-18　坐标表示示例

特别提示

- 在 AutoCAD 2007，坐标系的输入采用三维坐标格式（X，Y、Z），其中 X，Y 和 Z 分别表示 X，Y 和 Z 坐标轴上的坐标值，当表示二维平面上的点或者位移坐标值时，系统自动设置 Z 轴坐标值为 0，用户只须输入 X 和 Y 轴的坐标值即可。

2．坐标的动态输入

“动态输入”是 AutoCAD 2006 之后版本中的新增功能，可以在光标附近显示工具栏提示信息，使用户专注于绘图区域，而且动态输入默认使用相对坐标，即在输入相对坐标时，不必再输入@。

（1）动态输入的开启和关闭

状态栏：DYN弹起为关闭，凹下去为打开。

快捷键：【F12】

（2）动态输入的设置

在DYN按钮上单击鼠标右键，选择“设置”命令；或选择“工具”→“草图设置”命令，在弹出的“草图设置”对话框中选择“动态输入”选项卡，如图 1-19 所示，弹出动态输入设置对话框。

“动态输入”有三个选项，即：

① 指针输入：选此项时系统默认为相对坐标，即输入坐标时不必要再输入“@”。但在输入绝对坐标时要输入“#”。用户也可以利用指针输入设置对话框，设置输入坐标为绝对坐标，如图 1-20 所示。

指针输入时有两个数据框（默认不显示），直接输入数值出现在第一个框中；再按“,”或“<”会到第二个框中，按【Tab】键可在两个框间切换。

② 标注输入：选此项时将显示长度及角度。按【Tab】键可在两个数值框间移动光标。

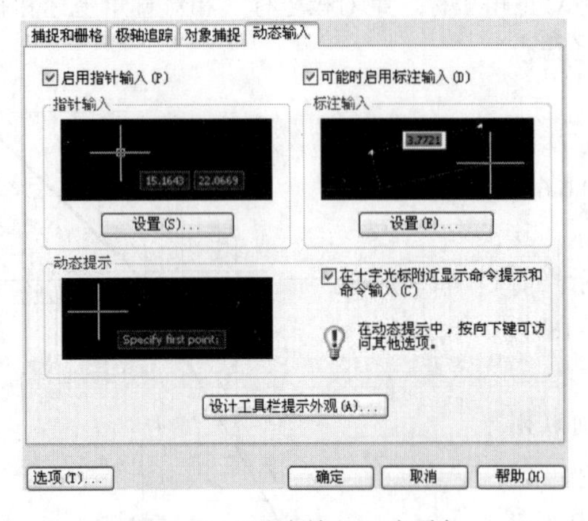

图 1-19 “动态输入”选项卡

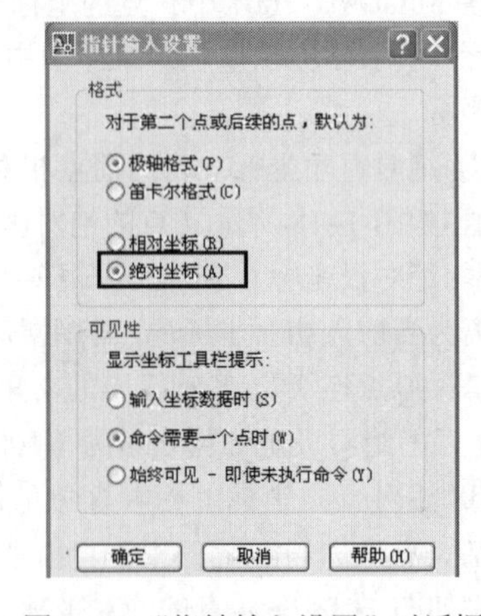

图 1-20 “指针输入设置”对话框

特别提示

- 使用此项时在多数情况下不能使用对象追踪。

③ 动态提示：启用动态输入时，选项提示会显示在光标附近的提示框中，用户可以在提示框中输入响应。

动态提示时，“或”项不直接显示，按键盘上的【↓】键会显示出“或”项内容，如图 1-21 所示。

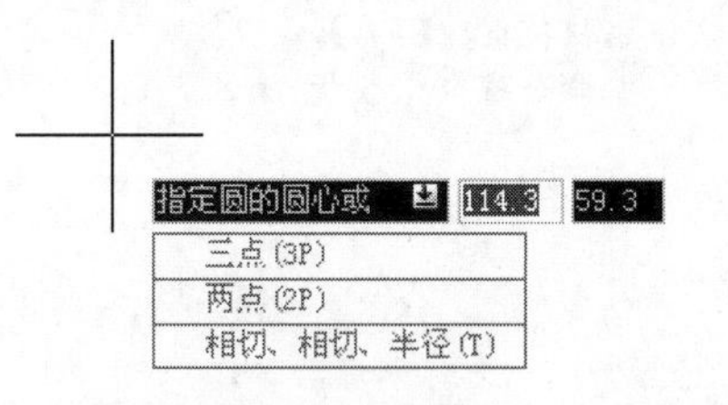

图 1-21　动态提示

3．捕捉和栅格

（1）捕捉工具

捕捉工具用于精确捕捉屏幕上的栅格点，它可以约束鼠标光标只能停留在某一个节点上，从而精确地绘制图形。在 AutoCAD 2007 中，启动捕捉工具命令的方法有以下三种。

状态栏：弹起为关闭，凹下去为打开。

快捷键：【F9】。

命令窗口：snap↙。

命令窗口会出现提示信息：

指定捕捉间距或[开(ON)/关(OFF)/纵横向间距(A)/样式(S)/类型(T)] <10.0000>:

其中各命令选项功能介绍如下：

① 捕捉间距：选择该命令选项，输入捕捉栅格的间距。

② 开(ON)：选择该命令选项，打开捕捉功能。

③ 关(OFF)：选择该命令选项，关闭捕捉功能。

④纵横向间距(A)：选择该命令选项，确定捕捉栅格点在水平和垂直两个方向上的间距。

⑤ 样式(S)：选择该命令选项，确定捕捉栅格的方式。

⑥ 类型(T)：选择该命令选项，确定捕捉类型。

（2）栅格工具

栅格是一些在绘图区域有着特定距离的点所组成的网格，类似于坐标纸。在 AutoCAD 2007 中，启动栅格工具命令的方法有以下三种。

状态栏：弹起为关闭，凹下去为打开。

快捷键：【F7】。

命令窗口：grid↙。

命令窗口会出现提示信息：

指定栅格间距(X) 或[开(ON)/关(OFF)/捕捉(S)/主(M)/自适应(D)/界限(L)/跟随(F)/纵横向间距(A)] <10.0000>:

其中各命令选项的功能介绍如下：

① 栅格间距(X)：选择该命令选项，输入栅格的间距。

② 开(ON)：选择该命令选项，打开栅格功能。打开栅格功能后，屏幕显示如图 1-22 所示。

③ 关(OFF)：选择该命令选项，关闭栅格功能。

④ 捕捉(S)：选择该命令选项，将栅格间距设置为由捕捉工具确定的间距。

⑤ 主(M)：选择该命令选项，指定主栅格线与次栅格线比较的频率。

另外，在捕捉或栅格按钮上单击鼠标右键，单击“设置”命令；或选择“工具”→“草图设置”命令，在弹出的“草图设置”对话框中选择“捕捉和栅格”选项卡，用户也可以在该选项卡中对捕捉工具进行设置，如图 1-23 所示。

（3）正交模式

在正交模式下绘图，它将定点设备输入限制为水平和垂直，从而用户可以方便地绘制出与 X 轴或 Y 轴平行的线段。在 AutoCAD 2007 中启动正交模式的方法有以下三种。

状态栏：弹起为关闭，凹下去为打开。

快捷键：【F8】。

命令窗口：ortho↙。

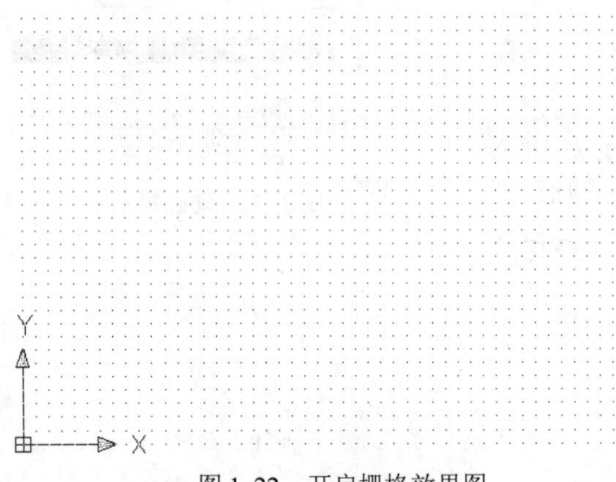

图 1-22　开启栅格效果图

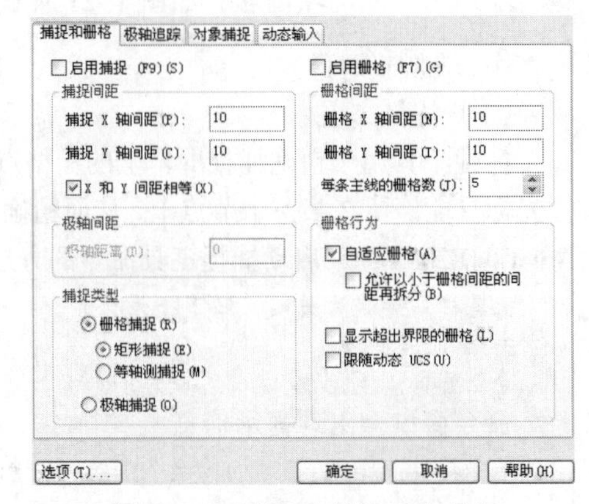

图 1-23　“捕捉和栅格”选项卡

4．对象捕捉和对象捕捉追踪

在 AutoCAD 系统中，每一个图形对象上都有一些特殊的点，如端点、中点、交点、垂足、圆心等，如果只凭观察来拾取这些点，很难精确地拾取。AutoCAD 提供了一组对象捕捉工具，使用对象捕捉工具可以迅速、准确地捕捉到这些对象上的特殊点，将对象捕捉和对象捕捉追踪结合使用，将大大提高绘图的效率。

在 AutoCAD 2007 中，启动对象捕捉命令的方法有以下两种。

状态栏：对象捕捉弹起为关闭，凹下去为打开。

快捷键：【F3】。

启动对象追踪的方法有以下两种。

状态栏：对象追踪弹起为关闭，凹下去为打开。

快捷键：【F11】。

设置对象捕捉和对象捕捉追踪选项的方法有以下 6 种：

① 命令：osnap。

② 选择“工具”→“草图设置”命令，在弹出的“草图设置”对话框中选择“对象捕捉”选项卡。

③ 在对象捕捉按钮上单击鼠标右键，单击“设置”命令。

特别提示

● 以上三种方式会弹出对象捕捉选项卡，便于用户设置，如图 1-24 所示。

④ 快捷菜单：在绘图区通过【Shift】+单击鼠标右键在弹出的快捷菜单中设置，如图 1-25 所示。

⑤ 键盘输入：在命令提示符下，键盘输入包含前三个字母的命令，如在提示输入点时输入“MID”此时中点捕捉模式覆盖其他对象捕捉模式，同时可以用诸如“END，PER，QUA”“QUI，END”的方式输入多个对象捕捉模式。

⑥ 打开工具栏中的“对象捕捉”工具条进行捕捉方式的设定，如图 1-26 所示。

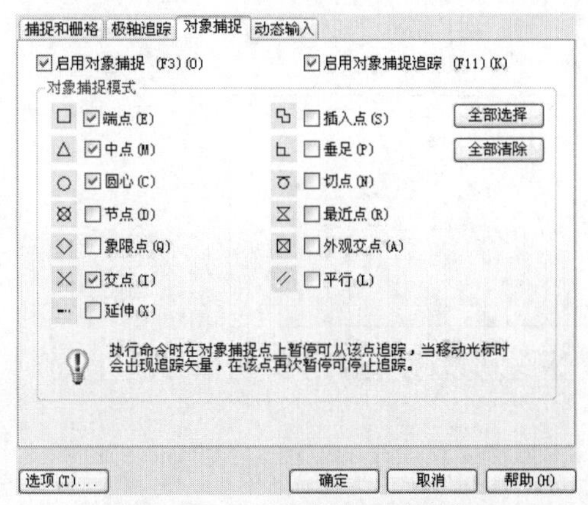

图 1-24 “对象捕捉”选项卡

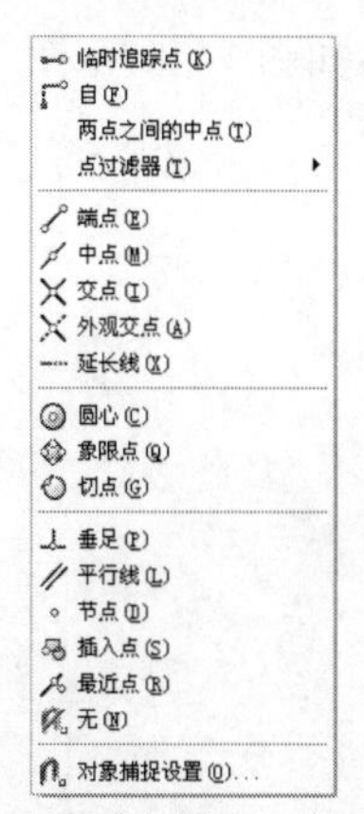

图 1-25 “对象捕捉”快捷菜单

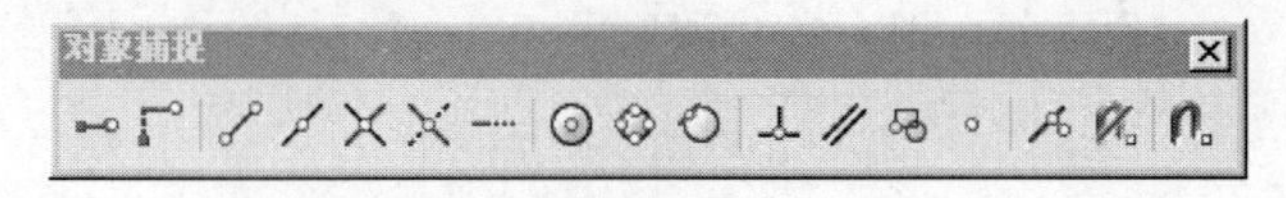

图 1-26 “对象捕捉”工具条

5．极轴追踪

利用极轴追踪可以在设定的极轴角度上根据提示精确移动光标。极轴追踪提供了一种拾取特殊角度上点的方法。

在 AutoCAD 2007 中，启动对象捕捉命令的方法有以下两种。

状态栏：弹起为关闭，凹下去为打开。

快捷键：【F10】。

另外，在极轴按钮上单击鼠标右键，选择“设置”命令；或选择“工具”→“草图设置”命令，在弹出的“草图设置”对话框中选择“极轴追踪”选项卡，用户也可以在该选项卡中对极轴追踪工具进行设置，如图 1-27 所示。

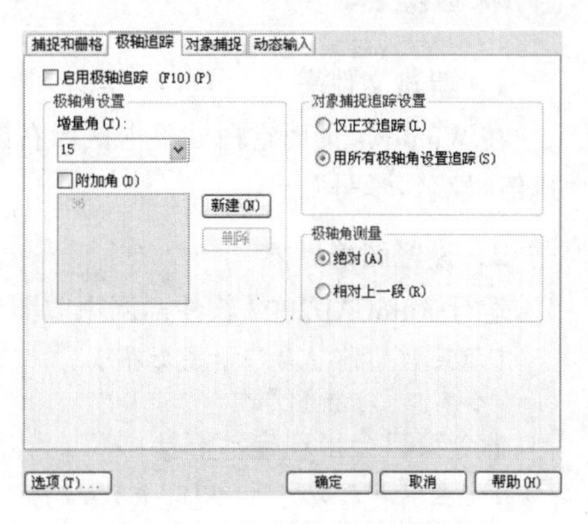

图 1-27 “极轴追踪”选项卡

项目描述

本项目需绘制图 1-28 所示的矩形图形，具体要求如下：

1．建立文件夹

在计算机桌面上新建一个学生文件夹，命名为“班级-姓名-学号”。

2．绘图环境设置

运行软件，建立新模板文件。设置绘图区域为 A4（297 mm × 210 mm）幅面，单位为“小数”，精度为“0.000”；设置角度为“度/分/秒”，角度精度为“0d00′00″”，角度测量以“西”为起始方向，角度方向为“顺时针”。

3．简单绘图

在绘图区域内，利用直线命令以坐标点（40,40）为左下角点绘制一个 100 mm × 50 mm 的矩形，完成后如图 1-28 所示。

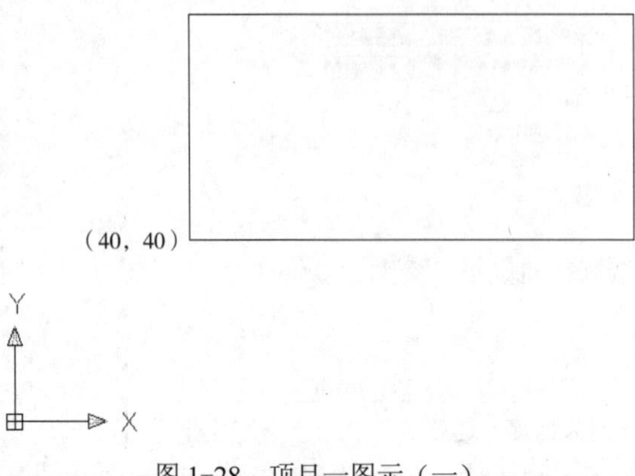

图 1-28　项目一图示（一）

4．保存文件

将完成的图形以全部缩放的形式显示，并以“项目一：示范项目.dwt”为文件名保存在学生文件夹中。

项目实施

1．新建文件夹

在 Windows 桌面空白处单击鼠标右键，选择“新建”→“文件夹”命令，给新文件夹命名为“班级-姓名-学号”。

2．设置图形界限

运行 AutoCAD2007 软件，调用“图形界限”命令的方法有以下两种。

下拉菜单：“格式” → “图形界限”。

命令窗口：limit ↙。

命令窗口会出现提示信息：

指定左下角点或 [开(ON)/关(OFF)] <0.0000,0.0000>:on↙

（开启模型空间界限功能。）

重复调用图形界限命令。

指定左下角点或 [开(ON)/关(OFF)] <0.0000,0.0000>:↙

（绘图区域的左下角点，默认的值为（0，0），取此默认值，直接按【Enter】键。）

指定右上角点 <420.0000,297.0000>: 297,210↙

（系统默认值为（420，297），根据已知图形尺寸，对其重新设置。）

图形界限目前为（297，210）。

3．设置图形单位

调用单位命令的方法有以下两种。

下拉菜单：“格式” → “单位”。

命令窗口：units（UN）↙。

打开“图形单位”对话框，设置类型为“小数”，精度为“0.000”；设置角度为“度/分/秒”，角度精度为“0d00′00″”；勾选“顺时针”复选框，如图 1-29 所示。

单击“方向”按钮，打开“方向控制”对话框，设置基准角度为西，如图 1-30 所示。

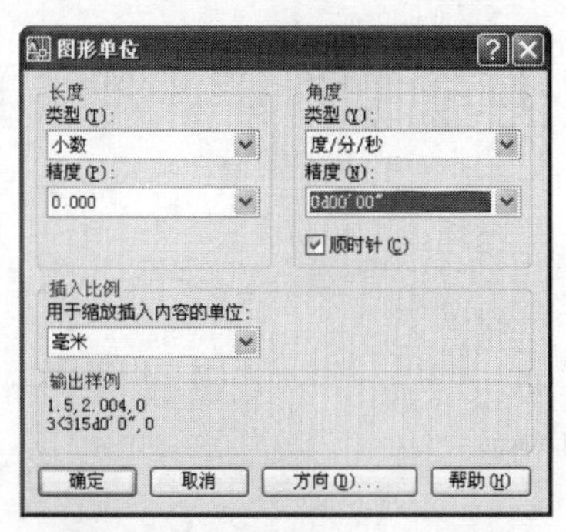

图 1-29　“图形单位”对话框

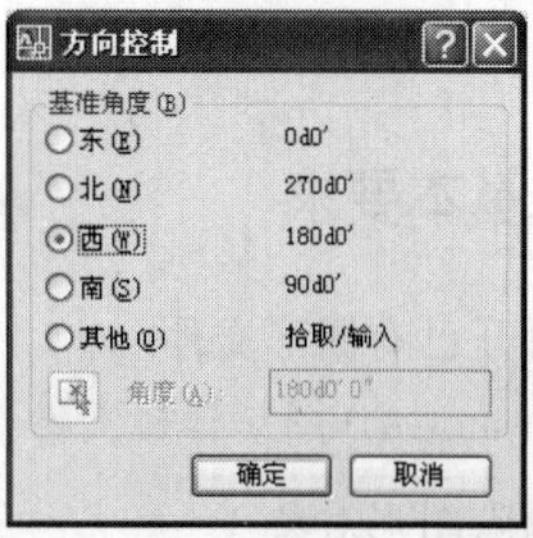

图 1-30　“方向控制”对话框

4．绘制矩形

调用直线命令的方法有以下两种。

绘图工具栏：单击 ╱ 按钮。

下拉菜单：“绘图” → “直线”。

命令窗口：line(L)↙。

命令窗口会出现提示信息：

指定第一点：40,40↙

控制鼠标沿水平方向向右拉伸。

指定下一点或 [放弃(U)]：100↙

控制鼠标沿垂直方向向上拉伸。

指定下一点或 [放弃(U)]:50↙

控制鼠标沿水平方向向左拉伸。

指定下一点或 [放弃(U)]：100↙

控制鼠标捕捉第一点，单击鼠标，矩形绘制完成。

单击 选择“全部缩放”命令，如图 1-31 所示。

5．保存文件

调用保存命令的方法有三种。

标准工具栏：单击 按钮。

下拉菜单：“文件” → “保存”。

命令窗口：qsave↙。

打开“图形另存为”对话框，选择文件类型为 AutoCAD 图形样板文件（*.dwt），输入文件名为“项目一：示范项目.dwt”，选择新建的学生文件夹，单击“保存”按钮，如图 1-32 所示。

图 1-31　缩放工具栏

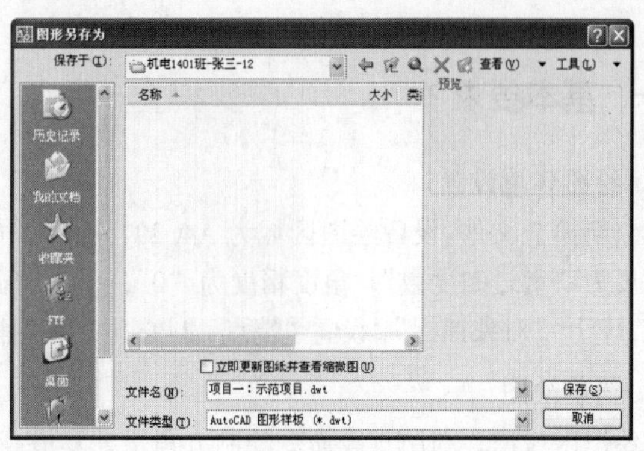

图 1-32　“图形另存为”对话框

项目练习

一、基本要求

1．打开已有图形文件

打开 AutoCAD 图形样板文件“项目一：示范项目.dwt”。

2．删除图形对象

删除绘图区域中的矩形。

3．绘图环境设置

更改绘图区域为 A3（420 mm × 297 mm）幅面；单位为“小数”，精度为“0.00”；设置角度为“十进制度数”，角度精度为“0”；设置“栅格间距”为“20”，打开“栅格”观察绘图区域；启用“对象捕捉”，设置“端点、圆心、交点”捕捉；启用“极轴追踪”，设置“增量角”为“30”。

4．简单绘图

在绘图区域内，利用直线命令绘制四边形 *ABCD*，*A* 点坐标为（30,50），*AB* 长 100 且与水平面成 30° 夹角，*BC* 长 70 且与 *AB* 成 90° 夹角，*D* 点在 *C* 点左方 40 处。完成后如图 1-33 所示。

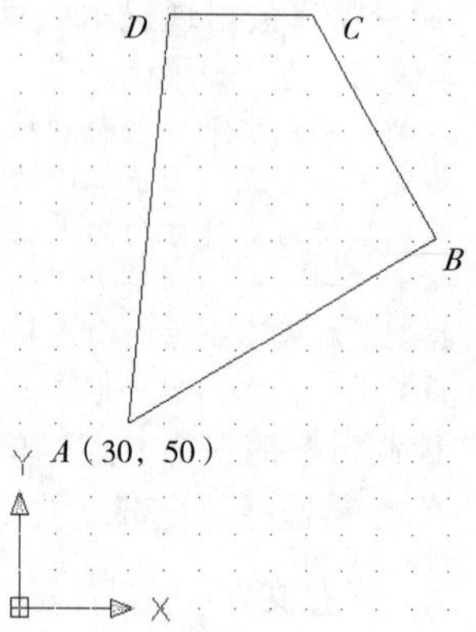

5．保存文件

将完成的图形以全部缩放的形式显示，并以“项目一：练习项目.dwt”为文件名另存在学生文件夹中。

图 1-33　项目一图示（二）

二、图示效果

图示效果如图 1-33 所示。

项目拓展

一、基本要求

1．绘图环境设置

建立新模板文件。设置绘图区域为 A4（297 mm × 210 mm）幅面，单位为“小数”，精度为“0.00”；设置角度为“十进制度数”，角度精度为“0”；设置“栅格间距”为“20”，打开“栅格”观察绘图区域；启用“对象捕捉”，设置“端点、圆心、交点”捕捉；启用“极轴追踪”，新建附加角“36”。

2．简单绘图

在绘图区域内，利用直线命令绘制五角星，其最高点坐标为（150,150），边长为 50，完成后如图 1-34 所示。

3．保存文件

将完成的图形以全部缩放的形式显示，并以“项目一：拓展项目.dwt”为文件名保存在学生文件夹中。

二、图示效果

图示效果如图 1-34 所示。

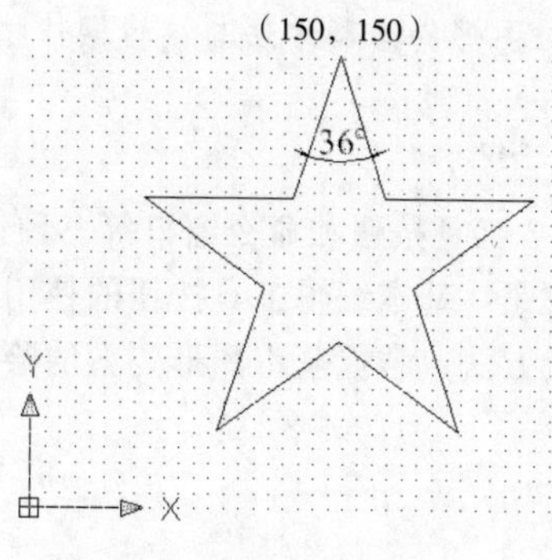

图 1-34　项目一图示（三）

项目二 基本二维图形绘制与编辑

本项目主要介绍简单基本二维图形的绘制方法与编辑操作技巧。

项目目标

1．熟悉 AutoCAD 的菜单栏、工具按钮和命令窗口等三种调用绘图命令、编辑命令的方法。

2．掌握二维基本绘图工具按钮、基本编辑工具按钮的使用方法。

3．理解平面图形绘制的一般方法，掌握基本图形要素的绘制。

相关知识

一、基本二维图形的绘制

1．绘图方法

AutoCAD 2007 通过提供“绘图”菜单、“绘图”工具栏、绘图命令等方法来绘制基本图形对象。

（1）“绘图”菜单

“绘图”菜单是绘制图形最基本、最常用的方法，其中包含了 AutoCAD 大部分绘图命令。选择该菜单中的命令或子命令，可绘制出相应的二维图形。绘图菜单如图 2–1 所示。

（2）“绘图”工具栏

“绘图”工具栏是绘图命令的可视化表现形式，其中每个工具按钮都与“绘图”菜单中的绘图命令相对应。单击图标即可执行相应命令，使用方便、快捷。绘图工具栏如图 2–2 所示。

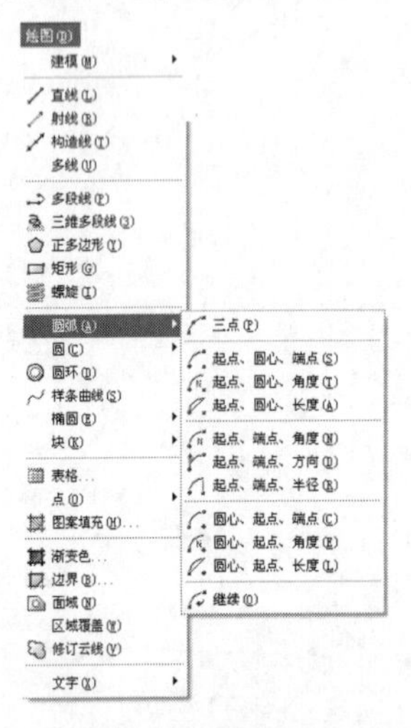

图 2–1 “绘图”菜单

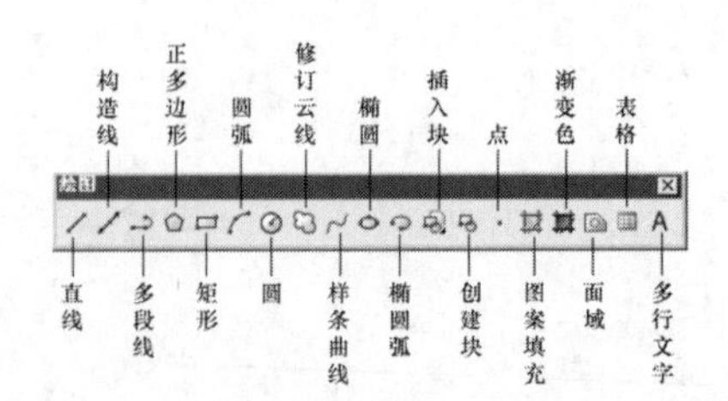

图 2–2 “绘图”工具栏

（3）绘图命令

在命令提示行中输入绘图命令，下图为键入“line”后按【Enter】键，然后根据命令行的提示信息进行相应的操作，也可绘制图形对象。但使用这种方法的前提条件是要掌握绘图命令及其选择项的具体功能。“命令行”绘制直线，如图 2-3 所示。

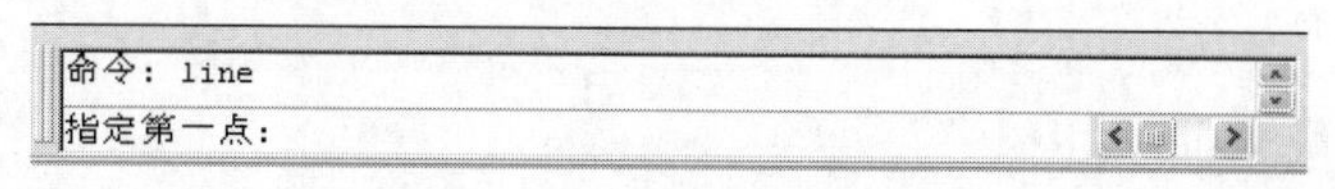

图 2-3 命令行“绘图”

特别提示

● 本教材在绘图、图形编辑中均以调用工具栏和下拉菜单命令为主，同时介绍绘图命令。

2．基本绘图命令

（1）绘制直线(line)

① 功能：直线是最基本的图形组成元素，也是绘图过程中用得最多的图形，可以绘制一系列连续的直线段，但每条直线段都是一个独立的对象。

② 命令的调用方法有以下三种。

绘图工具栏：单击╱按钮。

下拉菜单：“绘图” → “直线”。

命令窗口：LINE（L）↙。

③ 绘制直线，AutoCAD 提示信息如下：

命令：_line

指定第一点：(通过坐标方式或者光标拾取方式确定直线第一点、指定下一点或 [放弃(U)]：

(通过其他方式确定直线第二点)。

【例 2-1】绘制图 2-4 所示的封闭多边形。(输入点坐标时，可采用相对直角坐标和相对极坐标。)

命令：_LINE↙

(输入直线命令)

指定第一点：

(用鼠标点取 A 点指定起始点)

指定下一点或 [放弃(U)]：@0,90↙

(用相对直角坐标输入点 B)

指定下一点或 [放弃(U)]：@120,0↙

(用相对直角坐标输入点 C)

指定下一点或 [闭合(C)/放弃(U)]：@100<30↙

(用相对极坐标输入点 D)

指定下一点或 [闭合(C)/放弃(U)]：@0,-190↙

(用相对直角坐标输入点 E)

指定下一点或 [闭合(C)/放弃(U)]：@100<-60↙ (用相对极坐标输入点 F)

指定下一点或 [闭合(C)/放弃(U)]:U↙ (放弃上一线段)

指定下一点或 [闭合(C)/放弃(U)]：@100<150↙ (用相对极坐标输入点 F)

指定下一点或 [闭合(C)/放弃(U)]：C↙ (线段闭合)

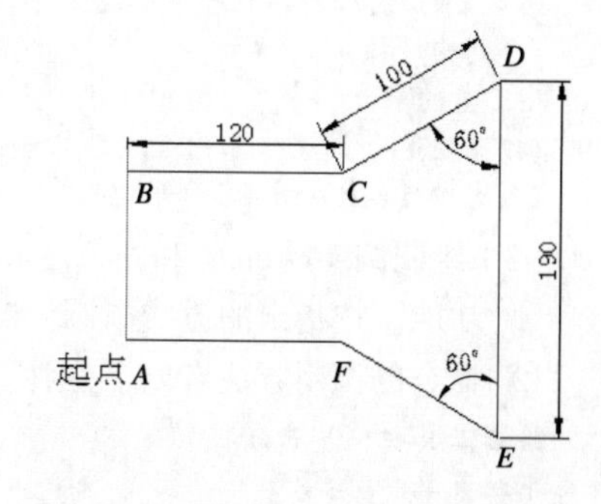

图 2-4 由直线段组成的封闭多边形

特别提示

- 在输入点的坐标时，不要局限于某种方法，要综合考虑各种方法，哪种方法适合，哪种方法简单，就用哪种。可以用绝对直角坐标、绝对极坐标、相对直角坐标、相对极坐标输入点的坐标。

（2）绘制构造线(xline)

① 功能。没有起点和终点，向两个方向无限延伸的直线称为构造线，该命令在绘制工程图中常用于画图架线。AutoCAD 制图中，通常使用构造线配合其他编辑命令来进行辅助绘图。

② 命令的调用方法有以下三种。

绘图工具栏：单击按钮。
下拉菜单："绘图" → "构造线"。
命令窗口：XLINE（XL）↙。

③ 绘制构造线。AutoCAD 提示信息如下：

```
命令： _xline
指定点或 [水平(H)/垂直(V)/角度(A)/二等分(B)/偏移(O)]:
```

命令选项说明：有 5 种绘制构造线的方法，"水平（H）" 和 "垂直（V）" 方式能够创建一条经过指定点并且与当前 UCS 的 X 轴或 Y 轴平行的构造线；"角度（A）" 方式可以创建一条与参照线或水平轴成指定角度，并经过指定一点的构造线；"二等分（B）" 方式可以创建一条等分某一角度的构造线；"偏移（O）" 方式可以创建平行于一条基线一定距离的构造线。

【例 2-2】如图 2-5 所示，用构造线画角 $\angle AOB$ 角平分线。

```
命令： _xline 指定点或 [水平(H)/垂直(V)/角度(A)/二等分(B)/偏移(O)]:B↙
(选角平分线选项)
指定角的顶点:(单击 O 点)
指定角的起点:(单击角起始边上 A 点)
指定角的端点:(单击角终止边上 B 点)
(得到构造线)
指定角的端点:↙
(按【Enter】键结束构造线的绘制。)
(再次按【Enter】键重新输入构造线命令。)
```

图 2-5 用构造线画角平分线

（3）绘制圆（circle）和圆弧（arc）

① 功能。按指定的方式画圆，AutoCAD 提供了 6 种画圆方式，如图 2-6 所示。

② 命令的调用方法有以下三种。

绘图工具栏：单击按钮。
下拉菜单："绘图" → "圆"。
命令窗口：circle（C）↙。

③ 绘制圆，AutoCAD 提示信息如下：

```
命令:_circle
指定圆的圆心或[三点(3P)/两点(2P)/相切、相切、半径(T)]:
```

命令选项说明：圆心半径（直径）绘圆、（3P）三点绘圆、（2P）二点绘圆、（T）相切半径绘圆、相切绘圆。

AutoCAD 提供了 11 种绘制圆弧的方法，

① 功能。按指定的方式画圆弧，图 2-7 所示为圆弧的绘制方法。

② 命令的调用方法有以下三种。

绘图工具栏：单击 按钮。
下拉菜单："绘图" → "圆弧"。
命令窗口：arc（a） ↙。

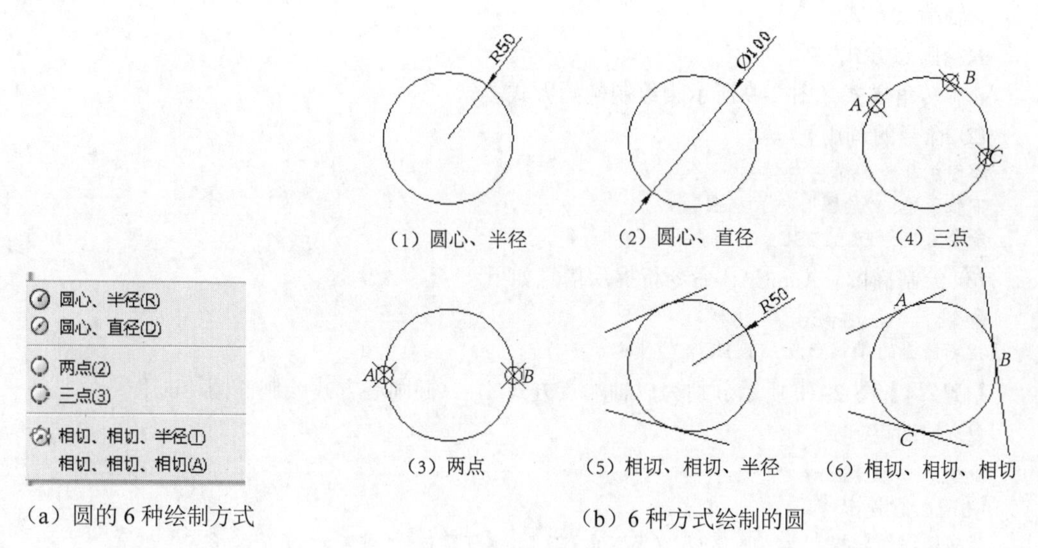

（a）圆的 6 种绘制方式　　（b）6 种方式绘制的圆

图 2-6　绘制圆

③ 绘制圆弧，AutoCAD 命令行提示信息如下：

命令：_arc 指定圆弧的起点或 [圆心(C)]：

特别提示

- 涉及输入角度时，如果输入角度为正值，则逆时针绘制圆弧，若输入角度为负，则顺时针绘制圆弧。
- 如果未指定点而直接按【Enter】键，将以最后绘制的直线或圆弧的端点作为起点，并立即提示指定新圆弧的端点，这样可创建一条与最后绘制的直线、圆弧或多段线相切的圆弧。

【例 2-3】绘制圆弧的方式如图 2-7 所示，圆弧的绘制（arc），如图 2-8 所示。

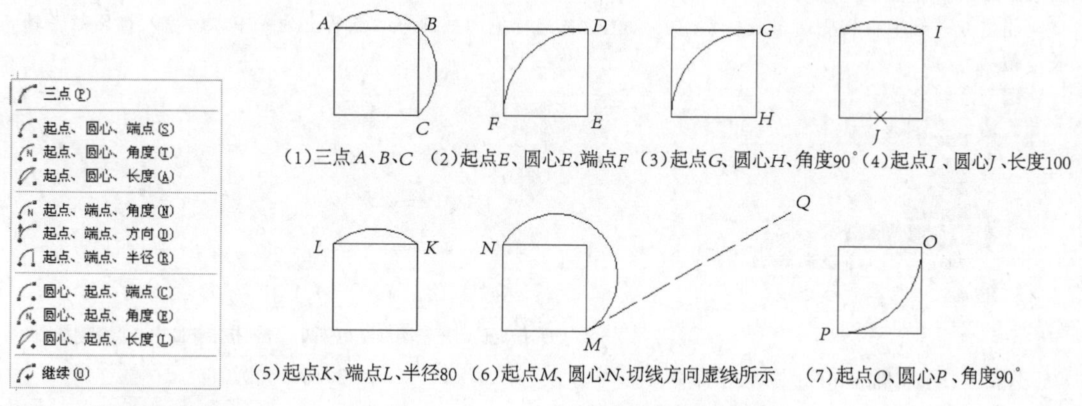

图 2-7　绘制圆弧的方式　　　　图 2-8　圆弧的绘制

（4）绘制椭圆和椭圆弧（ellipse）

① 功能。该命令可按指定方式画椭圆并可取其一部分。椭圆是由两个轴定义的，较长的轴称为长轴，较短的轴称为短轴。AutoCAD 提供了三种画椭圆的方式。

a.轴端点方式。

b.椭圆心方式。

c.旋转角方式，图 2-9 所示为绘制椭圆方式。

② 命令的调用。

绘图工具栏：单击按钮。

下拉菜单："绘图" → "椭圆"。

命令窗口：ELLIPSE (EL) ↙。

③ 绘制椭圆。AutoCAD 命令行提示信息如下：

命令：_ ellipse

指定椭圆的轴端点或 [圆弧(A)/中心点(C)]：

【例 2-4】 图 2-10 所示分别为以轴端点方式(a) 、椭圆心方式绘制椭圆（b）。

① 轴端点方式。

命令： _ellipse

AutoCAD 提示：

指定椭圆的轴端点或 [圆弧(A)/中心点(C)]：<对象捕捉 开>

（单击 A 点，此点为椭圆的长轴的一个端点）

指定轴的另一个端点： <正交 开>B 点 ↙

（将正交模式打开，光标向右拖动，输入长轴值 *AB*）

指定另一条半轴长度或 [旋转(R)]：OC ↙

（将光标拖向上方或下方，输入短半轴的长度值 *OC*）

图形绘制完成。

② 椭圆心方式。

命令：_ellipse

AutoCAD 提示：

指定椭圆的轴端点或 [圆弧(A)/中心点(C)]：C ↙（椭圆中心为已知，故选择中心点 *C*。）

指定椭圆的中心点：<对象捕捉 开>（捕捉直线的中点，直线的中点即为椭圆的中心点。）

指定轴的端点： <正交 开>OB ↙（将正交模式打开，把光标拖向椭圆中心点的左方或右方，输入椭圆长半轴的长度值 *OB*。）

指定另一条半轴长度或 [旋转(R)]：OC↙（把光标拖向椭圆中心点的上方或下方，输入椭圆短半轴的长度值 *OC*。）

图形绘制完成。

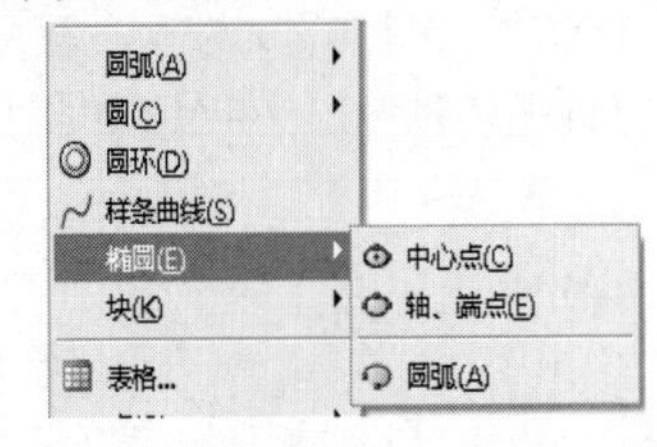

图 2-9 绘制椭圆和椭圆弧菜单命令

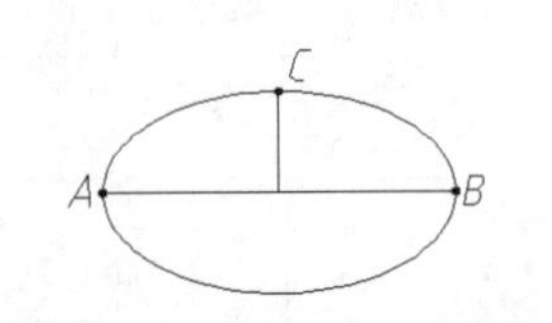

（a）指定长、短轴端点绘制椭圆

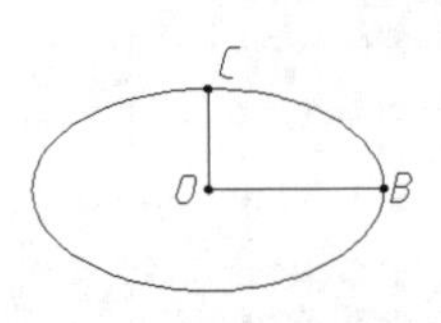

（b）指定椭圆中心点创建椭圆

图 2-10 椭圆

【例 2-5】 图 2-11 所示为椭圆弧的绘制。

① 利用绘制椭圆命令绘制椭圆弧。

命令: _ellipse

AutoCAD 提示:

指定椭圆的轴端点或 [圆弧(A)/中心点(C)]: A ↙(绘制椭圆弧时，选择[ ]内圆弧(A)。

指定椭圆弧的轴端点或 [中心点(C)]:(单击绘图区内任一点)

指定轴的另一个端点:(单击绘图区内另一点,此两点的连线为椭圆的长轴或短轴)

指定另一条半轴长度或 [旋转(R)]: (输入另一条半轴的长度或在绘图区内单击一点确定)

指定起始角度或 [参数(P)]: 30 ↙(如果先画长轴，则长轴的端点处为角度度量的 0 点，逆时针为正。如果先画短轴，则从绘制短轴开始的端点逆时针首先遇到的长轴的端点为角度度量的 0 点。)

指定终止角度或 [参数(P)/包含角度(I)]:60 ↙(终止角的算法同上)

② 利用绘制椭圆弧命令绘制椭圆弧。

单击绘图工具栏上 ，以下步骤与绘制椭圆相同(略)。

椭圆弧的绘制方法比较简单，与椭圆的绘制方法基本一致，命令也相同，只是在绘制椭圆弧时要指定椭圆弧的起始角度和终止角度，如图 2-11 所示。

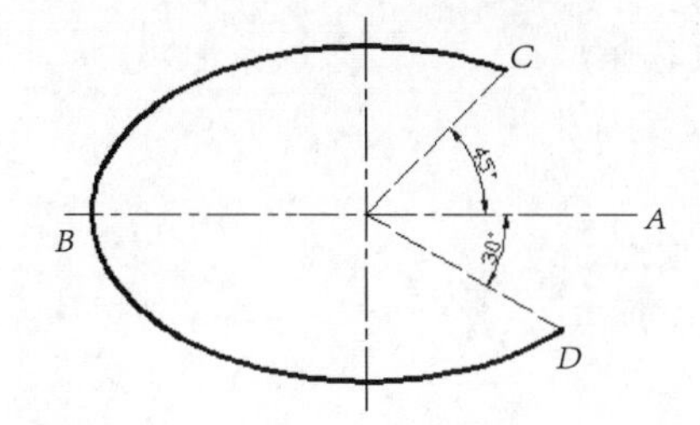

椭圆弧长轴 AB=100
椭圆弧短轴 OC=30
椭圆弧起始角=45°
椭圆弧终止角=-30°

图 2-11　指定起始角绘制椭圆弧

椭圆图形可以理解为圆图形在与圆所在平面有夹角的平面中的的投影，如图 2-12 所示。

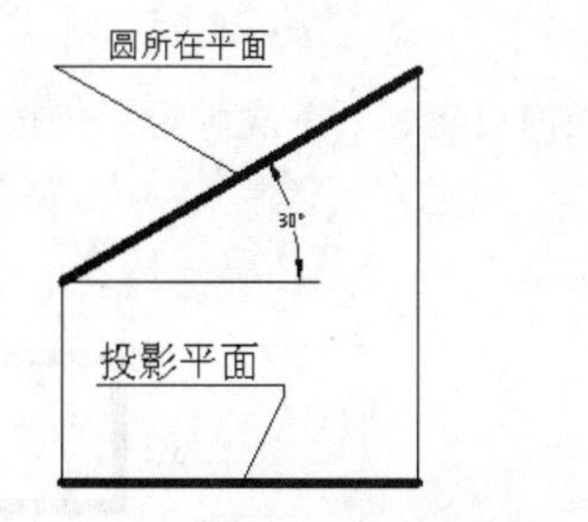

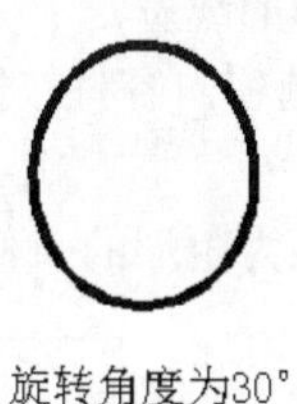

旋转角度为30°

图 2-12　投影原理及投影椭圆

特别提示

绘制椭圆的方法:

- 已知椭圆的长轴和短轴的长度值，绘制椭圆，如图 2-10 所示。
- 已知椭圆的中心点及长轴和短轴的长度值，绘制椭圆，如图 2-10 所示。
- 绘制椭圆时，当选取[旋转(R)]选项时，主要用来绘制与圆所在平面有一定夹角的平面上的圆投影成的椭圆，如图 2-12 所示。其中角度的范围在 0°～89.4°之间，0°绘制一圆，大于 89.4°则无法绘制椭圆。
- 绘制椭圆弧时如果输入角度为正值，则逆时针绘制椭圆弧，输入角度为负时，将顺时针绘制椭圆弧。

（5）绘制矩形（rectang）

① 功能：该命令不仅可以画矩形，还可画四角是斜角或圆角的矩形。AutoCAD 提供了三种绘制矩形的方法：

a.通过两个角点绘制矩形，这是默认方法。

b.通过角点和边长确定矩形。

c.通过面积来确认矩形。

② 命令的调用方法有以下 3 种。

绘图工具栏：单击□按钮。

下拉菜单："绘图" → "矩形"。

命令窗口：rectang(rec) ↙。

③ 输入矩形。AutoCAD 命令行显示提示信息如下：

```
命令: _rectang
指定第一个角点或 [倒角(C)/标高(E)/圆角(F)/厚度(T)/宽度(W)]:
(指定矩形的第一个角点坐标)
指定另一个角点或[面积(A)/尺寸(D)/旋转(R)]:
(指定矩形的第二个角点坐标)
```

命令选项说明：

- 指定第一个角点：定义矩形的一个顶点。
- 指定另一个角点：定义矩形的另一个顶点。
- 倒角(C)：绘制带倒角的矩形。
- 标高(E)：矩形的高度。
- 圆角(F)：绘制带圆角的矩形。
- 厚度(T)：矩形厚度。
- 宽度(W)：定义矩形的线宽。

在操作该命令时所设选项内容将作为当前设置，下一次画矩形仍按上次设置绘制，直至重新设置。

【例 2-6】图 2-13 所示为矩形的 4 种形式。

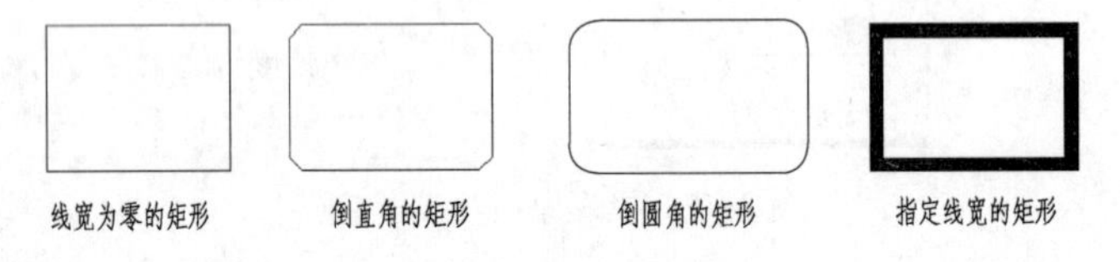

图 2-13　矩形的四种形式

（6）绘制正多边形（polygon）

① 功能：该命令可按指定方式画 3~1 024 边的正多边形。AutoCAD 提供了三种画正多边形的方式。

a.内接于圆的方式（I），即指定外接圆的半径，使正多边形的所有顶点都在此圆周上。

b.外切于圆方式（C），即指定从正多边形中心点到各边中点的距离。

c.边长方式（E），即通过指定第一条边的端点来定义正多边形。

② 命令的调用方法有以下三种。

绘图工具栏：单击⬠按钮。

下拉菜单："绘图" → "正多边形"。

命令窗口：POLYGON （POL）↙。

③ 绘制正多边形。AutoCAD 命令行显示提示信息如下：

命令：_polygon 输入边的数目 <4>:6↙(输入边数)
指定正多边形的中心点或 [边(E)]：↙(拾取中心点)
输入选项 [内接于圆(I)/外切于圆(C)] <I>：↙(选择绘制方式输入选项后)
指定圆的半径：↙(输入圆半径)

【例 2-7】图 2-14 所示为绘制边长 15 的正六边形。

AutoCAD 命令行显示提示信息如下：

命令：_polygon 输入边的数目 <4>：6 ↙(多边形的边数为 6)
指定正多边形的中心点或 [边(E)]：E ↙(已知多边形的边长时，选择 E)
指定边的第一个端点:单击绘图区内一点(A 为多边形的一个顶点)
指定边的第二个端点:<正交 开> 15 ↙　　　(打开正交模式，将光标拖向右方，输入边长值 15)

图形完成（另外两种略）

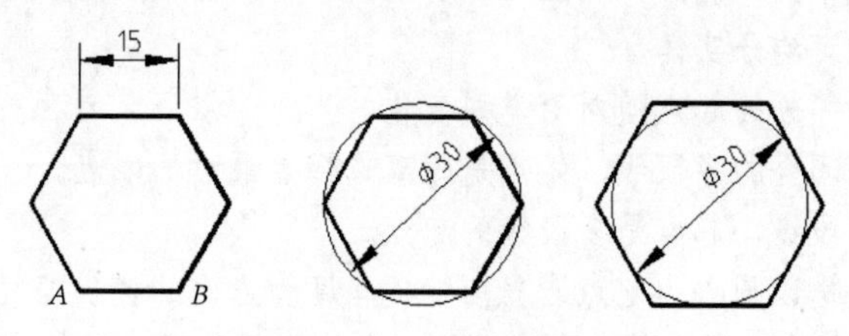

图 2-14　正六边形的绘制

【例 2-8】图 2-15 所示为正六边形和圆弧的绘制。

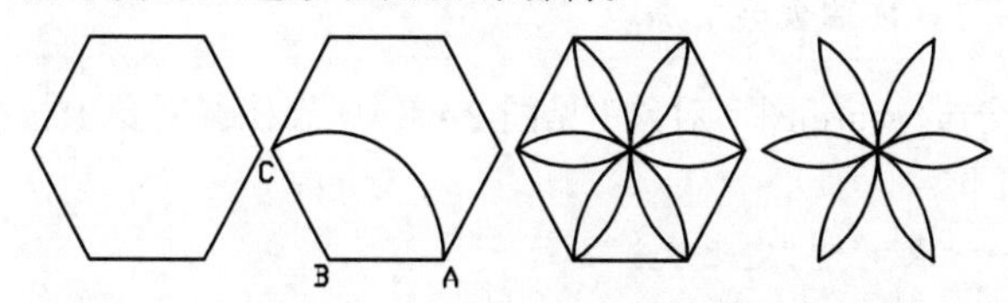

图 2-15　正六边形和圆弧的绘制

绘图提示：绘制圆弧时选用起点—圆心—端点。每一段圆弧的起点、圆心及终点分别是正六边形相邻的三个角点。

（7）绘制点

功能：该命令可按设定的点样式在指定位置画点。

① 设定点样式：

点样式决定所画点的形状和大小。执行画点命令之前，应先设定点样式。可以通过以下方式之一弹出“点样式”对话框进行设置，如图 2-16 所示。

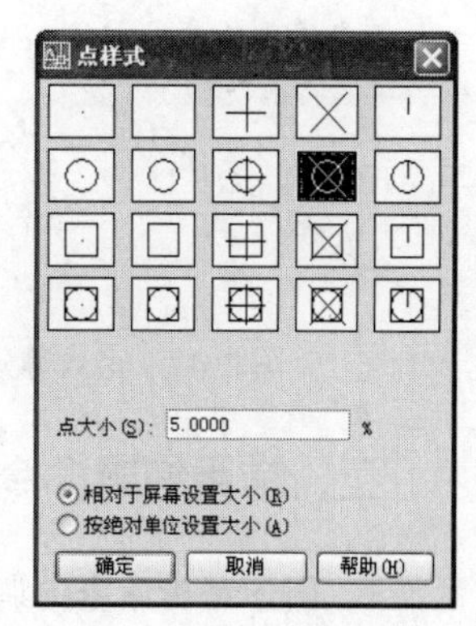

图 2-16　“点样式”对话框

命令的调用：

下拉菜单：“格式” → “点样式…”
命令窗口：　DDPTYPE↙

② 点（point）：

命令的调用：

绘图工具栏：（多点）
下拉菜单：“绘图” → “点” → “单点”、“多点”
命令窗口：POINT ↙

输入命令后按 AutoCAD 命令行提示进行绘制，可在绘图区绘制单点或多点。

③ 定数等分(DIVIDE) /定距等分（ MEASURE ）图形对象

【例 2-9】定数等分(DIVIDE)图形对象（见图 2-17），在图线对象上按指定数目等间隔的插入点。

命令的调用：

下拉菜单："绘图""点""定数等分"
命令窗口：divide ↙
AutoCAD 提示：
选择要定数等分的对象：单击直线或样条曲线(选择目标)
输入线段数目：5↙(等分线段数为 5)

特别提示

- 点可以等分线段、圆、椭圆、椭圆弧、多段线、样条曲线、矩形等。
- 定距等分点不一定均分实体。
- 定距等分或定数等分的起点随对象类型变化。
  - ◆对于直线或非闭合的多段线，始点是距离选择点最近的端点。
  - ◆对于闭合的多段线，起点是多段线的起点。
  - ◆对于圆，起点是以圆心为起点、当前捕捉角度为方向的捕捉路径与圆的交点。例如，如果捕捉角度为 0，那么圆等分从时钟 3 点的位置处开始并沿逆时针方向继续。
- 设置等分点的实体并没有被划分成断开的线段，而是在实体上等分点处放置点的标记，这些标记可以作为目标捕捉的节点。

【例 2-10】定距等分(measure)图形对象（见图 2-18）。在图线对象上按指定距离间隔插入点。

命令的调用方法如下。

下拉菜单："绘图" → "点" → "定距等分"
命令窗口：measure↙
AutoCAD 提示：
命令：_measure
选择要定距等分的对象：(选择目标，单击图形对象)
指定线段长度或 [块(B)]：(指定线段长度)

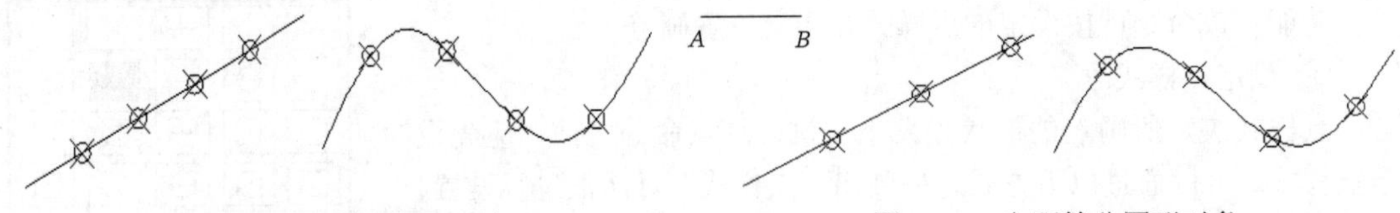

图 2-17　定数等分图形对象　　　　图 2-18　定距等分图形对象

二、常用编辑命令

1．图形编辑命令的调用及常用选择方式

（1）图形编辑不但能够修改已经绘制好的图形，而且能够快速地创建新的图形。启用编辑命令的常用方法包括：使用"修改"下拉菜单，如图 2-19（a）所示；"修改"工具栏，如图 2-20（b）所示；使用命令行等方法来编辑图形。

（2）AutoCAD 2007 编辑命令操作中的共同点是：首先要输入命令，然后选择单个或多个要编辑的实体，选择实体后再按提示进行编辑。

AutoCAD 2007 提供了多种选择实体的方式，要求掌握以下三种。

① 直接点取式：该方式一次只能选一个实体。

② W 窗口式（左选择）：该方式可选中完全在窗口内的实体。

③ C 窗口式（右选择）：该方式可选中完全和部分在窗口内的所有实体。

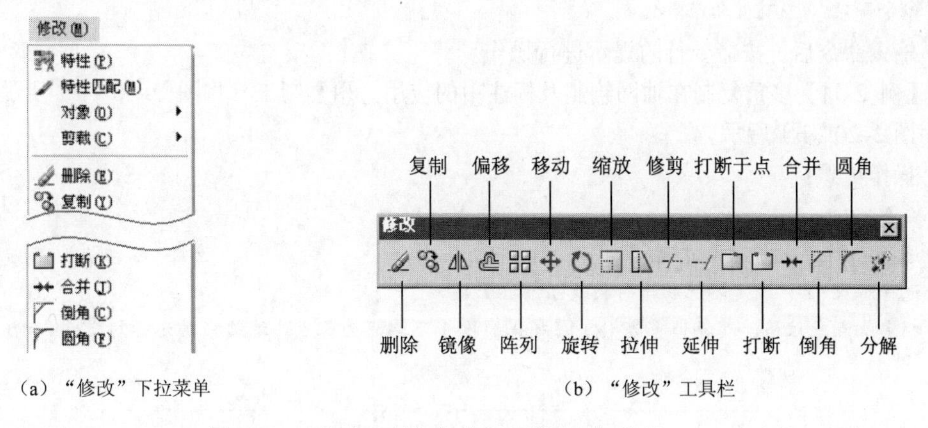

（a）“修改”下拉菜单　　（b）“修改”工具栏

图 2-19 “修改”下拉菜单和“修改”工具栏

特别提示

- 以上三种选取实体方式可在同一命令中交叉使用。目标选择对锁定、冻结层中的图形对象不起作用。

2．常用编辑命令介绍

（1）删除图形（erase 命令）

① 功能：该命令用于将选中的实体删除。可连续删除对象，按【Enter】键结束并删除选中对象。

② 命令的调用：

修改工具栏：删除按钮

下拉菜单：“修改”→“删除”。

命令窗口：erase↙

输入命令后，按命令行的提示进行操作。

命令：_erase

选择对象：找到 1 个　　（选择目标，单击图形对象）

选择对象：找到 1 个，总计 2 个↙　　（确定删除对象）

（2）复制

在 AutoCAD 中绘图，图样中相同的部分一般只画一次，其他相同部分用编辑命令复制绘出。不同的复制情况应使用不同的复制命令。COPY（复制）、MIRROR（镜像）、ARRAY（阵列）、OFFSET（偏移）都属于复制的范畴。

① 功能：该命令用于将选中的实体进行复制。可连续复制对象，按【Enter】键结束并复制选中对象。

② 命令的调用。

a. 用 COPY（复制）命令复制。该命令将选中的实体复制到指定的位置，可进行单个复制，也可进行多重复制。

命令的调用：

修改工具栏：单击按钮。

下拉菜单："修改" → "复制"。

命令窗口：COPY（CO） ↙。

输入命令后，按命令行的提示进行操作。

【例 2-11】多重复制在轴网绘制及标注中的应用。用复制工具将图 2-20（a）所示轴网图修改为图 2-20（b）所示。

操作步骤：

命令：_copy

选择对象：(选择左侧小圆)

选择对象：↙(确定不选物体时按【Enter】键)

指定基点或位移，或者 [重复(M)]：捕捉线段 1 下端点为基点，连续移动光标到线段 2 ~ 5 下端点处。

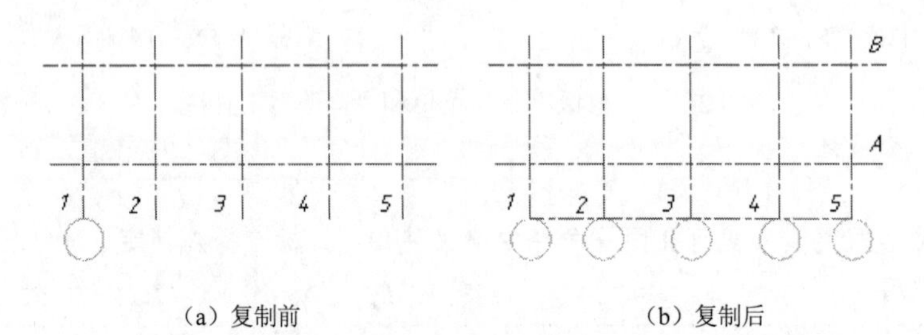

(a) 复制前　　(b) 复制后

图 2-20　多重复制在轴网绘制及标注中的应用

b. 用 MIRROR（镜像）命令镜像复制。该命令将选中的实体按指定的镜像线作镜像。镜像是以相反的方向生成所选择实体的复制。

命令的调用：

修改工具栏：单击按钮。

下拉菜单："修改" → "镜像"。

命令窗口：MIRROR（MI） ↙。

输入命令后，按命令行的提示进行操作。

【例 2-12】图 2-21 所示为轴承座镜像复制，用镜像工具将轴承座左图修改为右图。

操作步骤：

命令：_mirror

选择对象：选择左侧小圆、圆弧和切线　(选择镜像复制对象)

选择对象：↙　(确定不选物体时按【Enter】键)

指定镜像线的第一点：指定镜像线的第二点：(选择中间大圆上下两个象限点)

(此两点连线为镜像线)

是否删除源对象？[是(Y)/否(N)] <N>：↙

(确定不删除物体时按【Enter】键)。

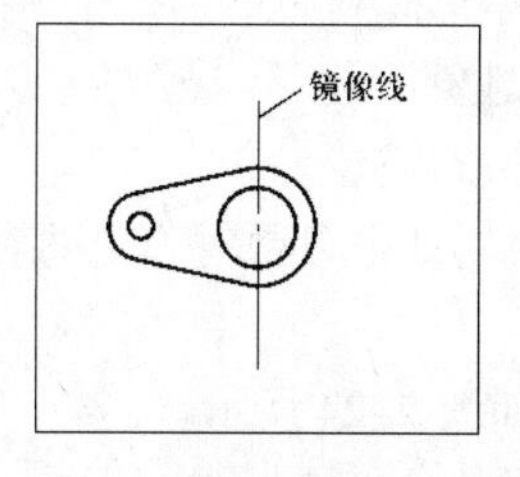

（a）镜像前

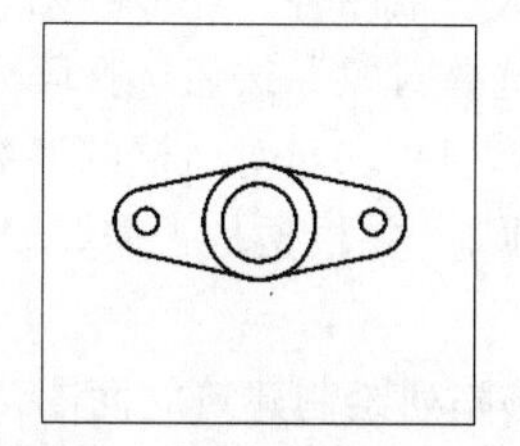

（b）镜像后

图 2-21　镜像复制—轴承座

【例 2-13】按图 2-22 所示，练习可读镜像和不可读镜像操作。

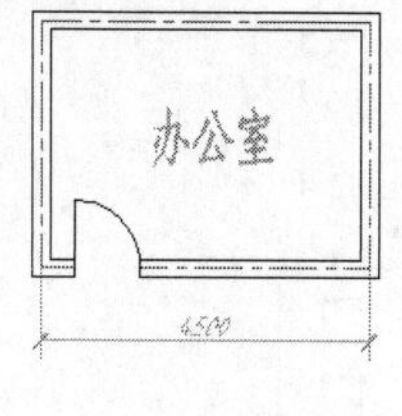

（a）镜像前

（b）不可读镜像

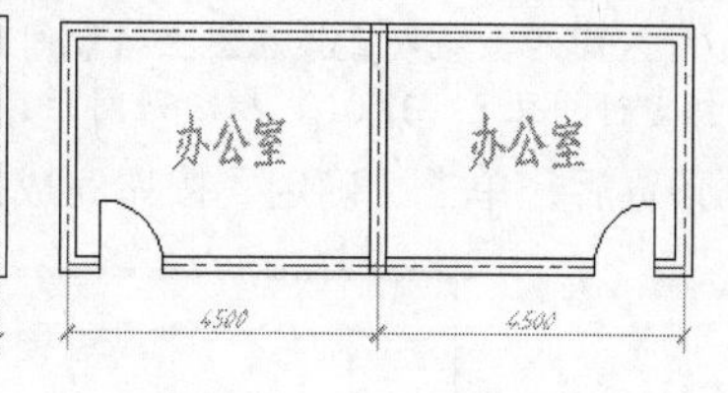

（c）可读镜像

图 2-22　镜像复制—不可读镜像与可读镜像

特别提示

- 系统变量 MIRRTEXT 用于控制文字对象的镜像特性。MIRRTEXT 值等于 1 为不可读镜像，其值等于 0 为可读镜像。图 2-22（c）图可读镜像在操作时需将系统变量 MIRRTEXT 的值设为 0。

c. 用 ARRAY（阵列）命令复制。该命令是一个高效的复制命令。可以按指定的行数、列数及行间距、列间距进行矩形阵列；也可以按指定的阵列中心、阵列个数及包含角度进行环形阵列。

命令的调用：

修改工具栏：单击按钮。

下拉菜单：“修改”→“阵列”。

命令窗口：ARRAY（AR）↙。

输入命令后弹出阵列对话框，如图 2-23 所示，按对话框内容操作：

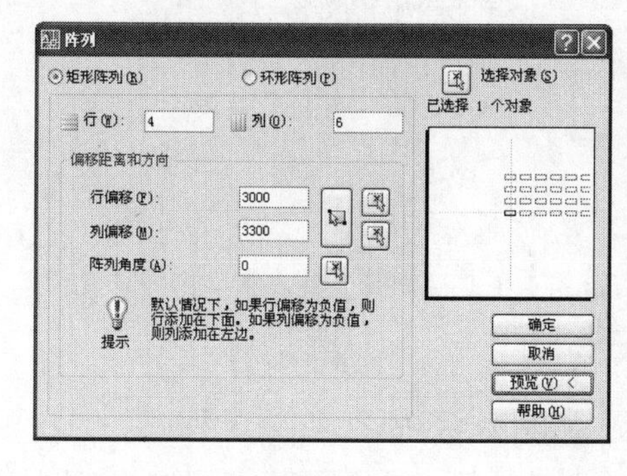

（a）矩形阵列

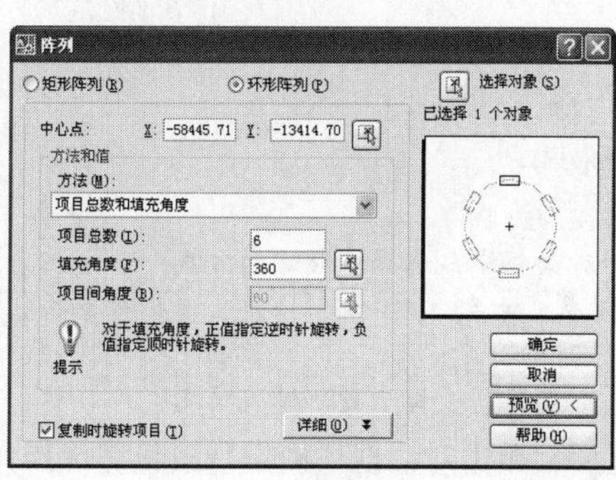

（b）环形阵列

图 2-23　“矩形阵列”和“环形阵列”对话框

阵列方式：阵列方式包括两种，环形阵列、矩形阵列。

阵列对象：单击“选择对象”按钮选择阵列对象。

阵列参数值：根据阵列要求对对话框的参数进行设置。

预览：对阵列结果预览，并根据是否需要修改对话框参数对弹出的对话框单击“确定”或“修改”按钮。

【例 2-14】利用矩形阵列绘制建筑立面图，如图 2-24 所示。

操作步骤：

```
命令： _array
(阵列对话框中，选择矩形阵列方式)
选择对象：找到 1 个  (单击选择对象按钮，在左图中选择阵列对象)
选择对象↙  (结束对象选择)
(输入间距数值或直接在图上拾取间距点)
指定行间距： 3000、指定列间距： 3300
```

预览后，单击“确定”按钮完成操作，如图 2-24 所示。

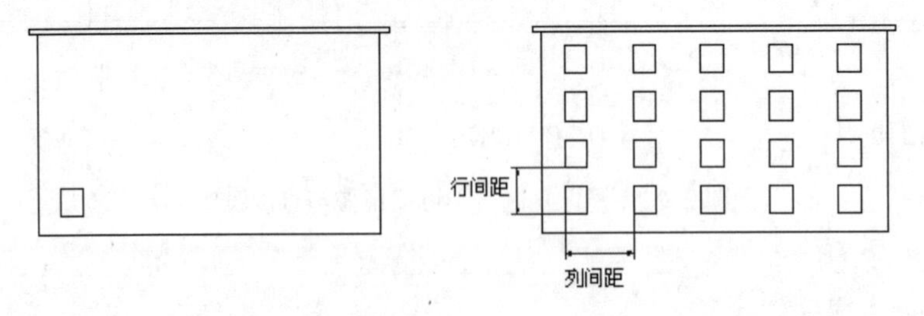

（a）阵列前的图形　　（b）矩形阵列后的图形

图 2-24　矩形阵列

【例 2-15】利用环形阵列绘制桌椅布置图，如图 2-25 所示。

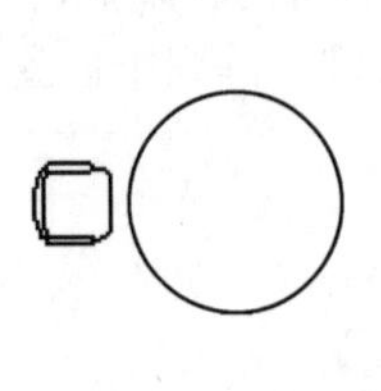

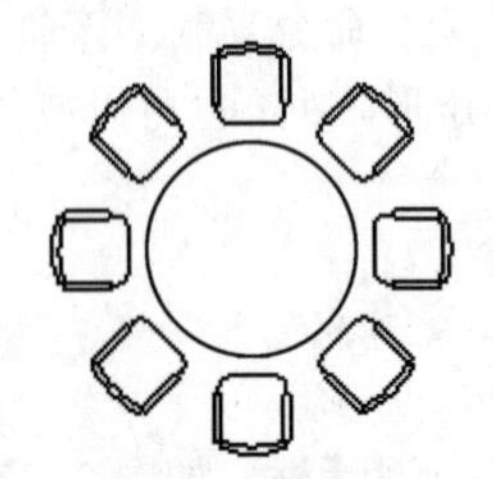

（a）阵列前的图形　　（b）环形阵列后的图形

图 2-25　环形阵列

操作步骤：

```
命令： _array
(阵列对话框中，选择环形阵列方式)
选择对象：找到 17 个    (单击选择对象按钮，左图中选择阵列对象选择沙法图形对象)
指定阵列中心点：        (单击中心点按钮，选择大圆心)
(填写环形阵列项目个数，填充角度)
```

预览后，单击对话框“确定”按钮完成操作，如图 2-25 所示。

d. 用 OFFSET（偏移）命令偏移复制。该命令将选中的直线、圆弧、圆及二维多段线等按指定的偏移量或通过点生成一个与原实体形状类似的新实体（单根直线是生成相同的新实体）。该命令在“修改”工具中使用频率最高。

命令的调用：

修改工具栏：单击按钮。

下拉菜单：“修改” → “偏移”。

命令窗口：OFFSET（O）↙。

输入命令后，按命令行的提示进行操作。

【例 2-16】图 2–26 所示为分别向左右或内外偏移后的各种对象。

操作步骤：

```
命令：_offset
指定偏移距离或[通过(T)] <1.5000>:            (输入偏移距离)
选择要偏移的对象或<退出>:                     (选择偏移对象)
指定点以确定偏移所在一侧:
选择要偏移的对象或 <退出>:↙                   (确定完成操作)
```

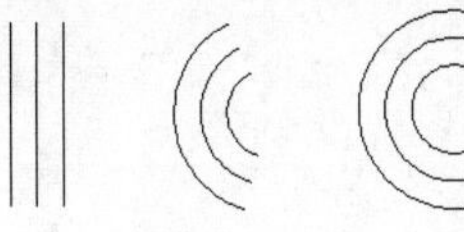
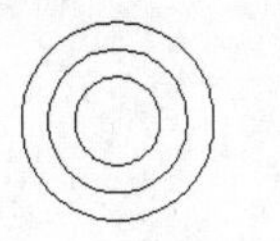
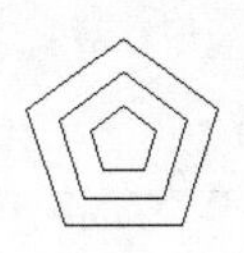
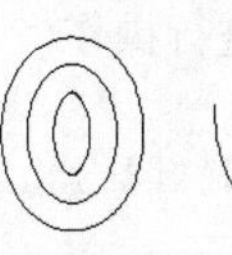

图 2–26　分别向左右或内外偏移后的各种对象

【例 2-17】图 2–27 所示为用偏移和镜像命令绘制座椅的过程。

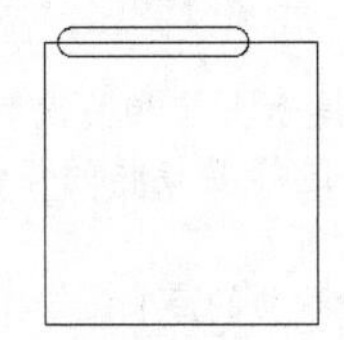
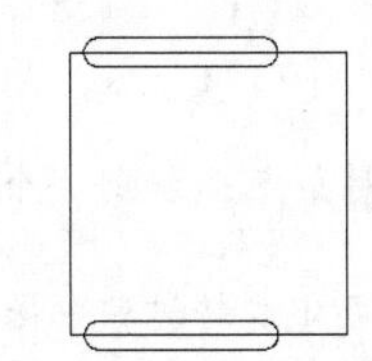
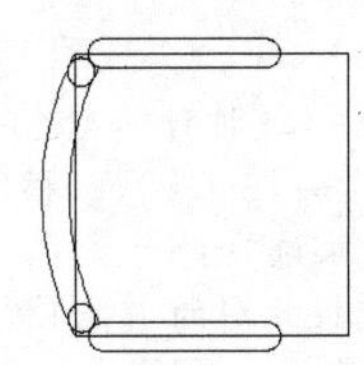
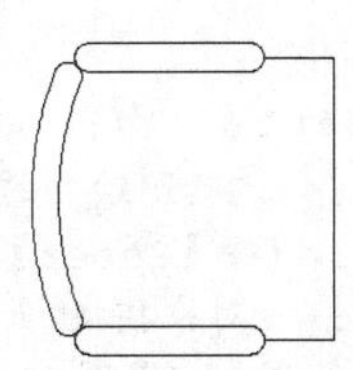

图 2–27　用偏移和镜像命令绘制所示座椅过程

e. 用 MOVE（移动）命令平移。该命令将选中的实体平行移动到指定的位置。

命令的调用：

修改工具栏：单击按钮。

下拉菜单：“修改” → “移动”。

命令窗口：MOVE（M）↙。

输入命令后，按命令行的提示进行操作。

【例 2-18】按图 2–28 所示，移动图形对象。

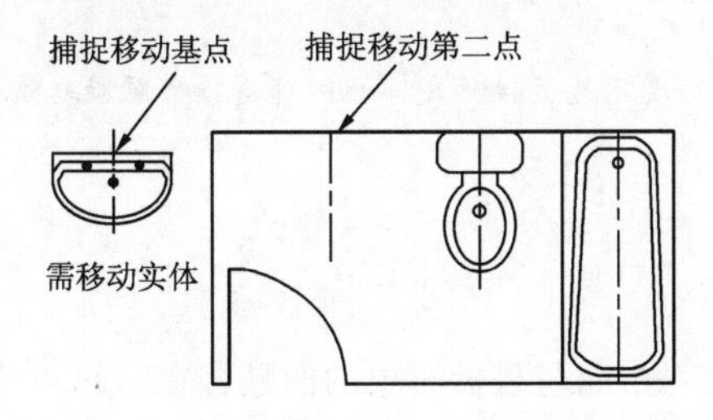

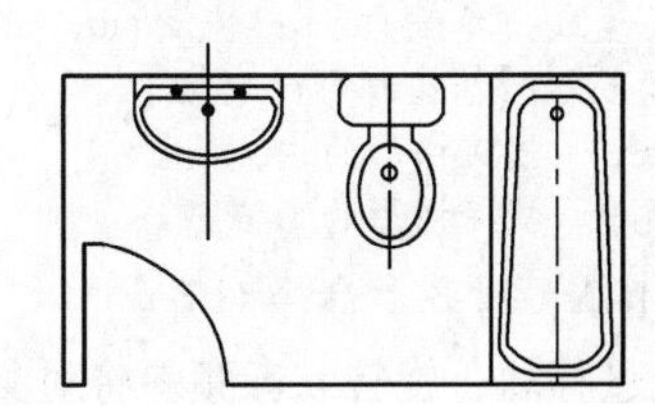

图 2–28　移动图形对象

操作步骤：

命令：_move
选择对象：指定对角点：找到 1 个　　　　　　　　(选择移动对象)
选择对象：↙　　　　　　　　　　　　　　　　　(结束对象选择)
指定基点或 [位移(D)] <位移>：　　　　　　　　(捕捉移动基点)
指定第二个点或 <使用第一个点作为位移>：　　(移动捕捉到移动点)

完成操作，如图 2-28 所示。

f. 用 ROTATE（旋转）命令旋转。

该命令将选中的实体绕指定的基点进行旋转，可用给转角方式，也可用参照方式。

命令的调用：

修改工具栏：单击按钮。
下拉菜单："修改" → "旋转"。
命令窗口：ROTATE（RO）↙。

输入命令后，按命令行的提示进行操作。

命令：_rotate
UCS 当前的正角方向：　ANGDIR=逆时针 ANGBASE=0
选择对象：
选择对象：↙
指定基点：
指定旋转角度，或 [复制(C)/参照(R)] <45>：

【例 2-19】旋转平面图形对象，如图 2-29 所示。

操作步骤：

命令：_rotate
UCS 当前的正角方向：　ANGDIR=逆时针　ANGBASE=0　　　　(提示当前相关设置)
选择对象：[选择刚绘制的矩形 3-45（a）] 指定对角点：(找到 4 个，选择要旋转的矩形)
选择对象：↙(按【Enter】键结束选择)
指定基点：　<对象捕捉　开>(捕捉矩形的 A 点)　(指定旋转过程中保持不动的点)
指定旋转角度或 [参照(R)]：45 ↙(图形绕 A 点沿逆时针旋转 45°)

图形由图 2-29（a）变成图 2-29（b），完成图形的绘制。

【例 2-20】参照方式旋转对象，如图 2-30 所示。

操作步骤：

AutoCAD 提示：
命令：_rotate
UCS 当前的正角方向：　ANGDIR=逆时针　ANGBASE=0　　　(提示当前相关设置)
选择对象：(选择梯形)
指定对角点：找到 1 个
选择对象：↙(按【Enter】键结束对图形的选择)
指定基点：<对象捕捉　开>(捕捉 A 点)
指定旋转角度或 [参照(R)]：R ↙(由于旋转角度不能直接确定，此时可选择参照旋转法来进行旋转)
指定参照角<0>：(捕捉梯形的 A 点)
指定第二点：(捕捉梯形的 B 点)
指定新角度：(捕捉梯形的 D 点)

g. 用 ALIGN（对齐）命令对齐。

该命令通过移动、旋转或者倾斜将对象的一个面与目标对象的面贴合在一起。

命令的调用：

下拉菜单："修改"→"三维操作"→"对齐"。
命令窗口：ALIGN（AL）↙。

输入命令后，按命令行的提示进行操作。

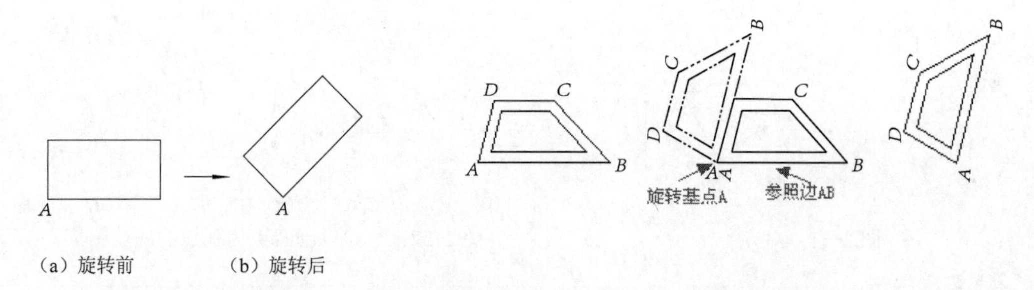

图2-29 旋转对象　　图2-30 参照边方式旋转对象过程

【例2-21】图2-31使对象*AB*边与对象*CD*边对齐。

① 将图2-31（a）通过"对齐"操作变为图2-31（b）。

操作步骤：

命令：_align
选择对象：选择矩形。找到 1 个 （选择要移动的实体）
选择对象：↙ （按【Enter】键结束对象的选择）
指定第一个源点：(选择矩形上*A*点)
指定第一个目标点：(选择三角形上*C*点)
指定第二个源点：(选择矩形上*B*点)
指定第二个目标点：(选择三角形上*D*点)
指定第三个源点或 <继续>：↙(按【Enter】键结束选择，对于三维实体，可继续选择)
是否基于对齐点缩放对象？[是(Y)/否(N)] <否>：↙(实体对齐时，不进行缩放)

结果如图2-31（b）所示。

② 将图2-31（a）经过编辑变为图2-31（c）所示图形。

此过程用对齐命令来完成，步骤同上，只是当命令行提示：是否基于对齐点缩放对象？[是(Y)/否(N)]<否>：时，选择Y,表示图形在对齐的过程中按目标大小进行缩放。

结果如图2-31（c）所示，图形绘制完成。

特别提示

● 对齐操作合成了移动、旋转、比例缩放3个命令的功能。

h. 用SCALE（缩放）命令进行比例缩放。该命令将选中的实体相对于基点按比例进行放大或缩小，可用给比例方式进行，也可用参照方式进行。所给比例大于1，放大实体；所给比例小于1，缩小实体。比例值不能是负值。

命令的调用：

修改工具栏：单击按钮。
下拉菜单："修改"→"缩放"。
命令窗口：SCALE（SC）↙。

输入命令后，按命令行的提示进行操作。

【例2-22】按图2-32所示，缩放一组以圆心点为基点的图形。

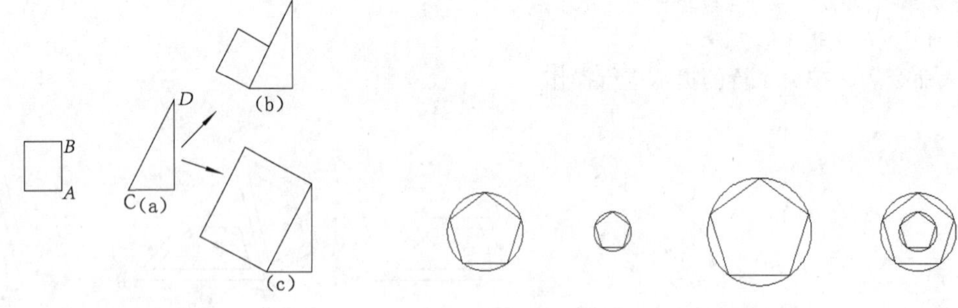

图 2-31 对齐

图 2-32 一组以圆心点为基点的缩放图形

特别提示

- 比例缩放真正改变了图形的大小，和图形显示中缩放(ZOOM)命令的缩放不同，ZOOM 命令只改变图形在屏幕上的显示大小，图形本身大小没有任何变化。
- 用参照方式进行比例缩放，所给出的新长度与原长度之比即为缩放的比例值，该方式在绘图时非常实用。

i. 用 LENGTHEN（拉长）命令拉长

该命令可查看选中的实体的长度，并可将选中的实体按指定的方式拉长或缩短到给定的长度。在操作命令时，只能用直接点取方式来选择实体，且一次只能选择一个实体。

命令的调用：

下拉菜单："修改" → "拉长"。

命令窗口：LENGTHEN（LEN） ↙。

输入命令后，按命令行的提示进行操作。

【例 2-23】用（LENGTHEN）拉长命令将图 2-33 中的左图修改成右图。

操作步骤：

```
命令：_lengthen
选择对象或 [增量(DE)/百分数(P)/全部(T)/动态(DY)]:T ↙(已知直线变化后的总长时，选择此选项)
指定总长度或 [角度(A)] <1.0000>: 23↙(输入长度值)
选择要修改的对象或 [放弃(U)]:( 单击直线（33）靠上部分,选择要拉长的直线)
选择要修改的对象或 [放弃(U)]:↙(按【Enter】键结束对象选择)
```

结果使直线（33）长变为（23）。

将直线（19）缩短为（9）步骤相同，（略）。

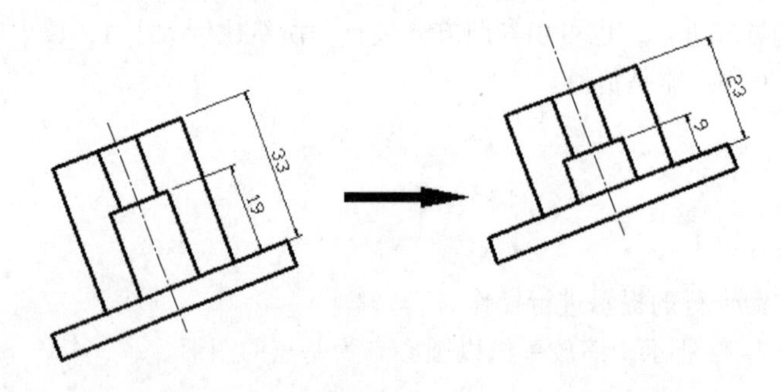

图 2-33 拉长

特别提示

- 使用拉长命令，延长或缩短时从被选择对象的近距离端开始。
- 使用拉长命令中“增量（DE)”选项时，延长的长度可正可负。正值时，实体被拉长，负值时实体被缩短。
- 使用拉长命令中“百分数（P)”选项，百分数为 100 时，实体长度不发生变化；百分数小于 100 时，实体被缩短；大于 100 时，实体被拉长。

j. 用 STRETCH（拉伸）命令拉长。该命令可将选中的实体按指定的方式拉伸或压缩到给定的长度。在操作命令时，只能用交叉窗口或交叉多边形方式选择要拉伸的实体，然后指定拉伸基点和位移点。

命令的调用：

修改工具栏：单击按钮。
下拉菜单：“修改”→“拉伸”。
命令窗口：STRETCH ↙。

输入命令后，按命令行的提示进行操作。

【例 2-24】将图 2-34 所示建筑平面图门的位置，由图 2-34（a）改为图 2-34（c）。

操作步骤：

```
命令：_stretch
以交叉窗口或交叉多边形选择要拉伸的对象...
选择对象：指定对角点：找到 6 个
选择对象:↙
指定基点或 [位移(D)] <位移>:(单击图形内任意一点)
指定第二个点或 <使用第一个点作为位移>:2300↙ (将光标移向基点的左方，输入距离值 2300)
```

完成操作，结果如图 2-34 示。

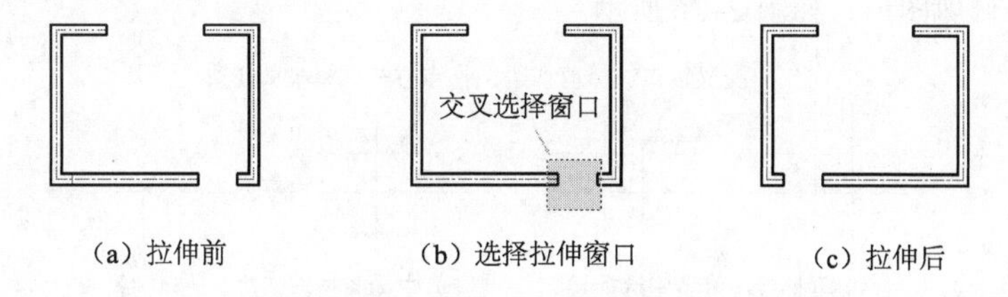

（a）拉伸前　（b）选择拉伸窗口　（c）拉伸后

图 2-34　STRETCH 命令修改建筑平面图

特别提示

- Stretch 命令可拉伸实体，也可移动实体。如果新选择的实体全部落在选择窗口内，AutoCAD 将把该实体从基点移动到终点。如果新选择的实体部分落在选择窗口内，AutoCAD 将把该实体从基点拉伸到终点。
- 不是所有的实体都可以拉伸，AutoCAD 只拉伸由 Line、Are、Ellipse Are、Solid、Pline 等命令绘制的带有端点的图形实体。

k. 用 EXTEND（延伸）命令延伸到边界。该命令将选中的实体延伸到指定的边界。

命令的调用：

修改工具栏：单击按钮。
下拉菜单：“修改”→“延伸”。

命令窗口：EXTEND（EX）↙。

输入命令后，按命令行的提示进行操作。

【例 2-25】以边延伸模式延伸图形至边界，如图 2-35 所示。

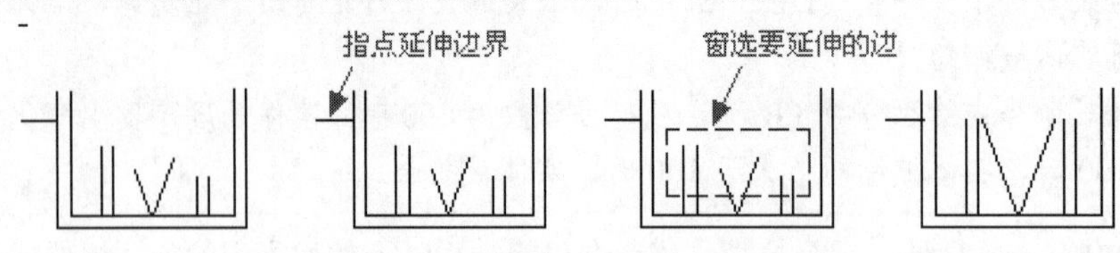

图 2-35　以边延伸模式延伸图形

操作步骤：

命令：_extend
当前设置：投影=无，边=延伸　(提示当前设置)
选择边界的边..　(提示选择作为延伸边界的边)
选择对象：(单击直线边界找到 1 个)
选择对象：↙(按【Enter】键结束边界的选择)选择要延伸的对象，或[投影(P)/边(E)/放弃(U)]：(窗选将要延伸的 6 个对象)
选择要延伸的对象，或[投影(P)/边(E)/放弃(U)]：↙(按【Enter】键结束延伸命令)

结果如图 2-35 所示。

l. 用 trim（修剪）命令修剪到边界。该命令将指定的实体部分修剪到指定的边界。

命令的调用：

修改工具栏：单击按钮。
下拉菜单："修改"→"修剪"。
命令窗口：TRIM（TR）↙。

输入命令后，按命令行的提示进行操作。

【例 2-26】修剪图形，如图 2-36 所示。

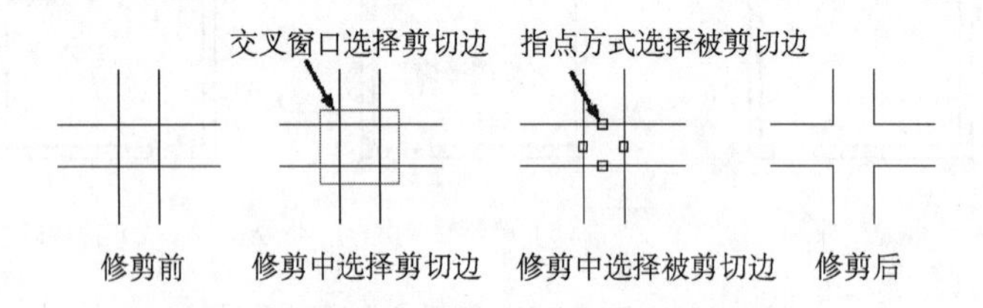

图 2-36　修剪图形

命令：_trim
当前设置：投影=UCS，边=无　(提示当前设置)
选择剪切边...　(提示以下的选择为选择剪切边)
选择对象：找到 4 个　(交叉窗口内 4 直线作为修剪边界)
选择对象：↙(按【Enter】键结束剪刀线的选择)
拾取要修剪的对象，或 [投影(P)/边(E)/放弃(U)]：(指点方式选择被剪切边)
(最后按【Enter】键结束修剪命令)

结果如图 2-36 所示。

【例 2-27】修剪图形—圆弧连接，如图 2-37 所示。

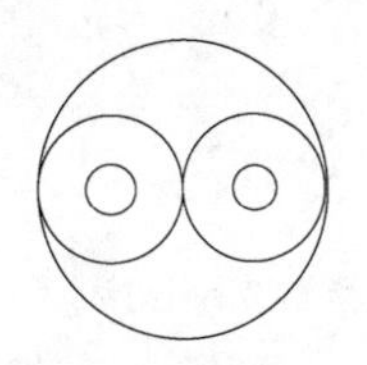
(a) 修剪前

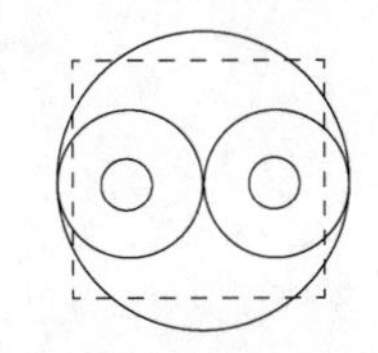
(b) 交叉窗口选择剪切边

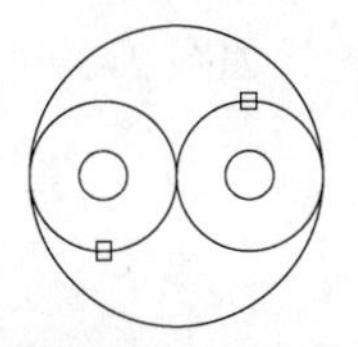
(c) 指点方式选择被剪切边

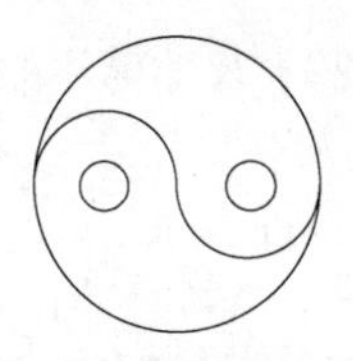
(d) 修剪后

图 2-37　修剪图形—圆弧连接过程

m. 用 BREAK（打断）命令打断及打断于点。该命令用于擦除实体上不需要指定边界的某一部分，也可将一个实体分成两部分。

命令的调用：

修改工具栏：单击□按钮。
下拉菜单："修改" → "打断"。
命令窗口：BREAK（BR）↙。

输入命令后，按命令行的提示进行操作。

【例 2-28】按图 2-38 所示打断点选择顺序与打断结果命令进行操作。

```
命令: _break 选择对象:(左图中右边圆,指点 3)
指定第二个打断点 或 [第一点(F)]: f          (输入 f 准备重新输入第一个打断点)
指定第一个打断点:(指点 1)
指定第二个打断点:(指点 2)
```

结果如图 2-38（b）图所示为一段圆弧。

```
修改工具栏: 单击□按钮。
命令: _break 选择对象:(右图中圆弧)
指定第二个打断点 或 [第一点(F)]:               (捕捉点 3)
```

结果如图 2-38（b）图中所示，圆弧被打断为两段。（圆弧 13 和圆弧 32）

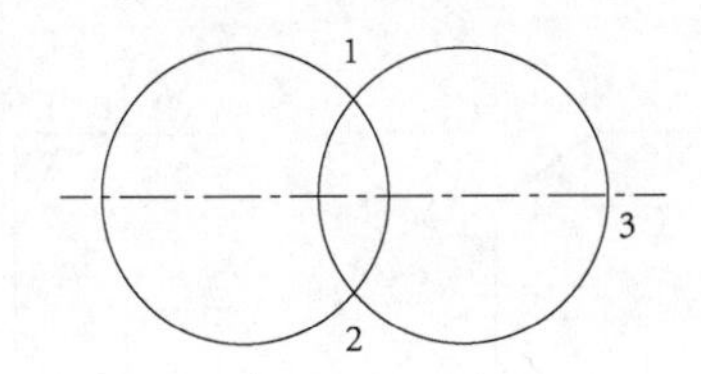

(a) 选择对象与打断点

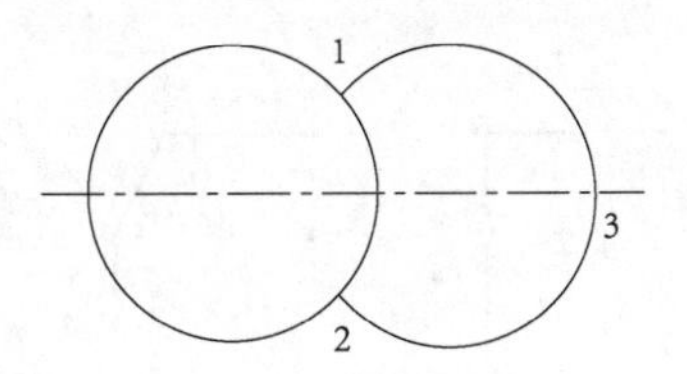

(b) 结果

图 2-38　打断点选择顺序与打断结果

特别提示

- 对圆执行打断命令时，打断结果在 1 与 2 点间按逆时针抹去圆弧。

n. 用 EXPLODE（分解）命令分解。该命令可将多段线、矩形、图块、剖面线、尺寸等含多项内容的一个实体分解成若干个独立的实体。

命令的调用：

修改工具栏：单击按钮。
下拉菜单："修改" → "分解"。
命令窗口：EXPLODE ↙。

输入命令后，按命令行的提示进行操作。

【例 2-29】尺寸标注的分解，如图 2-39 所示。

操作步骤：

命令：_explode

选择对象：找到 1 个　　　　　　　　　　　　　　　（指点尺寸标注）

分解后移动标注各要素如图 2-39（b）所示。

如图 2-39 所示为对尺寸标注进行分解后，将尺寸标注的各部分移动后的结果。

o. 用 CHAMFER（倒角）命令倒斜角。该命令可按指定的距离或角度在一对相交直线上倒斜角，也可对封闭的多段线（包括多段线、多边形、矩形）各直线交点处同时进行倒角。

命令的调用：

修改工具栏：单击按钮。

下拉菜单："修改" → "倒角"。

命令窗口：chamfer（cha）↙。

输入命令后，按命令行的提示进行操作。

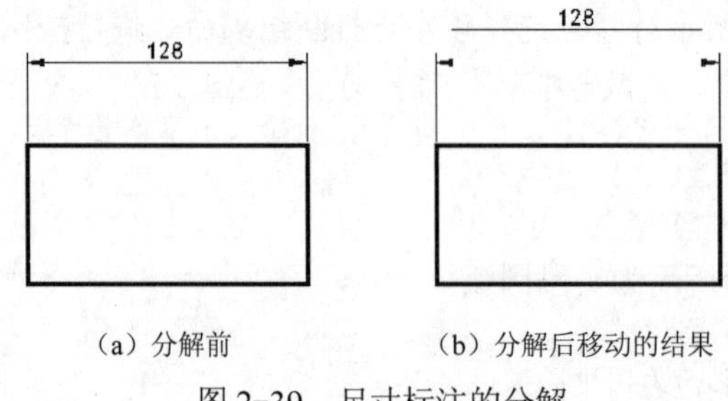

（a）分解前　（b）分解后移动的结果

图 2-39　尺寸标注的分解

【例 2-30】进行倒角操作，如图 2-40 所示。

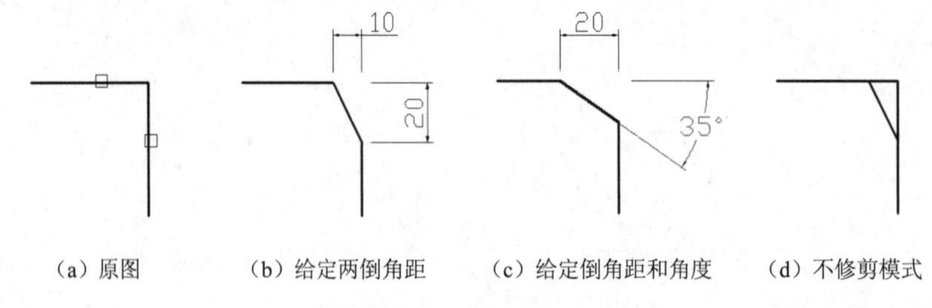

（a）原图　（b）给定两倒角距　（c）给定倒角距和角度　（d）不修剪模式

图 2-40　倒角操作

操作步骤（a）：

命令：_chamfer

（"修剪"模式）当前倒角距离 1 = 10.0000，距离 2 = 20.0000

（提示当前修剪模式及数值）

选择第一条直线或 [放弃(U)/多段线(P)/距离(D)/角度(A)/修剪(T)/方式(E)/多个(M)]：d（选择距离方式输入倒角值）

指定第一个倒角距离 <10.0000>：10　　　　　　（第一条直线倒角长度为 10）

指定第二个倒角距离 <10.0000>：20　　　　　　（第二条直线倒角长度为 20）

选择第一条直线或 [放弃(U)/多段线(P)/距离(D)/角度(A)/修剪(T)/方式(E)/多个(M)]：（选择水平直线）（倒角长度为 10 的水平线）

选择第二条直线，或按住 Shift 键选择要应用角点的直线：（倒角长度为 20 的竖直线）

完成操作，如图 2-40（a）。

操作步骤（b）：

命令：CHAMFER

（“修剪”模式）当前倒角距离 1 = 10.0000，距离 2 = 20.0000

选择第一条直线或 [放弃(U)/多段线(P)/距离(D)/角度(A)/修剪(T)/方式(E)/多个(M)]：a (指定第一条直线的倒角长度)，选择角度方式输入倒角值

<20.0000>：20 指定第一条直线的倒角角度 <35>：35 (倒角距离 10，角度 35 度)

选择第一条直线或 [放弃(U)/多段线(P)/距离(D)/角度(A)/修剪(T)/方式(E)/多个(M)]：(选择倒角长度为 10 水平线)

选择第二条直线，或按住 Shift 键选择要应用角点的直线：(选择竖直线)

完成操作。

操作步骤（c）：

命令：CHAMFER

（“修剪”模式）当前倒角长度 = 20.0000，角度 = 35　　(提示当前修剪模式及数值)

选择第一条直线或 [放弃(U)/多段线(P)/距离(D)/角度(A)/修剪(T)/方式(E)/多个(M)]：t(当前模式为修剪，根据图 2-40（c）对修剪模式修改)

输入修剪模式选项 [修剪(T)/不修剪(N)] <修剪>：n(修剪模式更改为不修剪)

选择第一条直线或 [放弃(U)/多段线(P)/距离(D)/角度(A)/修剪(T)/方式(E)/多个(M)]：d 指定第一个倒角距离 <10.0000>：(选择距离方式输入倒角值，默认倒角距离 10)

指定第二个倒角距离 <20.0000>：　　(默认倒角距离 20)

(选择倒角长度为 10 水平线)

选择第二条直线，或按住 Shift 键选择要应用角点的直线：(选择竖直线，倒角长度为 20 的竖直线)

完成操作。

特别提示

- 执行倒角命令时，当两个倒角距离不同的时候，要注意两条线的选择顺序。
- 使原来不平行的两条直线相交，可对其进行倒圆角，半径值为 0。

p. 用 FILLET（圆角）命令作圆角。该命令可用一条指定半径的圆弧光滑连接两条直线、两段圆弧或圆等实体，还可用该圆弧对封闭的二维多段线中的各线段交点倒圆角，如图 2-41 所示。

命令的调用：

修改工具栏：单击按钮。

下拉菜单：“修改”→“圆角”。

命令窗口：FILLET（F）↙。

输入命令后，按命令行的提示进行操作。

【例 2-31】倒圆角操作：对多段线、相交线、平行线以及圆弧倒圆角，如图 2-41 所示。

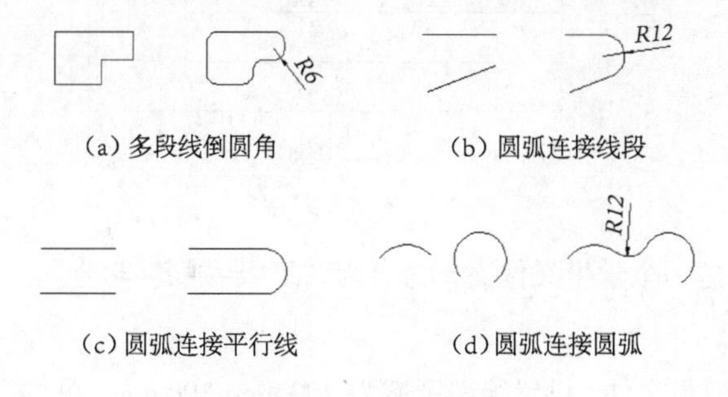

(a) 多段线倒圆角　(b) 圆弧连接线段

(c) 圆弧连接平行线　(d) 圆弧连接圆弧

图 2-41　倒圆角操作

操作提示：

```
命令：_fillet
当前设置：模式 = 不修剪，半径 = 5.0000     (提示当前所处的倒角模式及倒角半径值)
选择第一个对象或 [多段线(P)/半径(R)/修剪(T)/多个(U)]：
```

(根据已知条件，设置修改倒角模式及半径值，如果是多段线选择 P 选项进行相应设置。其余操作与倒角相同)

【例 2-32】进行圆角连接：①多段线各顶点倒半径为 12mm 的圆角；②不相交直线利用 0 圆角半径修交角（操作参考上例），如图 2-42 所示。

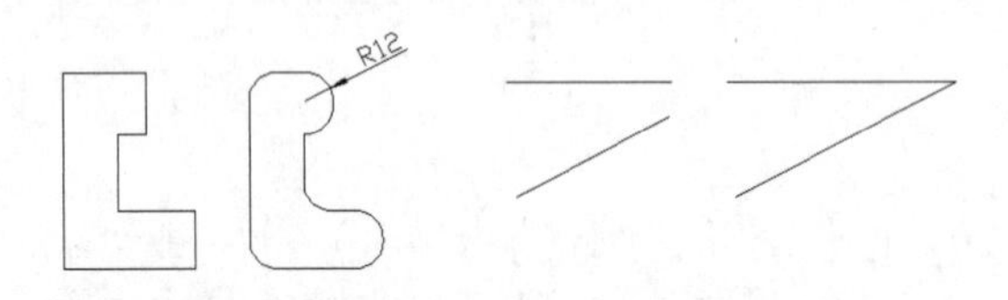

(a) 不够圆角的交角不进行圆角操作　　(b) R=0 时，修交角

图 2-42　圆角连接

特别提示

- 对于不同半径的圆角，只需变更圆角半径即可直接进行圆角，而不需再重新启动命令。
- 当对多段线进行圆角时，对不够圆角的交角，则不进行圆角操作，如图 2-42（a）所示。
- 如图 2-42（b）所示两个线段圆角，当圆角半径为 0 时，相当于修两线段的交角。

项目描述

绘制如图 2-43 所示平面组合图形。

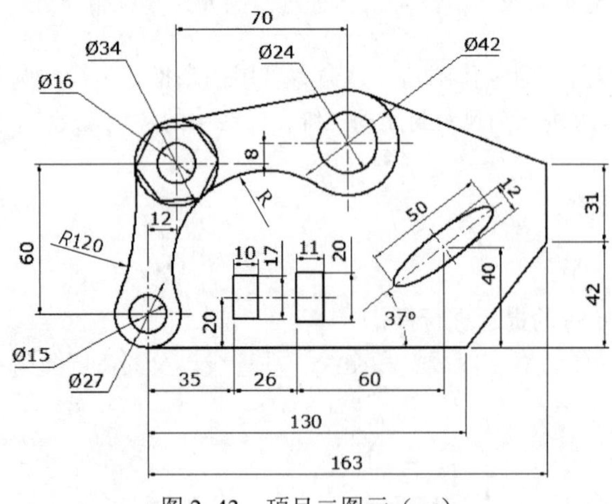

图 2-43　项目二图示（一）

1．建立文件夹

在计算机桌面上新建一个学生文件夹，命名为“班级-姓名-学号”。

2．绘图环境设置

运行软件，建立新模板文件。设置绘图区域为 200 mm×200 mm，单位为“小数”，精度为“0”；设置角度为“度/分/秒”，角度精度为“0”。

3．组合平面图形绘制

根据图 2-43 所示，用 LINE、RECTANG、POLYGON 及 ELLIPS 等绘图命令，并用 OFFSET、TRIM 等常用编辑命令绘制平面组合图形。

4．保存文件

将完成的图形以全部缩放的形式显示，并以“项目二：示范项目.dwg”为文件名保存在学生文件夹中。

项目实施

1. 图层创建。

名称	颜色	线型	线宽
轮廓线	白色	Continuous	0.3
中心线	蓝色	Center	默认

2. 打开“极轴追踪”“对象捕捉”及“自动追踪”功能。指定极轴追踪角度增量为 90°；设定对象捕捉方式为“端点”“交点”。

3. 设定绘图区域大小为 200 mm×200 mm。单击“标准”工具栏上的“范围”按钮使绘图区域充满整个图形窗口显示出来。切换到轮廓线层，用 LINE 命令绘制定位线，再绘制圆 *A*、*B*、*C*，如图 2-44（a）所示。

4. 用 FILLE 圆弧连接 *A*、*B* 圆，用 LINE 命令连接 B、C 圆并作轮廓线，再用 cirde 命令绘制圆同时与 A、B、C 三图相切，并进行修剪，圆如图 2-44（b）所示。

5. 执行命令 ELLIPSE，启动绘制椭圆 D。执行命令 Polygon，启动绘制多边形。执行命令_rectang 启动绘制矩形 E、F。如图 2-44（c）所示。

6. 修剪多余线段，切换中心线图层将定位线的线型修改为中心线。

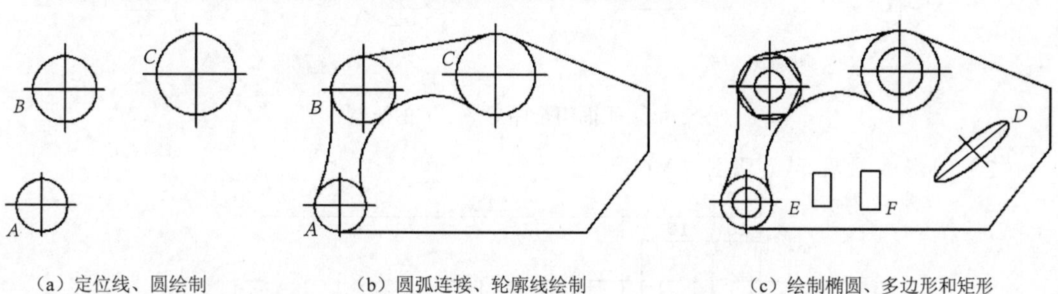

（a）定位线、圆绘制　　（b）圆弧连接、轮廓线绘制　　（c）绘制椭圆、多边形和矩形

图 2-44　平面组合图形（一）的绘制

7. 保存文件：将完成的图形以“全部缩放”的形式显示，并以“项目二示范项目.dwg”为文件名保存在文件夹中。

项 目 练 习

一、基本要求

按要求绘制平面组合图形（二）、（三）。

1. 能够进行基本绘图文件的创建、保存及绘图环境设置。

2. 设置合适的绘图区域，创建可用的图层。

3. 能够设置和使用辅助绘图功能。打开“极轴追踪”“对象捕捉”及“自动追踪”功能；设定对象捕捉方式为“端点”“交点”“切点”等。

4. 掌握基本绘图命令：LINE、XLINE、CIRCLE、ELLIPSE、RECTANG 等命令的使用。

5. 学习常用编辑命令如 OFFSET、TRIM、ARRAY、MIRROR 的使用。

二、图示效果

1．平面组合图形（二）

（1）绘图过程分解（见图 2-45）

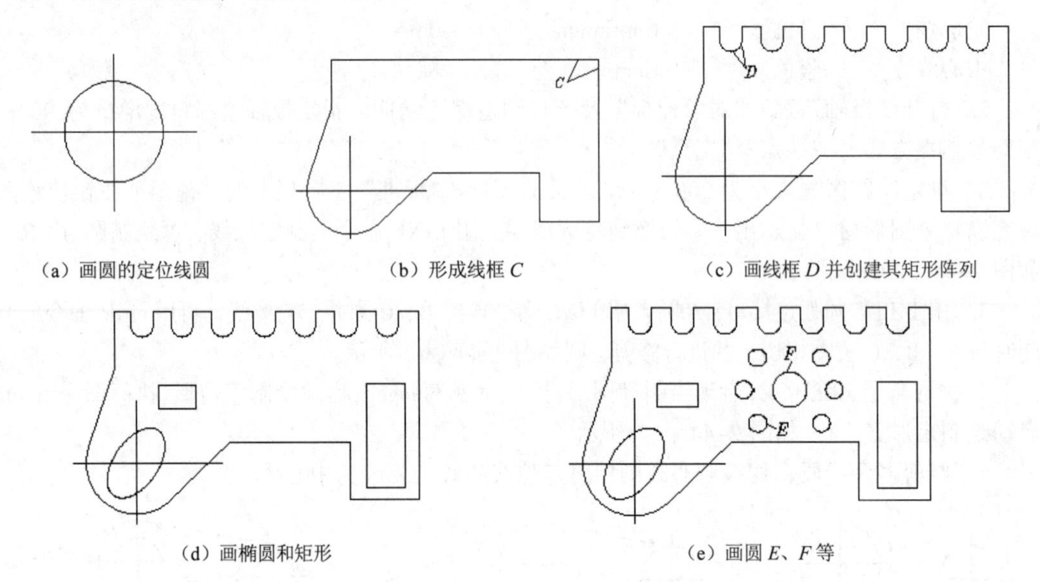

（a）画圆的定位线圆　（b）形成线框 C　（c）画线框 D 并创建其矩形阵列

（d）画椭圆和矩形　（e）画圆 E、F 等

图 2-45　平面组合图形（二）的绘制

（2）图形效果展示（见图 2-46）

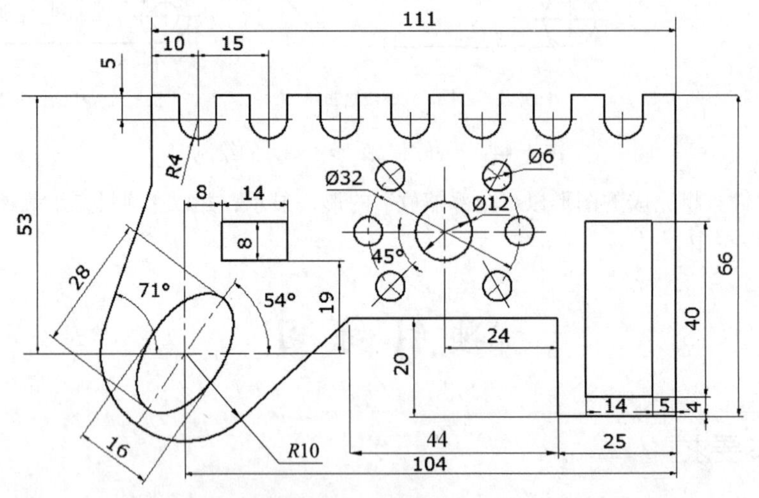

图 2-46　项目二图示（二）

2．平面组合图形（三）

（1）绘图过程分解（见图 2-47）

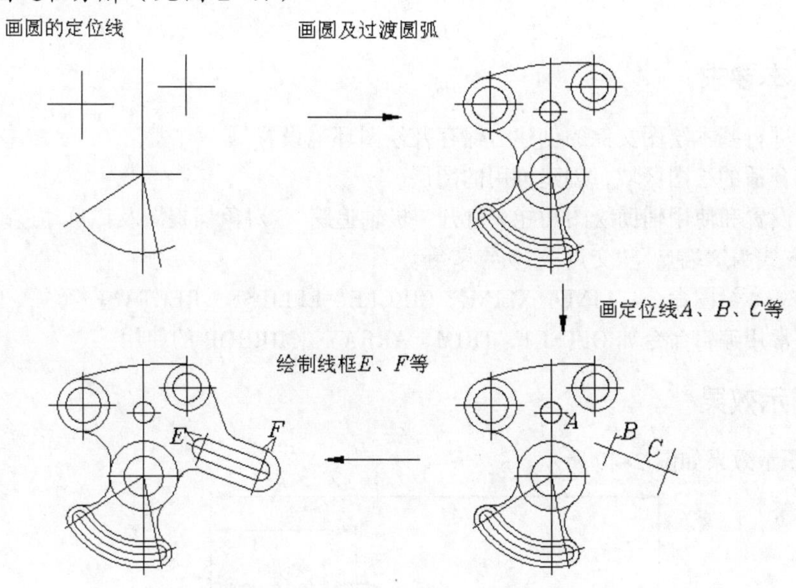

图 2-47　平面组合图形（三）的绘制

（2）图形效果展示（见图 2-48）

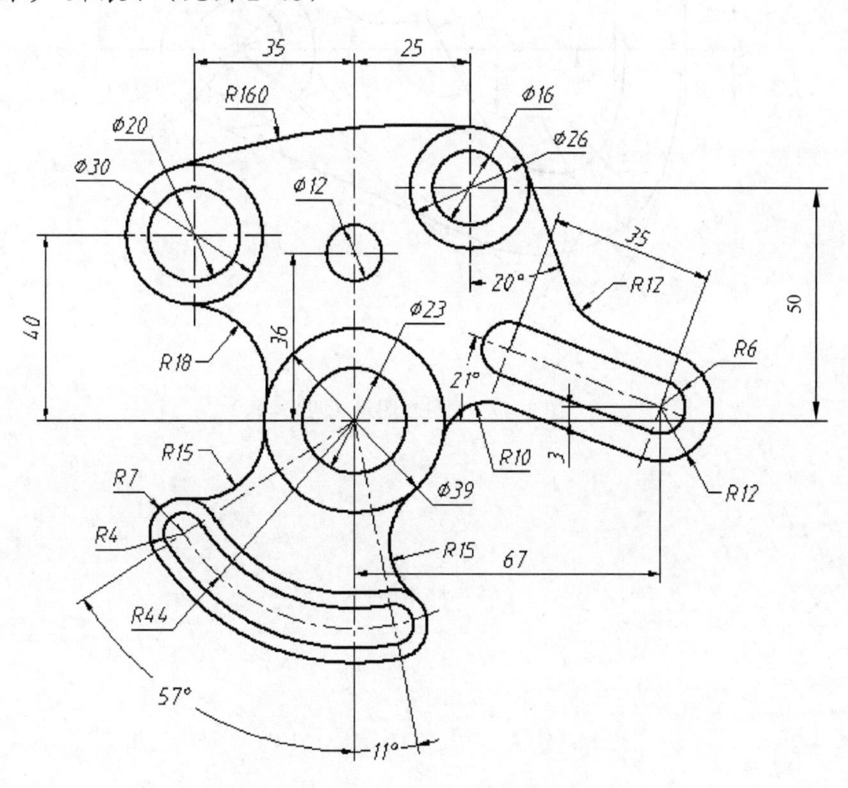

图 2-48　项目二图示（三）

项 目 拓 展

一、基本要求

1. 能够进行基本绘图文件的创建、保存及绘图环境设置。

2. 设置合适的绘图区域，创建可用的图层。

3. 能够设置和使用辅助绘图功能。打开“极轴追踪”“对象捕捉”及“自动追踪”功能；设定对象捕捉方式为“端点”“交点”“切点”等。

4. 掌握基本绘图命令：LINE、XLINE、CIRCLE、ELLIPSE、RECTANG 等命令的使用。

5. 学习常用编辑命令如 OFFSET、TRIM、ARRAY、MIRROR 的使用。

二、图示效果

最终的图示效果如图 2-49 所示。

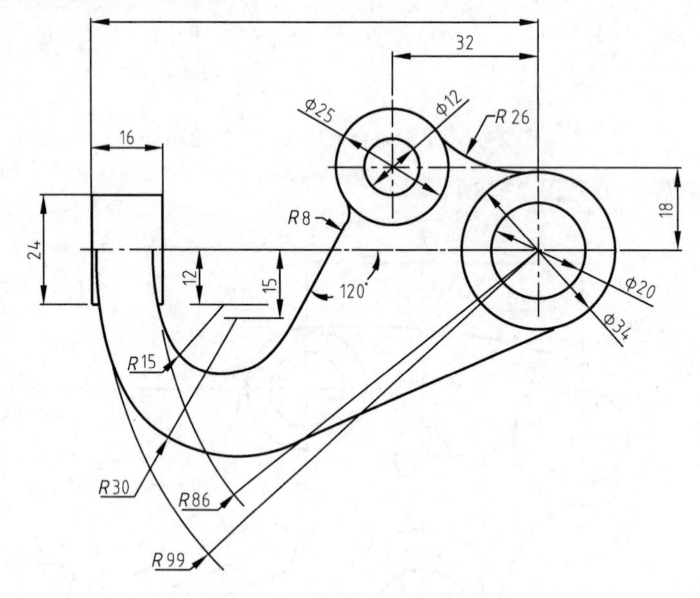

图 2-49　项目二图示（四）

项目三 高级二维图形绘制与编辑

本项目主要介绍较为复杂的高级二维图形的绘制方法与编辑操作技巧。

项目目标

1. 学习创建、编辑多段线。
2. 学习创建、编辑多线。
3. 学习使用夹点编辑图形对象的方法。
4. 学习面域造型和面域间的布尔运算。
5. 学习图案填充及使用。
6. 修改对象属特性的方法。
7. 绘制复杂平面图形的一般方法。

相关知识

一、高级绘图、编辑命令（一）

1. 创建及编辑多段线

（1）绘制多段线（PLINE）

① 功能。多段线（又称复合线）是由几段线段和圆弧构成的连续线条，它是一个单独的图形对象。二维多段线具有以下特点：

- 能够设定多段线中线段及圆弧的宽度。
- 可以利用有宽度的多段线形成实心圆、圆环或带锥度的粗线等。
- 能在指定的线段交点处或对整个多段线进行倒圆角或倒斜角处理。

② 命令的调用。

绘图工具栏：。
下拉菜单："绘图"→"多段线"。
命令窗口：PLINE（pl）↙。

③ 绘制多段线。AutoCAD 提示信息如下：

```
命令：_PLINE
指定起点：
当前线宽为 0.0000
指定下一个点或 [圆弧(A)/半宽(H)/长度(L)/放弃(U)/宽度(W)]：
```

（2）PLINE 命令选项

- 圆弧(A)：使用此选项可以画圆弧。
- 半宽(H)：用户通过该选项可以指定本段多段线的半宽度，即线宽的一半。

- 长度(L):指定本段多段线的长度,其方向与上一条线段相同或者沿上一段圆弧的切线方向。
- 放弃(U):删除多段线中最后一次绘制的线段或圆弧。
- 宽度(W):设置多段线的宽度,此时系统将提示“指定起点宽度”和“指定端点宽度”,用户可输入不同的起始宽度和终点宽度值来绘制一条宽度逐渐变化的多段线。
- 闭合(C):此选项使多段线闭合,它与 LINE 命令的“C”选项作用相同。

(3)编辑多段线(PEDIT)

① 功能:修改整个多段线的宽度值或分别控制各段的宽度值。此外,将线段、圆弧构成的连续线编辑成一条多段线。

② 命令的调用:

绘图工具栏:单击按钮。
下拉菜单:“修改”→“对象”→“多段线”。
命令窗口:PEDIT↙

③ 编辑多段线,AutoCAD 提示信息如下:

命令:_pedit 选择多段线或 [多条(M)]:
输入选项 [闭合(C)/合并(J)/宽度(W)/编辑顶点(E)/拟合(F)/样条曲线(S)/非曲线化(D)/

(4)PEDIT 命令选项

- 合并(J):将线段、圆弧或多段线与所编辑的多段线连接以形成一条新的多段线。
- 宽度(W):修改整条多段线的宽度。
- 拟合(F):是将多段线变为通过各顶点并且彼此相切的光滑曲线。
- 打开:是将闭合多段线的封闭线删除,形成不封口的多段线;反之,闭合则是添加封闭线,形成封闭的多段线。

【例 3-1】用多段线(PLINE)、多段线编辑(PEDIT)及偏移(OFFSET)命令将图 3-1 的左图修改为右图样式。

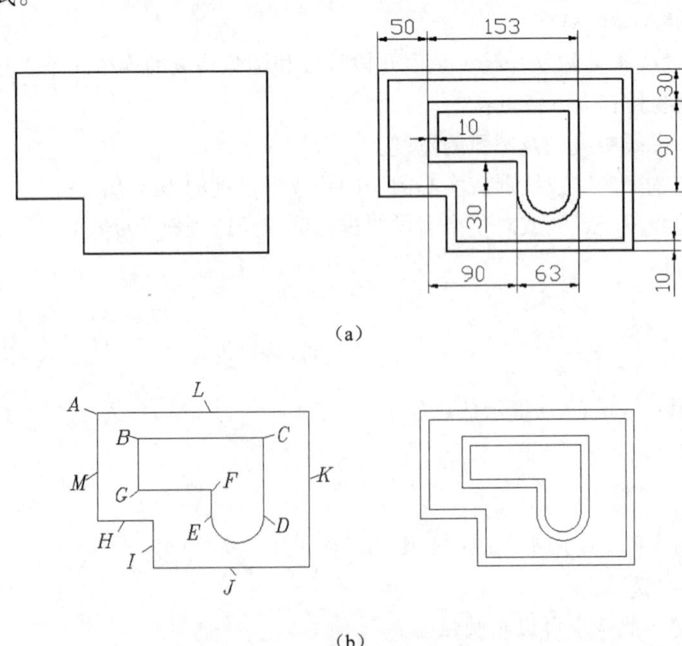

图 3-1 用多段线修改平面图形

操作步骤:(打开对象捕捉及自动追踪功能，设定对象捕捉方式为端点、交点。)

① 用多段线绘制图 3-1(a)右图框内图形。

命令: _PLINE
指定起点: from(使用正交偏移捕捉)
基点: [捕捉 A 点，如图 3-1(b)左图所示]
<偏移>: @50,-30(输入 B 点的相对坐标)
指定下一个点或 [圆弧(A)/半宽(H)/长度(L)/放弃(U)/宽度(W)]: 153(鼠标拖至 B 点右方)
指定下一点或 [圆弧(A)/闭合(C)/半宽(H)/长度(L)/放弃(U)/宽度(W)]: 90
(鼠标拖至 C 下方)
指定下一点或 [圆弧(A)/闭合(C)/半宽(H)/长度(L)/放弃(U)/宽度(W)]: A
(选用"圆弧(A)"选项画圆弧)
指定圆弧的端点或[角度(A)/圆心(CE)/闭合(CL)/方向(D)/半宽(H)/直线(L)/半径(R)/第二个点(S)/放弃(U)/宽度(W)]: 63 (从 D 点向左追踪并输入追踪距离)
指定圆弧的端点或[角度(A)/圆心(CE)/闭合(CL)/方向(D)/半宽(H)/直线(L)/半径(R)/第二个点(S)/放弃(U)/宽度(W)]: l(选用"直线(L)"选项切换到画直线模式)
指定下一点或 [圆弧(A)/闭合(C)/半宽(H)/长度(L)/放弃(U)/宽度(W)]: 30
(从 E 点向上追踪并输入追踪距离)
指定下一点或 [圆弧(A)/闭合(C)/半宽(H)/长度(L)/放弃(U)/宽度(W)]:
(从 F 点向左追踪，再以 B 点为追踪参考点确定 G 点)
指定下一点或 [圆弧(A)/闭合(C)/半宽(H)/长度(L)/放弃(U)/宽度(W)]: C

② 用多段线修改命令(PEDIT)编辑图 3-1(b)左图中外框线 6 条合并为一条多段线

命令: PEDIT
选择多段线或 [多条(M)]: (选择线段 M，如图 3-1(b)左图所示)
是否将其转换为多段线? <Y> (按【Enter】键将线段 M 转换为多段线)
输入选项 [闭合(C)/合并(J)/宽度(W)/编辑顶点(E)/拟合(F)/样条曲线(S)/非曲线化(D)/线型生成(L)/放弃(U)]: j (选用"合并(J)"选项)
选择对象: 指定对角点:总计 5 个 (选择线段 H、I、J、K 和 L)
选择对象: (按【Enter】键)
输入选项 [闭合(C)/合并(J)/宽度(W)/编辑顶点(E)/拟合(F)/样条曲线(S)/非曲线化(D)/线型生成(L)/放弃(U)]: (按【Enter】键结束)

③ 用 OFFSET 命令将两个闭合线框向内偏移，偏移距离为 10，结果如图 3-1(b)右图所示。

2. 创建及编辑多线

(1)绘制多线(MLINE)

① 功能。多线是由多条平行直线组成的对象，最多可包含 16 条平行线，线间的距离、线的数量、线条颜色及线型等都可以调整。

② 命令的调用。

下拉菜单:"绘图" → "多线"。
命令窗口: MLINE↙。

③ 绘制多线。AutoCAD 提示信息如下:

命令: _MLINE
当前设置: 对正 = 上，比例 = 20.00，样式 = STANDARD
指定起点或 [对正(J)/比例(S)/样式(ST)]:

(2)多线命令选项

① 对正(J)。设定多线对正方式，即多线中哪条线段的端点与光标重合并随光标移动，该选项有以下 3 个子选项:

- 上(T): 若从左往右绘制多线，则对正点将在最顶端线段的端点处。

- 无(Z)：对正点位于多线中偏移量为 0 的位置处。多线中线条的偏移量可在多线样式中设定。
- 下(B)：若从左往右绘制多线，则对正点将在最底端线段的端点处。

② 比例(S)：指定多线宽度相对于定义宽度（在多线样式中定义）的比例因子，该比例不影响线型比例。

③ 样式(ST)：该选项使用户可以选择多线样式，默认样式是“STANDARD”。

（3）多线样式设置

多线的外观由多线样式决定，在多线样式中用户可以设定多线中线条的数量、每条线的颜色和线型、线间的距离等，还能指定多线两个端头的形式，如弧形端头、平直端头等。

命令的调用

下拉菜单：“格式” → “多线样式”。

命令窗口：MLSTYLE↙。

【例 3-2】创建“样式-主墙体”多线样式。

操作提示：

① 启动 MLSTYLE 命令，系统弹出“多线样式”对话框，如图 3-2 所示。

② 单击“新建”按钮，弹出“创建新的多线样式”对话框，如图 3-3 所示。在“新样式名”文本框中输入新样式的名称“样式-主墙体”，在“基础样式”下拉列表中选择“STANDARD”，该样式将成为新样式的样板样式。

③ 单击“继续”按钮，弹出“新建多线样式”对话框，如图 3-4 所示。在该对话框中完成以下任务。

在“说明”文本框中输入关于多线样式的说明文字。

在“图元”列表框中选中“0.5”，然后在“偏移”文本框中输入数值“120”。

在“图元”列表框中选中“-0.5”，然后在“偏移”文本框中输入数值“-120”。

在“封口”选项中选中起点、终点直线形式封口。

图 3-2 “多线样式”对话框

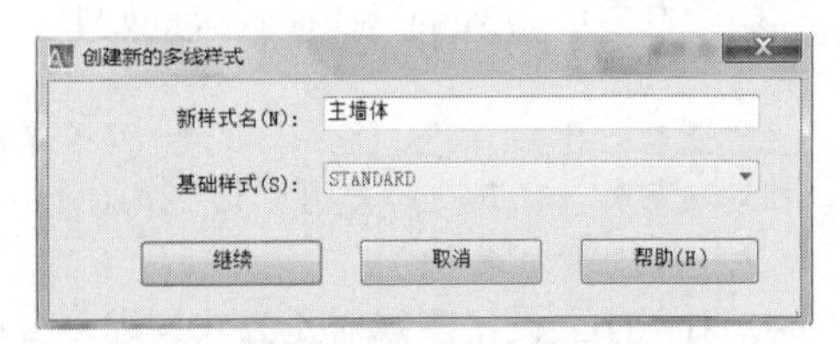

图 3-3 “创建新的多线样式”对话框

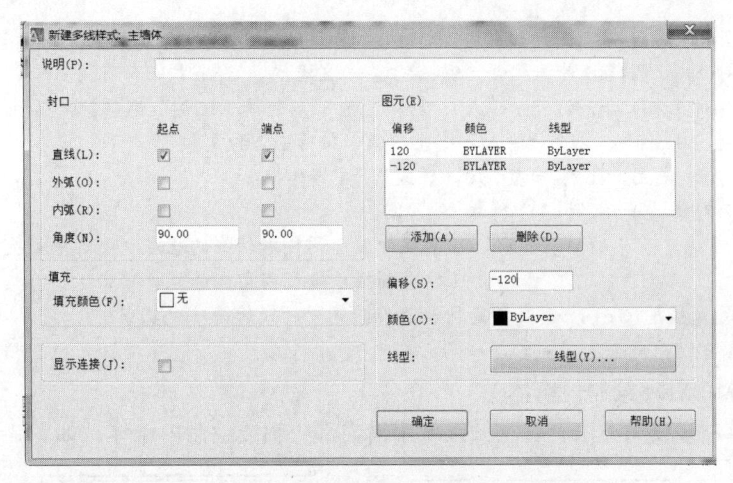

图 3-4 “新建多线样式-主墙体”对话框

④ 单击“继续”按钮，返回“多线样式”对话框，单击 “置为当前”按钮，使新样式成为当前样式。

图 3-4“新建多线样式”对话框中常用选项的功能如下：

- “添加”按钮：单击此按钮，系统在多线中添加一条新线，该线的偏移量可在“偏移”文本框中输入。
- “删除”按钮：删除“图元”列表框中选定的线元素。
- “颜色”下拉列表：通过此列表修改“图元”列表框中选定线元素的颜色。
- “线型”按钮：指定“图元”列表框中选定线元素的线型。
- “显示连接”：选择该复选项，则系统在多线拐角处显示连接线，如图 3-5 所示。
- “直线”：在多线的两端产生直线封口形式，如图 3-5 所示。
- “外弧”：在多线的两端产生外圆弧封口形式，如图 3-5 所示。
- “内弧”：在多线的两端产生内圆弧封口形式，如图 3-5 所示。
- “角度”：该角度是指多线某一端的端口连线与多线的夹角，如图 3-5 所示。
- “填充颜色”下拉列表：可通过此下拉列表设置多线的填充色。

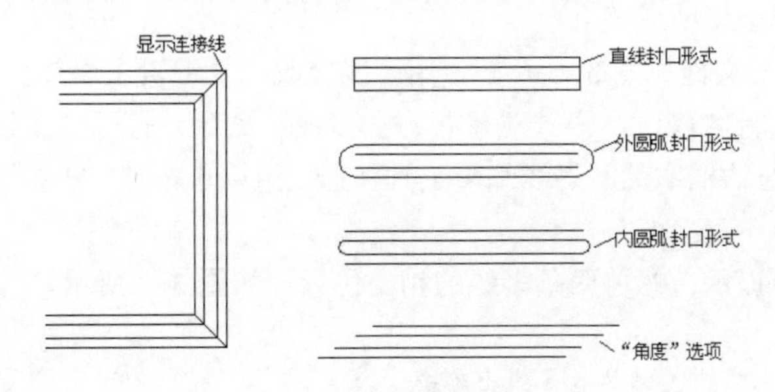

图 3-5 多线封口形式

【例 3-3】续上例，打开素材文件图 3-6，用 MLINE 命令绘制外围的内、外主墙体。

AutoCAD 提示：

① 命令: _MLINE（绘制外墙体）

当前设置：对正 = 上，比例 = 20.00，样式 = 主墙体

指定起点或 [对正(J)/比例(S)/样式(ST)]： J(选择“对正”选项)

输入对正类型 [上(T)/无(Z)/下(B)] <上>： Z （选择“无”对正类型）
当前设置：对正 = 无，比例 = 20.00，样式 = 主墙体
指定起点或 [对正(J)/比例(S)/样式(ST)]： S （选择“比例”选项）
输入多线比例<20.00>： 1 （输入多线比例值，按【Enter】键）
当前设置：对正 = 无，比例 = 1.00，样式 = 主墙体
指定起点或 [对正(J)/比例(S)/样式(ST)]：
（捕捉外侧门两侧中轴线的端点 A 并单击指定下一点）
（依次捕捉中轴线拐角处的点并单击）
指定下一点或 [放弃(U)]： （在指定到外侧门两侧中轴线的另一个端点 B）
按【Enter】键结束命令

② 命令:_MLINE（绘制内墙体）

参照以上绘制多线的方法，在绘图区域中沿内部中轴线绘制内墙体，如图 3-6 所示。

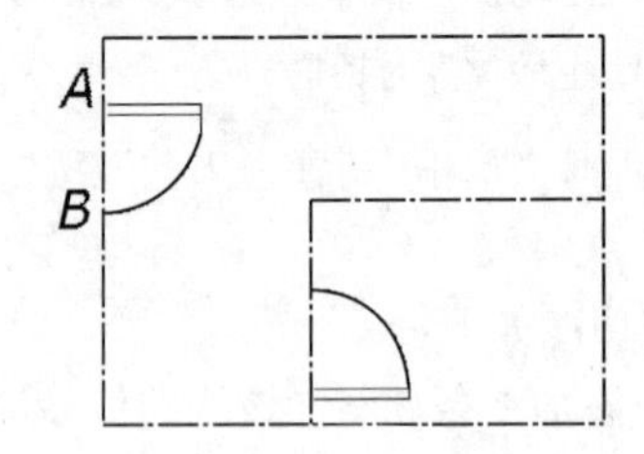

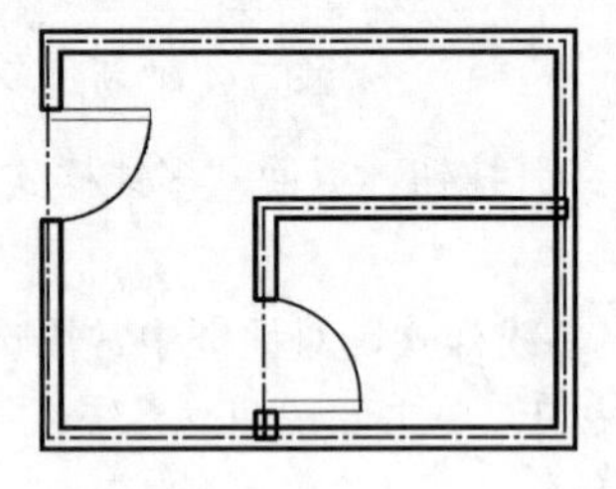

图 3-6 内、外墙体绘制

（4）多线编辑（MLEDIT）

命令的调用：

下拉菜单：“修改” → “多线”
命令窗口：MLEDIT↙。

启动 MLEDIT 命令，打开“多线编辑工具”对话框，如图 3-7 所示。该对话框中的小型图片形象地说明了各项编辑功能。其主要功能如下：

① 改变两条多线的相交形式，例如使它们相交成“十”字形或“T”字形。

② 在多线中加入控制顶点或删除顶点。

③ 将多线中的线条切断或接合。

【例 3-4】 打开素材文件“图 3-6.dwg”，用多线修改工具编辑主墙体。

① 在菜单栏中执行“修改” → “对象” → “多线”命令，打开“多线编辑工具”对话框，如图 3-7 所示。在该对话框中的“多线编辑工具”选项组中单击“T 形打开”按钮，再单击对话框中关闭按钮。

② 根据命令行的提示，修剪两条多线的相交位置，如图 3-8 所示。

命令： _MLEDIT
选择第一条多线： （在内主墙体的多线上单击）
选择第二条多线： （在外围主墙的多线上单击）

在提示下按【Enter】键结束命令，打开后的多线如图 3-8 所示。

③ 使用同样方法对另外一处多线的相交部分进行打开操作，完成主墙体的创建，如图 3-8 所示。

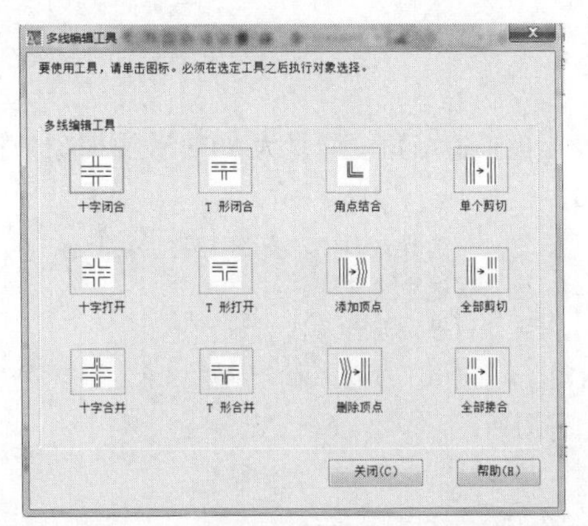

图 3-7　“多线编辑工具”对话框

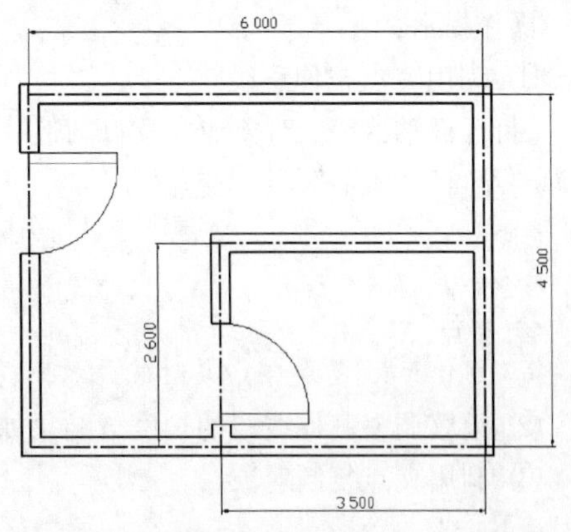

图 3-8　“墙体”多线编辑——T 形打开

3．夹点编辑图形

在 AutoCAD 中当选择了某个对象后，对象的控制点上将出现一些小的蓝色正方形框，

这些正方形框被称为对象的夹点（Grips）。例如，选择一个圆后，圆的 4 个象限点和圆心点处将出现夹点（见图 3-9）。

当光标经过夹点时，AutoCAD 自动将光标与夹点精确对齐，从而可得到图形的精确位置。光标与夹点对齐后单击鼠标，夹点变为红色（称热夹点），以示激活夹点编辑状态，此时，AutoCAD 自动进入“拉伸”编辑方式，连续按下【Enter】键，就可以在所有编辑方式间切换。此外，也可在激活夹点后，再单击鼠标右键，弹出快捷菜单，通过此菜单就能选择某种编辑方法，进行移动、镜像、旋转、比例缩放、拉伸和复制等操作。

AutoCAD 为每种编辑方法提供的选项基本相同，其中“基点(B)”“复制(C)”选项是所有编辑方式所共有的。

“基点(B)”：使用该选项用户可以拾取某一个点作为编辑过程的基点。例如，当进入了旋转编辑模式，要指定一个点作为旋转中心时，就使用“基点(B)”选项。默认情况下，编辑的基点是热夹点（选中的夹点）。

“复制(C)”：如果在编辑的同时还需复制对象，则选取此选项　。

【例 3-5】打开素材文件“3-10.dwg”，如图 3-10 左图所示。利用夹点编辑方式将左图修改为与右图相同的图形。

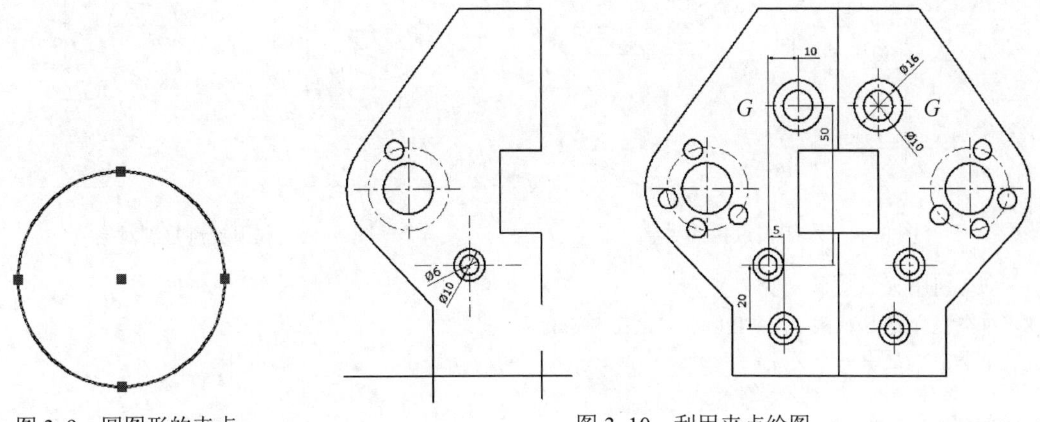

图 3-9　圆图形的夹点　　　　图 3-10　利用夹点绘图

操作提示：

① 利用夹点拉伸直线。

（打开极轴追踪、对象捕捉及自动追踪功能。设置极轴追踪角度增量为 90°；设置对象捕捉方式为“端点”“圆心”及“交点”）。

```
命令:                                          (选择线段 A, 如图 3-11 左图所示)
命令:                                          (选中夹点 B)
** 拉伸 **                                     (进入拉伸模式)
指定拉伸点或[基点(B)/复制(C)/放弃(U)/退出(X)]:  (向下移动光标并捕捉 C 点)
```

② 继续调整其他线段的长度，结果如图 3-11 右图所示。

③ 利用夹点复制对象。

```
命令:                          (选择对象 D, 如图 3-12 左图所示)
命令:                          (选中一个夹点)
** 拉伸 **
指定拉伸点或[基点(B)/复制(C)/放弃(U)/退出(X)]:  (进入拉伸模式)
** 移动 **                     (按【Enter】键进入移动模式)
指定移动点或[基点(B)/复制(C)/放弃(U)/退出(X)]: c
                               (利用“复制(C)”选项进行复制)
** 移动 (多重) **
指定移动点或[基点(B)/复制(C)/放弃(U)/退出(X)]: b(使用“基点(B)”选项)
指定基点:                      (捕捉对象 D 的圆心)
** 移动 (多重) **
指定移动点或[基点(B)/复制(C)/放弃(U)/退出(X)]: @10,50    (输入相对坐标)
** 移动 (多重) **
指定移动点或[基点(B)/复制(C)/放弃(U)/退出(X)]: @5,-20    (输入相对坐标)
指定移动点或[基点(B)/复制(C)/放弃(U)/退出(X)]:          (按【Enter】键结束)
```

结果如图 3-12 右图所示。

A
B
C

图 3-11　利用夹点拉伸对象

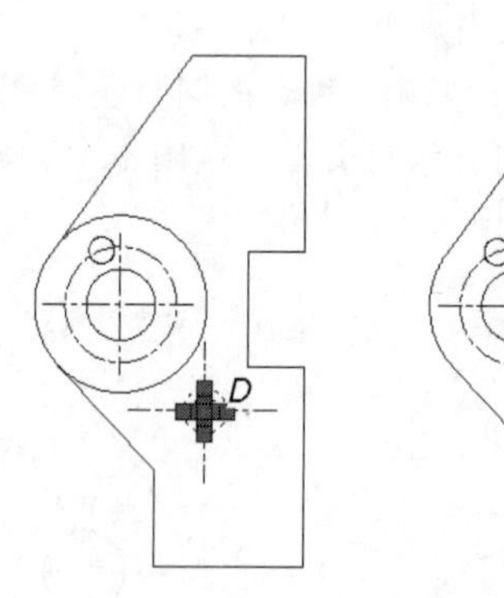

图 3-12　利用夹点复制对象

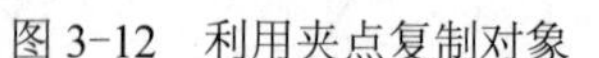

④ 利用夹点旋转对象。

```
命令:  (选择对象 E, 如图 3-13 左图所示)
命令:  (选中一个夹点)
** 拉伸 **  //进入拉伸模式
指定拉伸点或[基点(B)/复制(C)/放弃(U)/退出(X)]: _ROTATE
```

(或单击鼠标右键，选择“旋转”选项)

** 旋转 ** (进入旋转模式)

指定旋转角度或[基点(B)/复制(C)/放弃(U)/参照(R)/退出(X)]: c

(利用选项“复制(C)”进行复制)

** 旋转 (多重) **

指定旋转角度或[基点(B)/复制(C)/放弃(U)/参照(R)/退出(X)]: b

(使用选项“基点(B)”)

指定基点: (捕捉圆心 *F*)

** 旋转(多重) **

指定旋转角度或[基点(B)/复制(C)/放弃(U)/参照(R)/退出(X)]: 85 (输入旋转角度)

** 旋转 (多重) **

指定旋转角度或[基点(B)/复制(C)/放弃(U)/参照(R)/退出(X)]: 145 (输入旋转角度)

** 旋转 (多重) **

指定旋转角度或[基点(B)/复制(C)/放弃(U)/参照(R)/退出(X)]: -150(输入旋转角度)

** 旋转 (多重) **

指定旋转角度或[基点(B)/复制(C)/放弃(U)/参照(R)/退出(X)]: (按【Enter】键结束)

结果如图 3-13 左图所示。

⑤ 利用夹点缩放模式缩放对象。

命令: (选择圆 *G*，如图 3-14 左图所示)

命令: (选中任意一个夹点)

** 拉伸 ** (进入拉伸模式)

指定拉伸点或[基点(B)/复制(C)/放弃(U)/退出(X)]: _SCALE

(或单击鼠标右键，选择“缩放”选项)

** 比例缩放 ** (进入比例缩放模式)

指定比例因子或[基点(B)/复制(C)/放弃(U)/参照(R)/退出(X)]: b

(使用“基点(B)”选项)

指定基点: (捕捉圆 G 的圆心)

** 比例缩放 **

指定比例因子或[基点(B)/复制(C)/放弃(U)/参照(R)/退出(X)]: 1.6

(输入缩放比例值)

结果如图 3-14 右图所示

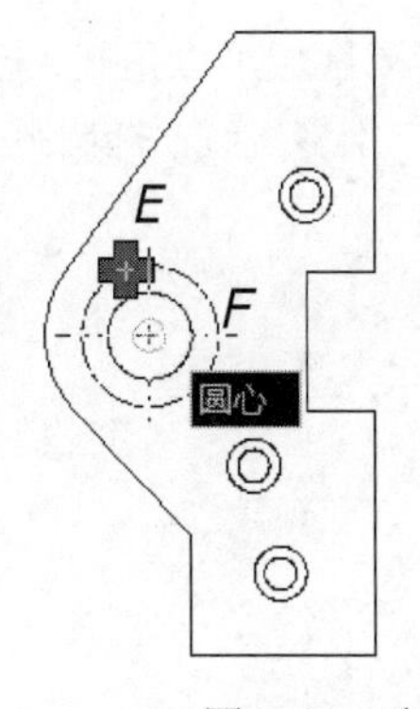

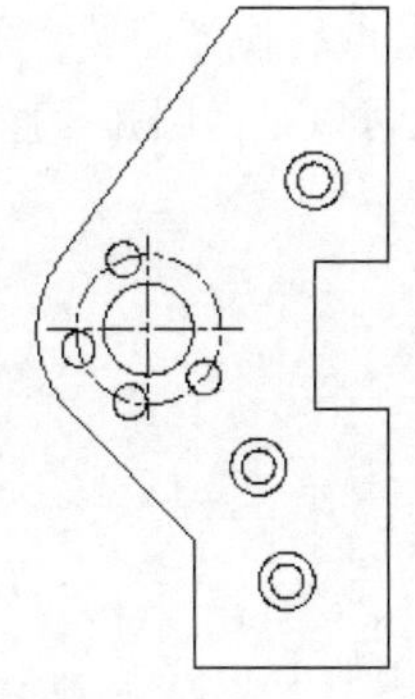

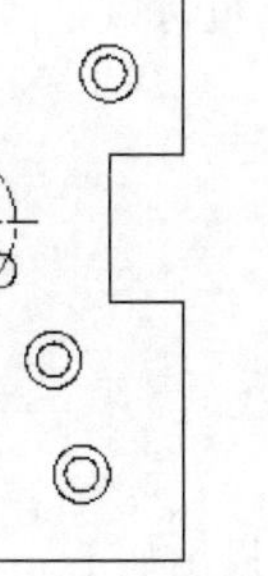

图 3-13 利用夹点旋转对象

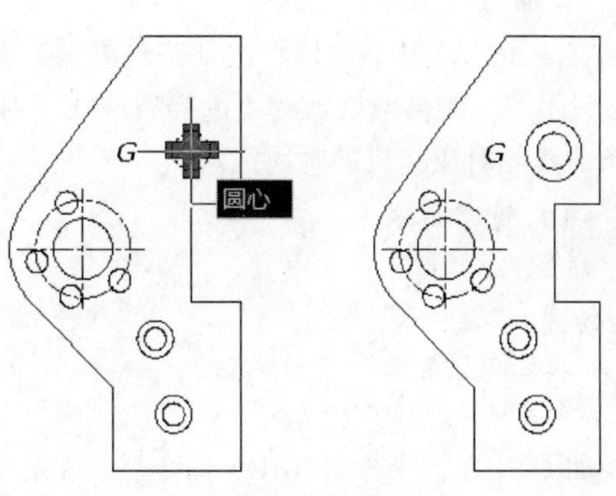

图 3-14 利用夹点缩放对象

⑥ 利用夹点镜像对象。

命令: (选择要镜像的对象，如图 3-15 左图所示)

```
命令:                                        (选中夹点 H)
** 拉伸 **                                   (进入拉伸模式)
指定拉伸点或[基点(B)/复制(C)/放弃(U)/退出(X)]: _mirror
                                             (或单击鼠标右键,选择“镜像”选项)
** 镜像 **                                   (或进入镜像模式)
指定第二点或[基点(B)/复制(C)/放弃(U)/退出(X)]: c(镜像并复制)
** 镜像 (多重) **
指定第二点或[基点(B)/复制(C)/放弃(U)/退出(X)]:    (捕捉 I 点)
** 镜像 (多重) **
指定第二点或[基点(B)/复制(C)/放弃(U)/退出(X)]:    (按【Enter】键结束)
```

结果如图 3-15 右图所示。

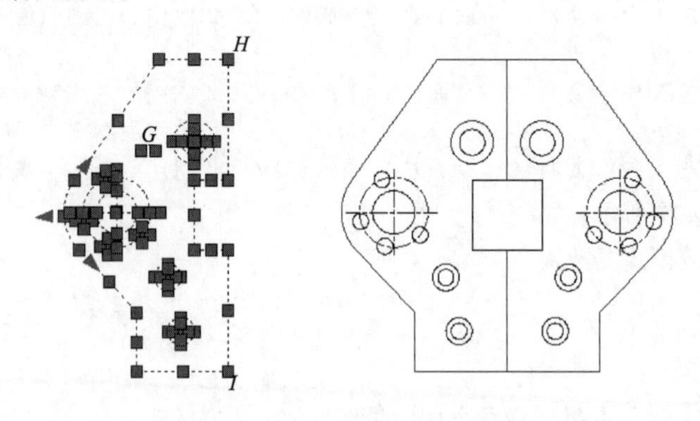

图 3-15　利用夹点镜像对象

特别提示

● 激活关键点编辑模式后，可通过输入下列字母直接进入某种编辑方式：MI——镜像，MO——移动，RO——旋转，SC——缩放，ST——拉伸。

二、高级绘图、编辑命令（二）

1. 面域对象和布尔操作

在 AutoCAD 中，可以将由某些对象围成的封闭区域转换为面域，这些封闭区域可以是圆、椭圆、封闭的二维多段线或封闭的样条曲线等对象，也可以是由圆弧、直线、二维多段线、椭圆弧、样条曲线等对象构成的封闭区域。

（1）创建面域

命令的调用。

绘图工具栏：◎。

下拉菜单：“绘图” → “面域”。

命令窗口：REGION（REG）↙。

如图 3-16，执行 REGION 命令后，AutoCAD 提示如下。

```
命令: _region
选择对象: 找到 1 个(点选需要定义面域的对象)
选择对象: 找到 1 个, 总计 2 个(继续点选需要定义面域对象)
选择对象:↙ (按【Enter】键, 结束对象选择。执行面域操作)
```

特别提示

在 AutoCAD 中创建面域时，应注意以下几点：

- 面域总是以线框的形式显示，用户可以对面域进行复制、移动等编辑操作。
- 在创建面域时，如果系统变量 DELOBJ 的值为 1，AutoCAD 在定义了面域后将删除原始对象；如果 DELOBJ 的值为 0，则在定义面域后不删除原始对象。
- 如果要分解面域，可以选择“修改”或“分解”命令，将面域的各个环转换成相应的线、圆等对象。

（2）面域的布尔运算

在 AutoCAD 中绘图时使用布尔运算，可以大大提高绘图效率，尤其是在绘制比较复杂的图形时。布尔运算的对象只包括实体和共面的面域，对于普通的线条图形对象，则无法使用布尔运算。

在 AutoCAD 中，用户可以对面域执行“并集”“差集”及“交集”三种布尔运算，各种运算效果如图 3-16 所示。

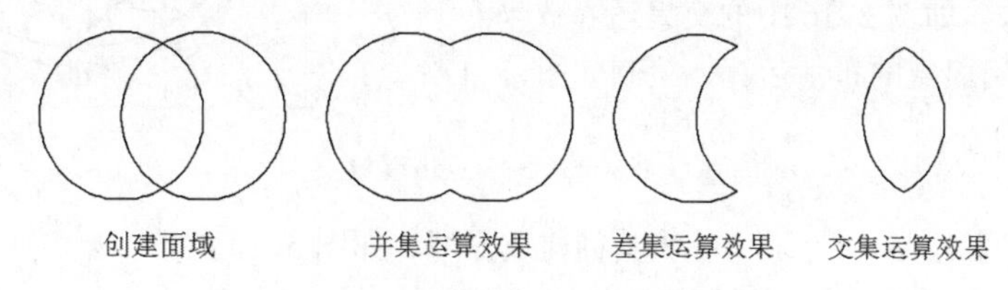

图 3-16 创建面域、面域的布尔运算

① 并集运算：

命令的调用。

实体编辑工具栏：[图标]。

下拉菜单：“修改”→“实体编辑”→“并集”

命令窗口：union（UNI）↙。

如图 3-16，执行 union 命令后，AutoCAD 提示如下。

选择对象：

在选择需要进行并集运算的面域后，按【Enter】键，AutoCAD 即可对所选择的面域执行并集运算，将其合并为一个图形。如图 3-16 所示为并集运算效果。

② 差集运算：

命令的调用。

实体编辑工具栏：[图标]。

下拉菜单：“修改”→“实体编辑”→“差集”。

命令窗口：SUBTRACT（SU）↙。

执行 SUBTRACT 命令后，AutoCAD 提示：

```
命令：_SUBTRACT 选择要从中减去的实体或面域...
选择对象：找到 1 个                (选择要从中减去的实体或面域后按【Enter】键)
选择对象： 选择要减去的实体或面域
选择对象：找到 1 个                (选择要减去的实体或面域按【Enter】键)
选择对象：
选择要从中减去的实体或面域...
选择对象：                         (选择要从中减去的实体或面域)
```

在选择要从中减去的实体或面域后按【Enter】键，AutoCAD 提示：

选择要减去的实体或面域：　　　　　　　　　(选择要减去的实体或面域)
选择对象：↙　　　　　　　　　　　　　　　(选择要减去的实体或面域后按【Enter】键，AutoCAD 将从第一次选择的面域中减去第二次选择的面域。如图 3-16 所示差集运算效果)

③ 交集运算：

命令的调用。

实体编辑工具栏：。
下拉菜单："修改" → "实体编辑" → "交集"。
命令窗口：INTERSECT（IN）↙。

执行 INTERSECT 命令后，AutoCAD 提示如下。

命令：_INTERSECT
选择对象：找到 2 个
选择对象：

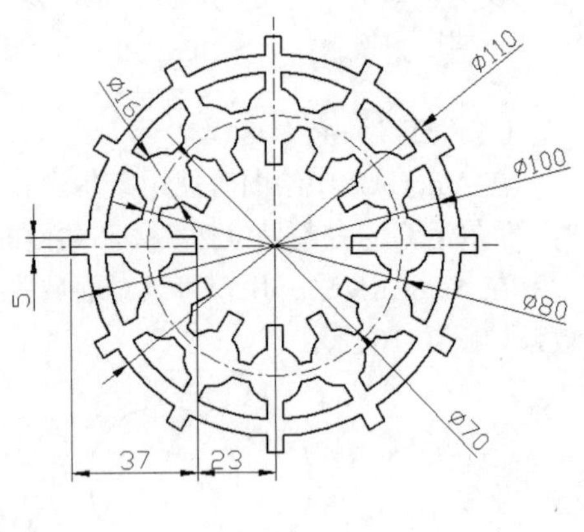

选择完要求交集的实体或面域后按【Enter】键，AutoCAD 将从选择对象中创建面域的交集运算，即各个面域的公共部分。如图 3-16 中的交集运算效果。

【例 3-6】利用面域的布尔运算，绘制如图 3-17 所示的图形。

操作步骤：

① 绘制同心圆 A、B、C、D，并将其创建成面域，如图 3-18 所示。

② 用面域 B "减去" 面域 A，再用面域 D "减去" 面域 C。

③ 画圆 E 和矩形 F 并将其创建成面域，如图 3-19 所示。

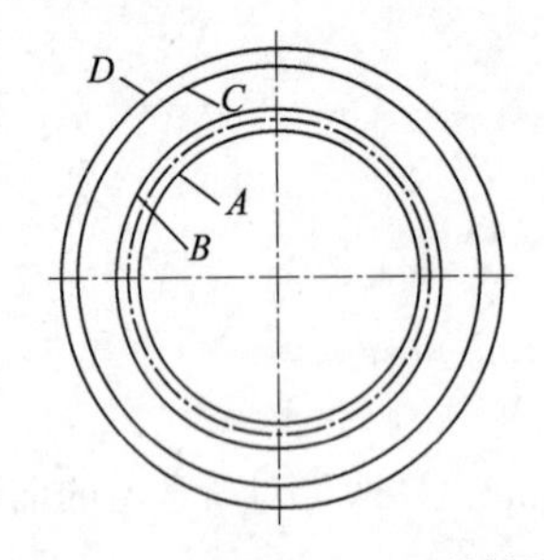

图 3-18　同心圆(A～D)面域操作

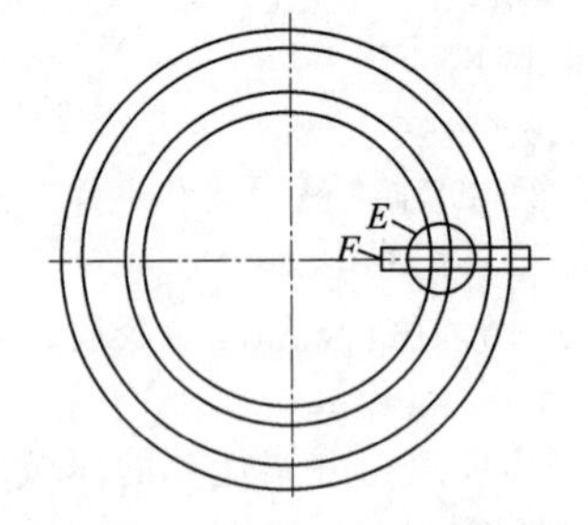

图 3-19　圆 E、矩形 F 的面域

④ 创建圆 E 和矩形 F 的环形阵列，如图 3-20 所示。

⑤ 对所有面域对象进行并集运算，如图 3-21 所示。

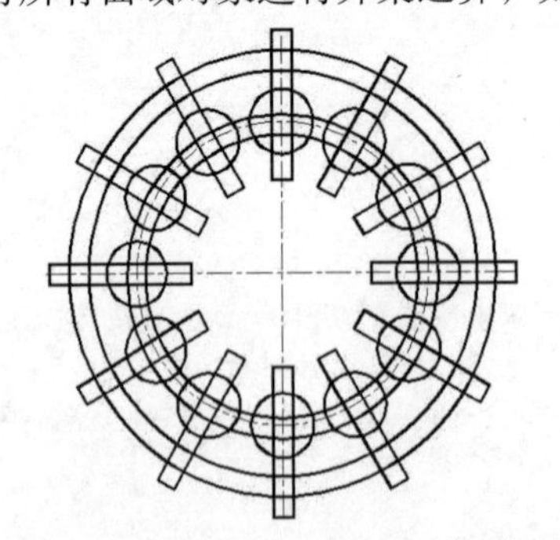

图 3-20　圆 E 和矩形 F 的环形阵列

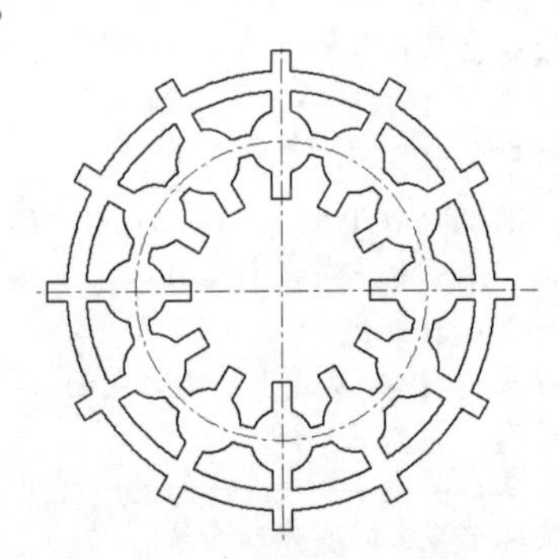

图 3-21　面域对象的并集运算

2．图案填充、编辑图案填充

（1）图案填充

图案填充就是用某种图案充满图形中的指定封闭区域。在大量的机械图样、建筑图样上，需要在剖视图、断面图上绘制填充图案。

命令的调用。

绘图工具栏：![]。

下拉菜单："绘图" → "图案填充"。

命令窗口：BHATCH（BH/H）↙。

启用"图案填充"命令后，系统将弹出如图 3-22 所示"图案填充和渐变色"对话框。

利用"图案填充和渐变色"对话框，可以进行以下操作：

- 选择图案填充区域。
- 选择图案样式。
- 孤岛的控制。
- 选择图案的角度与比例。

① 选择图案填充区域。在图 3-22 所示的"图案填充和渐变色"对话框中，右侧排列的"按钮"与"选项"用于选择图案填充的区域。这些按钮与选项的位置是固定的，无论选择那个选项都可以产生作用。

- "添加：拾取点"按钮![]：用于根据图中现有的对象自动确定填充区域的边界，该方式要求这些对象必须构成一个闭合区域。单击该按钮，系统将暂时关闭"图案填充和渐变色"对话框，此时就可以在闭合区域内单击，系统自动以虚线形式显示选中的边界，如图 3-23 所示。确定完图案填充边界后，下一步就是在绘图区域内单击鼠标右键以显示光标菜单，如图 3-24 所示，在光标菜单中单击"预览"选项，可以预览图案填充的效果，如图 3-25 所示。然后按【Enter】键或单击鼠标右键确定。

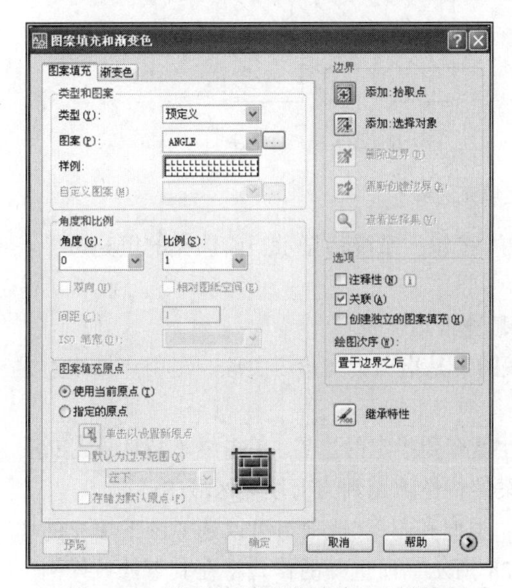

图 3-22 "图案填充和渐变色"对话框

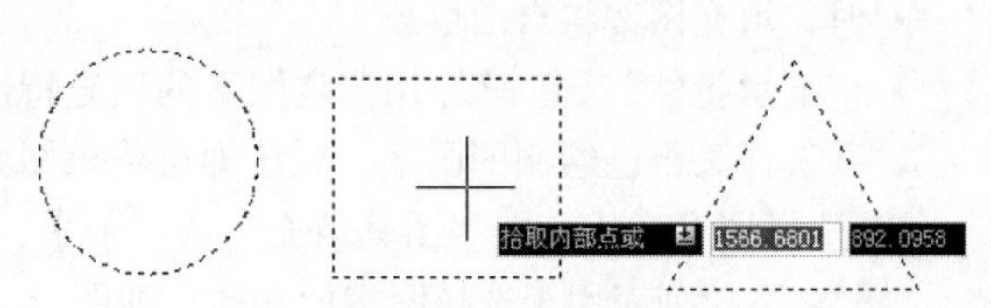

图 3-23 添加拾取点

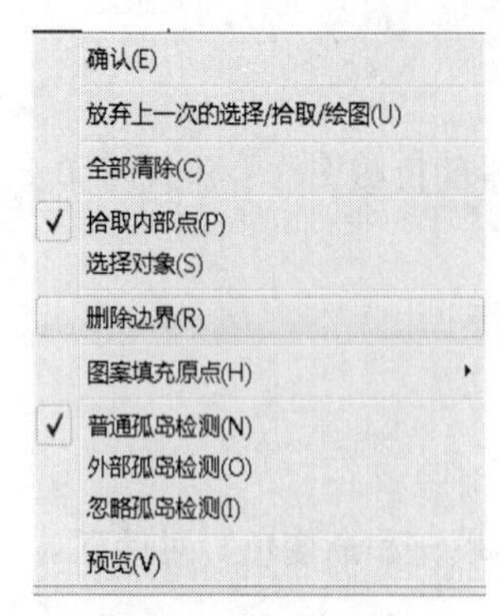

图 3-24　光标菜单

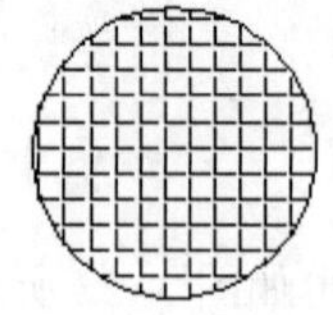
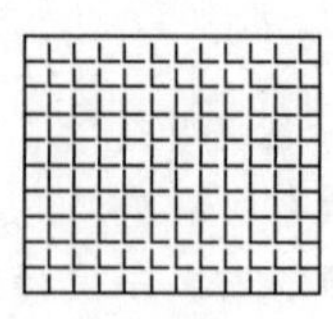
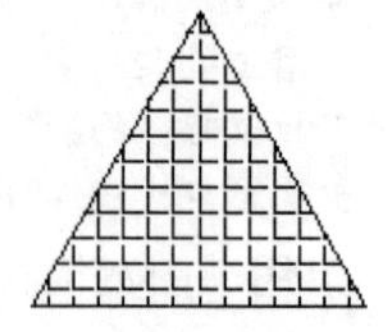

图 3-25　填充效果

- “添加：选择对象”按钮：用于选择图案填充的边界对象，该方式需要逐一选择图案填充的边界对象，选中的边界对象将变为虚线，如图 3-26 所示，系统不会自动检测内部对象，填充效果如图 3-26 所示。

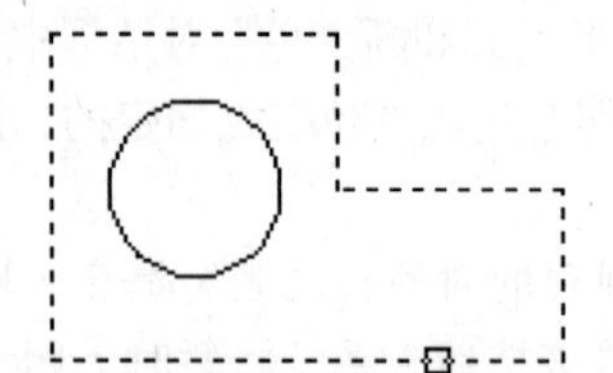
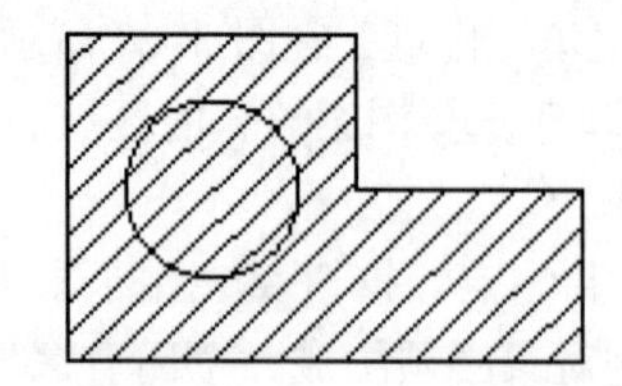

图 3-26　选中边界填充效果

- “删除边界”按钮：用于从边界定义中删除以前添加的任何对象，如图 3-27 所示。

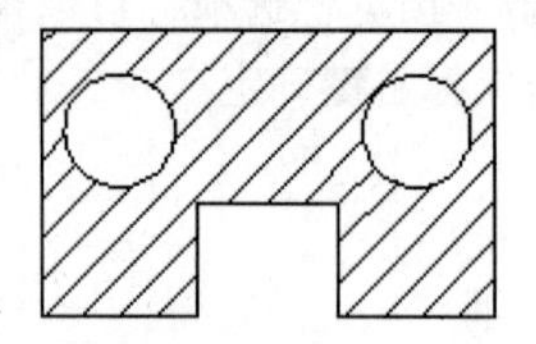

（a）删除图案填充边界前

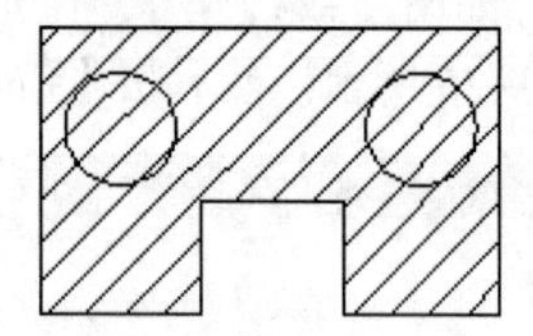

（b）删除图案填充边界后

图 3-27　删除图案填充边界

- “查看选择集”按钮：单击“查看选择集”按钮，系统将显示当前选择的填充边界。如果未定义边界，则此选项不可选用。

② “选项”选项组。它是控制几个常用的图案填充或填充选项。

- “关联”选项：用于创建关联图案填充。关联图案是指图案与边界关联，当用户修改边界时，填充图案将自动更新。
- “继承特性”按钮：用指定图案的填充特性填充到指定的边界。单击继承特性按钮，并选择某个已绘制的图案，系统即可将该图案的特性填充到当前填充区域中。

③ 选择图案样式。在“图案填充”选项卡中，“类型和图案”选项组可以选择图案填充的样式。“图案”下拉列表用于选择图案的样式，如图 3-28 所示，所选择的样式将在其下的“样例”显示框中显示出来，用户需要时可以通过滚动条来选取自己所需要的样式。单击“图案”下拉列表框右侧的按钮…或单击“样例”显示框，弹出“填充图案选项板”的对话框，如图 3-29 所示，列出了所有预定义图案的预览图像。

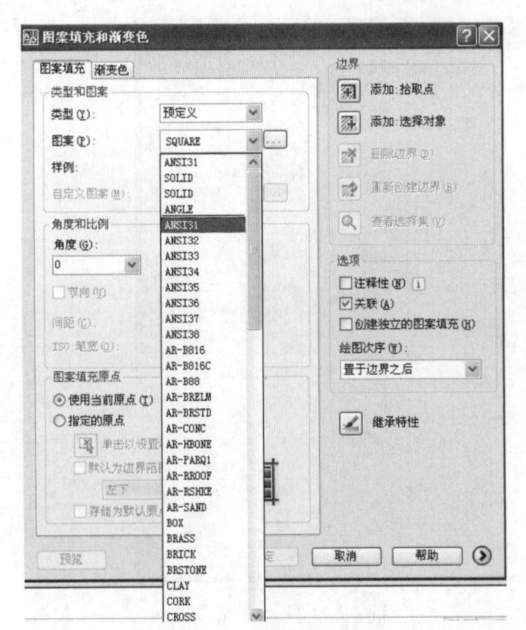

图 3-28 选择图案样式

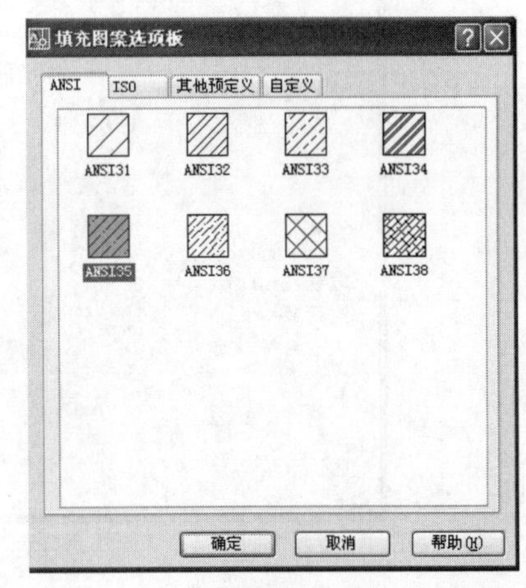

图 3-29 “填充图案选项板”对话框

在“填充图案选项板”对话框中，各个选项的意义如下：

- “ANSI”选项：用于显示系统附带的所有 ANSI 标准图案，如图 3-29 所示。
- “ISO”选项：用于显示系统附带的所有 ISO 标准图案，如图 3-30 所示
- “其他预定义”选项：用于显示所有其他样式的图案，如图 3-31 所示。
- “自定义”选项：用于显示所有已添加的自定义图案。

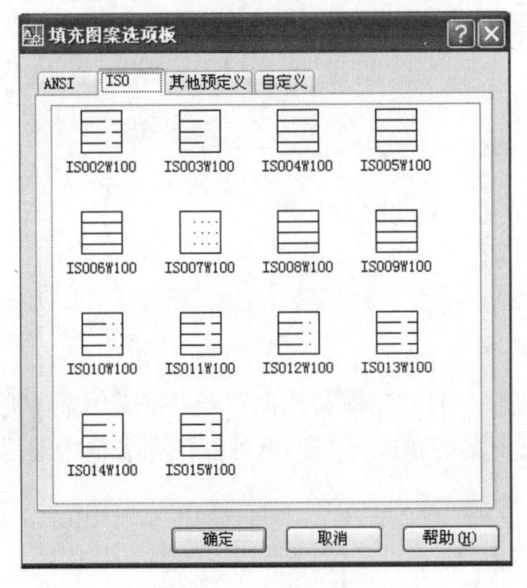

图 3-30 ISO 选项

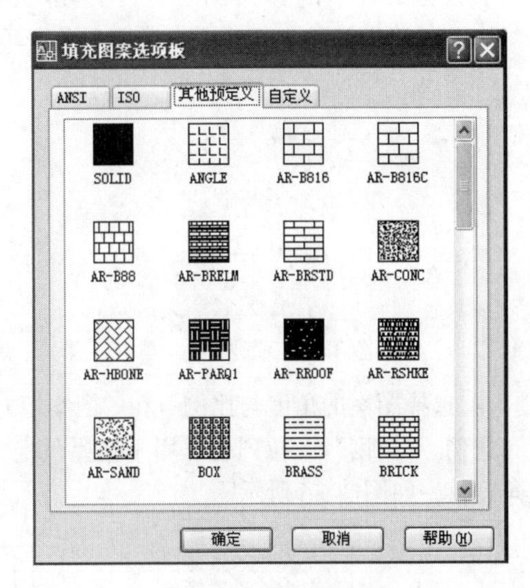

图 3-31 其他预定义

④ 孤岛的控制。在“图案填充与渐变色”对话框中，单击“更多”选项按钮，展开其他选项，可以控制“孤岛”的样式，此时对话框如图 3-32 所示。

图 3-32 “孤岛样式”对话框

在“孤岛”选项组中常用选项的意义如下。

- “孤岛检测”选项：控制是否检测内部闭合边界。
- “普通”选项：从外部边界向内填充。如果系统遇到一个内部孤岛，它将停止进行图案填充，直到遇到该孤岛的另一个孤岛，其填充效果如图 3-33 所示。
- “外部”选项：从外部边界向内填充。如果系统遇到内部孤岛，它将停止进行图案填充。此选项只对结构的最外层进行图案填充，而图案内部保留空白，其填充效果如图 3-34 所示。
- “忽略”选项：忽略所有内部对象，填充图案时将通过这些对象，其填充效果如图 3-35 所示。

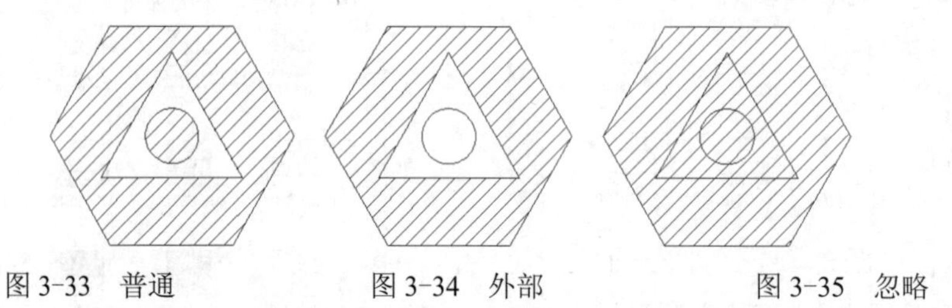

图 3-33 普通　　图 3-34 外部　　图 3-35 忽略

⑤ 选择图案的角度与比例。在“图案填充”选项卡中，“角度和比例”可以定义图案填充角度和比例。“角度”下拉列表框用于选择预定义填充图案的角度，用户也可在该列表框中输入其他角度值，如图 3-36 所示。

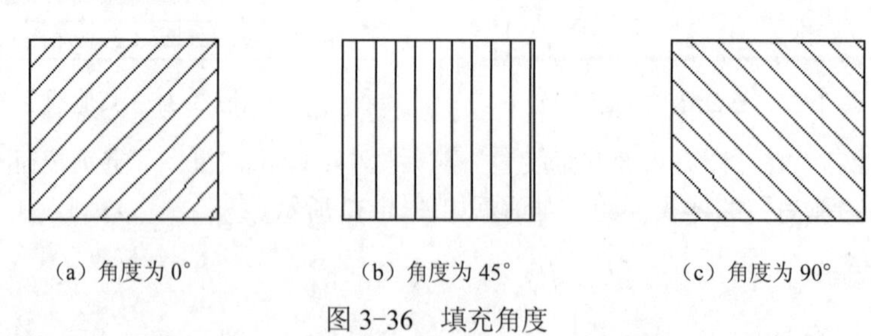

（a）角度为 0°　　（b）角度为 45°　　（c）角度为 90°

图 3-36 填充角度

在“图案填充”选项卡中，比例下拉列表框用于指定放大或缩小预定义或自定义图案，用户也可在该列表框中输入其他缩放比例值，如图 3–37 所示。

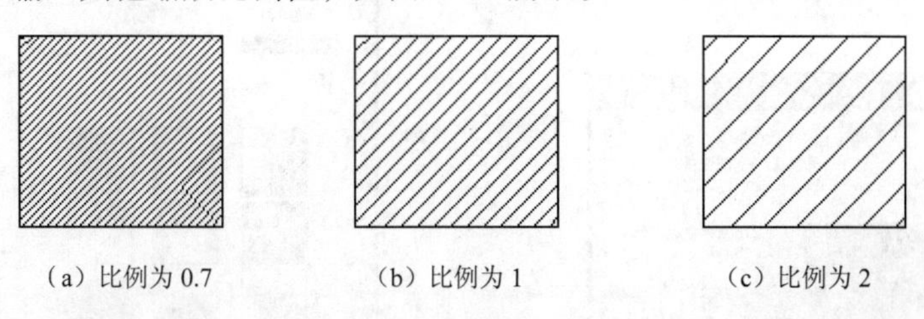

（a）比例为 0.7　　（b）比例为 1　　（c）比例为 2

图 3–37　填充比例

⑥ 渐变色填充。在“图案填充”选项卡中，选择“渐变色”填充选项卡，可以填充图案为渐变色，也可以直接单击标准工具栏上“渐变色填充”按钮。启用“渐变色”填充命令后，系统弹出如图 3–38 所示“渐变色填充”对话框。

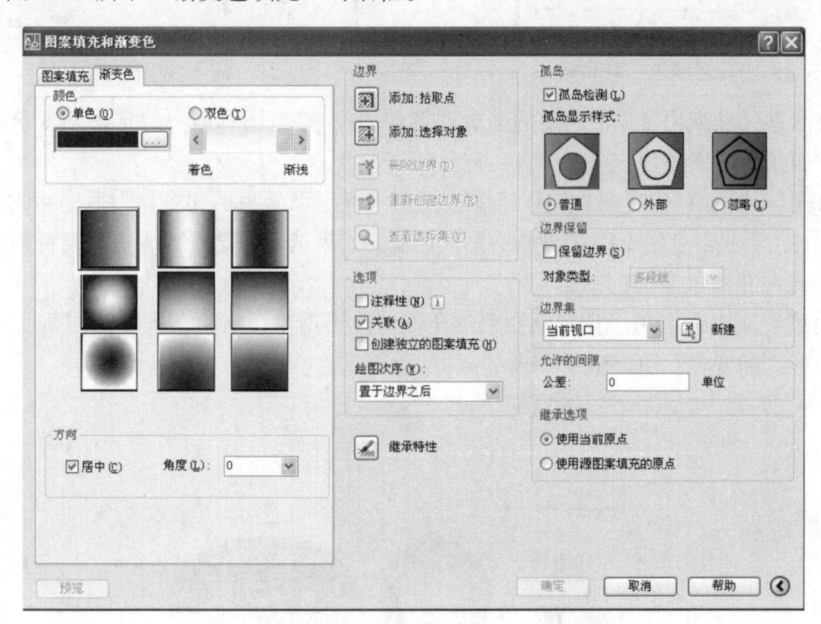

图 3–38　“渐变色填充”选项

在“渐变色填充”选项卡中,各选项的意义如下：

①“颜色”选项组。“颜色”选项组主要用于设置渐变色的颜色。

- “单色”选项：从较深的着色到较浅色调平滑过渡的单色填充。单击图 3–38 所示选择颜色按钮...，系统弹出图 3–39 所示的对话框，从中可以选择系统所提供的索引颜色、真彩色或配色系统颜色。
- “着色—渐浅”滑块：用于指定一种颜色为选定颜色与白色的混合，或为选定颜色与黑色的混合，用于渐变填充。
- “双色”选项：在两种颜色之间平滑过渡的双色渐变填充。AutoCAD2007 分别为颜色 1 和颜色 2 显示带有浏览按钮的颜色样例，如图 3–40 所示。

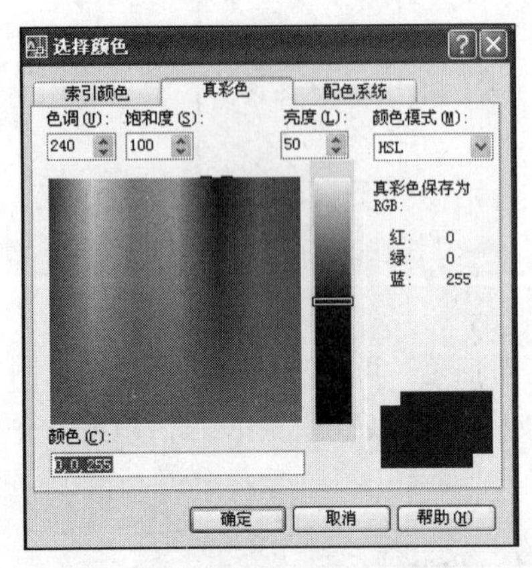

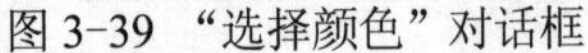
图 3-39 “选择颜色”对话框

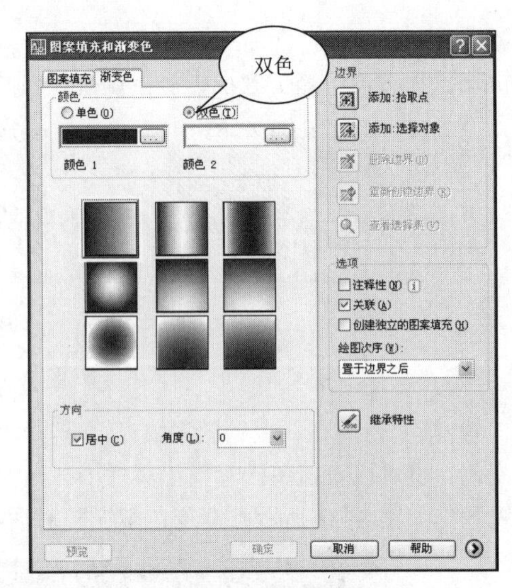

图 3-40 双色选项

在渐变图案区域列出了9种固定的渐变图案的图标,单击图标就可以选择渐变色填充为线状、球状和抛物面状等图案的填充方式。

② “方向” 选项组。“方向” 选项组中主要用于指定渐变色的角度以及其是否对称。

- “居中”单选项：用于指定对称的渐变配置。如果选定该选项，渐变填充将朝左上方变化，创建光源在对象左边的图案。
- “角度” 文本框：用于指定渐变色的角度。此选项与指定给图案填充的角度互不影响。

平面图形 “渐变色” 填充效果如图 3-41 所示。

图 3-41 平面图形“渐变色”填充效果

（2）编辑图案填充

如果对绘制完的填充图案感到不满意，可以通过“编辑图案填充”随时对图案填充进行修改。

命令的调用。

标准工具栏“修改 II”：。

下拉菜单：“修改” → “对象” → “图案填充”。

命令窗口：HATCHDIT↙。

启用“编辑图案填充”命令后，选择需要编辑的填充图案或直接双击要编辑的填充图案，系统将弹出如图 3-42 所示的对话框。在该对话框中，有许多选项都以灰色显示，表示不要选择或不可编辑。修改完成后，单击预览按钮进行预览，最后单击确定按钮,确定图案填充的编辑。

【例 3-7】将图 3-43 所示左侧图形中的图案填充改成右侧图形所示的图案填充形式。

命令：_HATCHEDIT　　　　　　　　（选择编辑图案填充命令）

选择图案填充对象：　　　　　　[选择图 3-43（a）中的图案填充，系统自动弹出如 3-42 所示的对话框，按确定按钮，完成如图 3-43（b）所示]

图 3-42　图案填充编辑选项

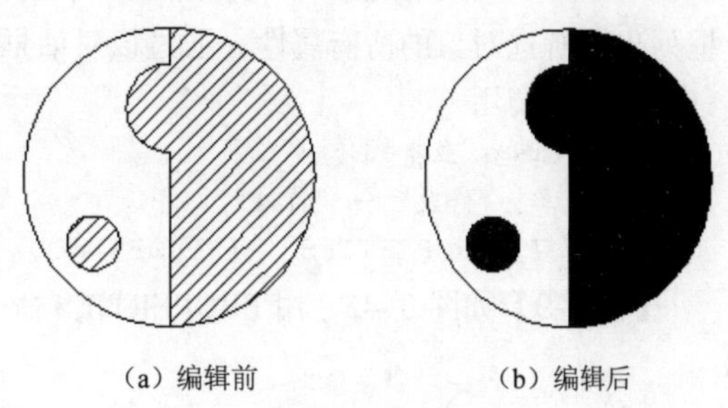

（a）编辑前　　　　（b）编辑后

图 3-43　图案填充编辑图例

特别提示

● 图案填充无论多么复杂，通常情况下都是一个整体，即一个匿名"块"。可用"分解"命令 将填充图案变成各自独立的实体。

3．样条曲线（SPLINE）

该命令用来绘制通过或接近所给一系列点的光滑曲线。样条曲线主要用于绘制机械制图中的波浪线、截交线、相贯线，以及地貌图中的等高线等。

命令的调用。

绘图工具栏：。

下拉菜单："绘图"→"样条曲线"。

命令窗口：SPLINE（SPL）↙。

【例 3-8】如图 3-44 所示，绘制经过点（145，230）（180，160）（250，200）（315，145）的样条曲线。

命令：_spline

指定第一个点或 [对象(O)]：145，230　　　　（样条曲线的第一点）

指定下一点：180，160　　　　　　　　　　　（样条曲线的第二点）

指定下一点或 [闭合(C)/拟合公差(F)] <起点切向>：250，200　（样条曲线的第三点）

指定下一点或 [闭合(C)/拟合公差(F)] <起点切向>:315，145　（样条曲线的第四点）

指定下一点或 [闭合(C)/拟合公差(F)] <起点切向>:↙（按【Enter】键选择"起点切向"）

指定起点切向：移动光标，改变曲线的起点的切线方向，（110，200）使曲线形状达到令人满意的效果。

指定端点切向:移动光标，改变曲线的终点的切线方向（290，140），使曲线形状达到令人满意的效果。

样条曲线选项说明：

闭合（C）：使样条曲线起点、终点重合并且共享相同的顶点和切向。此时系统只提示一次输入给定切向点。

拟合公差（F）：给定拟合公差，用来控制样条曲线对数据点的接近程度，拟合公差大小对当前图形有效，公差越小，曲线越接近数据点。设置拟合公差后，样条曲线不一定能通过每一个控制点，但它一定通过样条曲线的起点和终点。

4．修改图形元素属性

AutoCAD 中，对象属性是指系统赋予对象的包括颜色、线型、图层、高度及文字样式等特性，例如直线和曲线包含图层、线型及颜色等属性项目，而文本则具有图层、颜色、字体及字高等特性。

（1）用 PROPERTIES 命令改变对象属性。使用该命令时，系统打开“特性”对话框，该对话框列出了所选对象的所有属性，通过该对话框可以很方便地修改对象的属性。

命令的调用。

标准工具栏：单击按钮。
下拉菜单：“修改”→“特性”。
命令窗口：PROPERTIES （PROPS）↙。

【例 3-9】如图 3-45，用 PROPERTIES 命令修改非连续线型的当前线型比例因子。

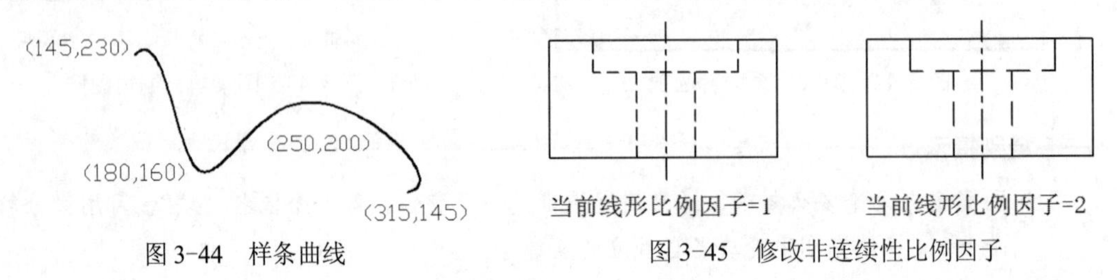

图 3-44　样条曲线

图 3-45　修改非连续性比例因子

操作步骤：

① 打开文件“图 3-45.dwg”，如图 3-45 左图所示。用 PROPERTIES 命令将左图修改为右图样式。

② 选择要编辑的虚线，如图 3-45 左图所示。

③ 单击“标准”工具栏上的“特性”按钮或输入“PROPERTIES”命令，打开“特性”对话框，如图 3-46 所示。

④ 选取“线型比例”文本框，然后输入当前线型比例因子，该比例因子默认值是 1，输入新数值“2”，按【Enter】键，图形窗口中非连续线立即更新，显示修改后的结果，如图 3-45 右图所示。

根据所选对象不同，“特性”对话框中显示的属性项目也不同。但有一些属性项目几乎是所有对象所拥有的，如颜色、图层及线型等。当在绘图区中选择单个对象时，“特性”对话框就显示此对象的特性。若选择多个对象，“特性”对话框将显示它们所共有的特性。

（2）用 MATCHROP 命令改变对象属性：MATCHROP 命令是一个非常有用的编辑工具。可使用此命令将源对象的属性（如颜色、线型、图层和线型比例等）传递给目标对象。操作时，用户要选择两个对象，第一个为源对象，第二个为目标对象。

命令的调用。

标准工具栏：单击按钮。
下拉菜单：“修改”→“特性匹配”。
命令窗口：MATCHPROP（MA）↙。

【例 3-10】打开文件"图 3-47.dwg"，用 MATCHPROP 命令将左图修改为右图样式。

AutoCAD 提示：

```
命令:_MATCHPROP
选择源对象:                    (选择源对象，如图 3-47 左图所示)
选择目标对象或[设置(S)]:          (选择第一个目标对象)
选择目标对象或[设置(S)]:          (选择第二个目标对象)
选择目标对象或[设置(S)]:          (按【Enter】键结束)
```

选择源对象后，光标变成"刷子"的形状，可用此"刷子"来选取接受属性匹配的目标对象，结果如图 3-47 右图所示。

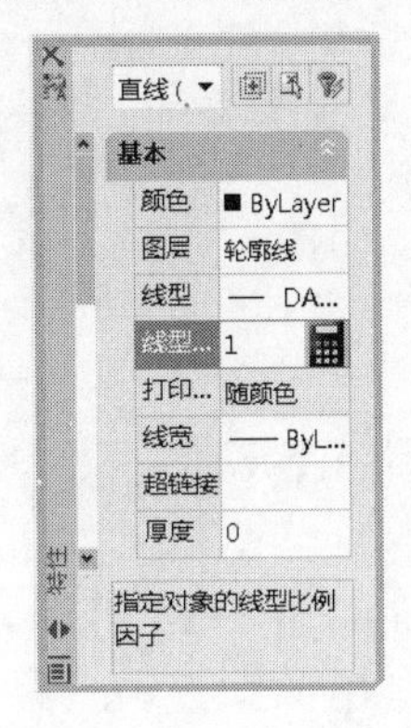

图 3-46　"特性"对话框

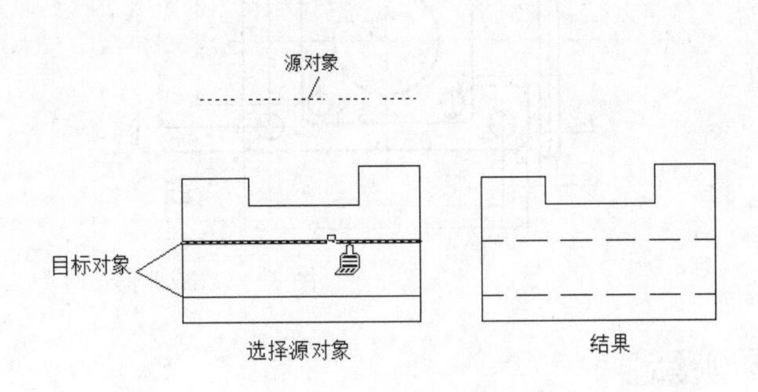

图 3-47　特性匹配

特别提示

- 如果仅想使目标对象的部分属性与源对象相同，可在选择源对象后，输入"S"，打开"特性设置"对话框，如图 3-48 所示，指定其中的部分属性传递给目标对象。默认情况下，系统选中该对话框中所有源对象的属性进行复制。

项目描述

绘制减速器箱体的三视图，如图 3-48 所示。

1．建立文件夹

在计算机桌面上新建一个学生文件夹，命名为"班级-姓名-学号"。

2．绘图环境设置

运行软件，建立新模板文件。设置绘图区域为 300 mm×300 mm，单位为"小数"，精度为"0"；设置角度为"度/分/秒"，角度精度为"0"。

3．减速器箱体绘制

根据图 3-48 所示，用 LINE、XLINE、RECTANG 及 CIRCLE 等绘图命令，及 OFFSET、TRIM 等常用编辑命令绘制三视图。

4．保存文件

将完成的图形以全部缩放的形式显示，并以"项目三：示范项目.dwg"为文件名保存在学生文件夹中。

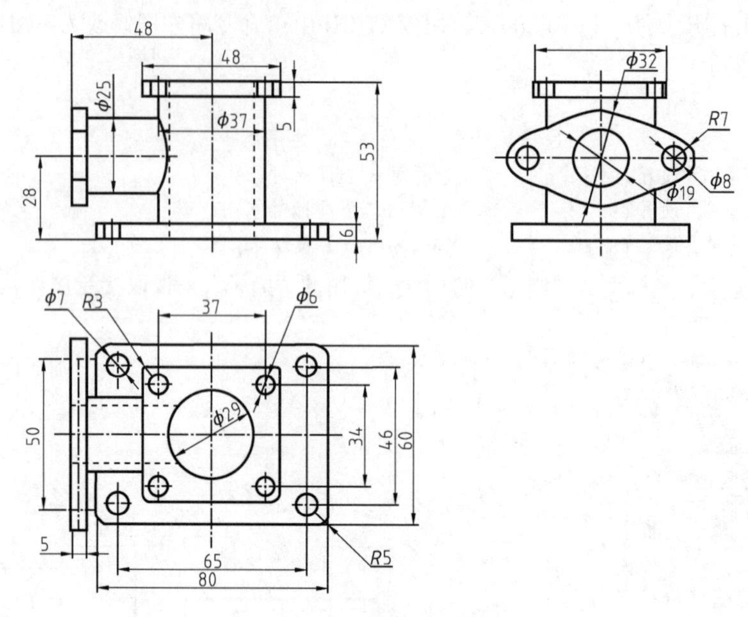

图 3-48　减速器箱体

项目实施

（1）图层创建：

名称	颜色	线型	线宽
轮廓线	白色	Continuous	0.3
中心线	蓝色	Center	默认
虚线层	白色	dash	默认
标注层	白色	Continuous	默认

（2）打开极轴追踪、对象捕捉及自动追踪功能。指定极轴追踪角度增量为 90°；设定对象捕捉方式为“端点”“交点”。

（3）设定绘图区域大小为 350 mm×350 mm。单击“标准”工具栏上的“范围”按钮使绘图区域充满整个图形窗口。切换到轮廓线层，绘制主视图的主要作图基准线，结果如图 3-49 所示。

（4）通过平移线段 *A*、*B* 来形成图形细节 *C*，结果如图 3-50 所示。

（5）绘制水平作图基准线 *D*，然后平移线段 *B*、*D* 就可形成图形细节 *E*，如图 3-51 所示。

（6）从主视图向左视图绘制水平投影线，再绘制左视图的对称线，如图 3-52 所示。

图　3-49　　　　　　图　3-50

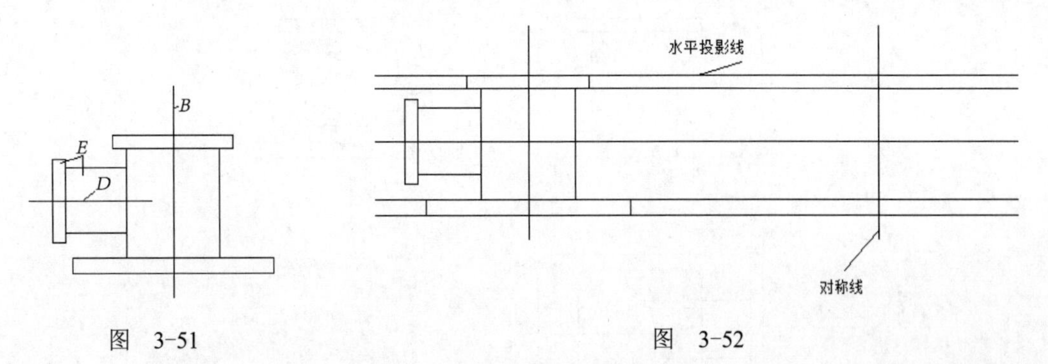

图 3-51　　　　图 3-52

（7）以左视图对称线为作图基准线，平移此线条以形成图形左视图细节，绘制左视图的其余细节特征，如图 3-53 所示。

（8）绘制俯视图的对称线，再从主视图向俯视图作竖直投影线，如图 3-54 所示。

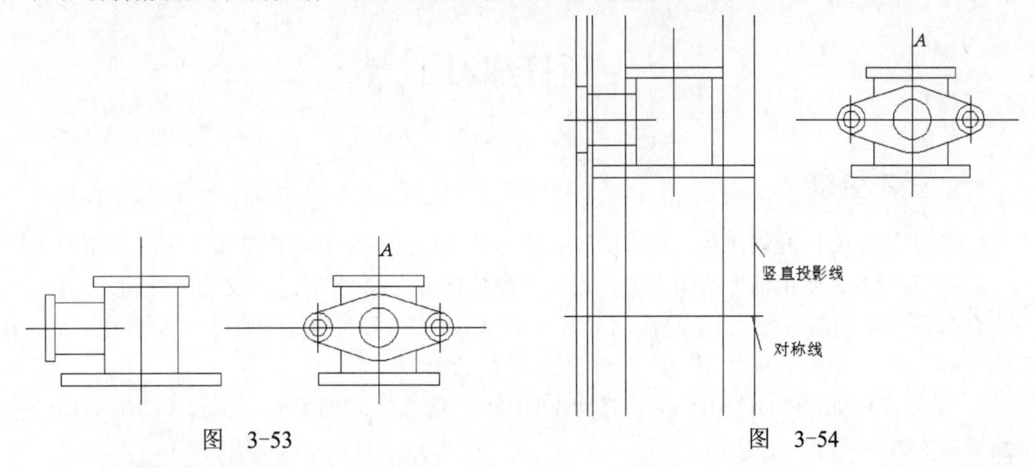

图 3-53　　　　图 3-54

（9）平移俯视图对称线以形成俯视图细节，如图 3-55 所示。

（10）绘制俯视图中的圆，结果如图 3-56 所示。

（11）补画主视图、俯视图的其余细节特征，然后利用特性对话框及线型比例修改三个视图中不正确的线型，如图 3-57 所示。

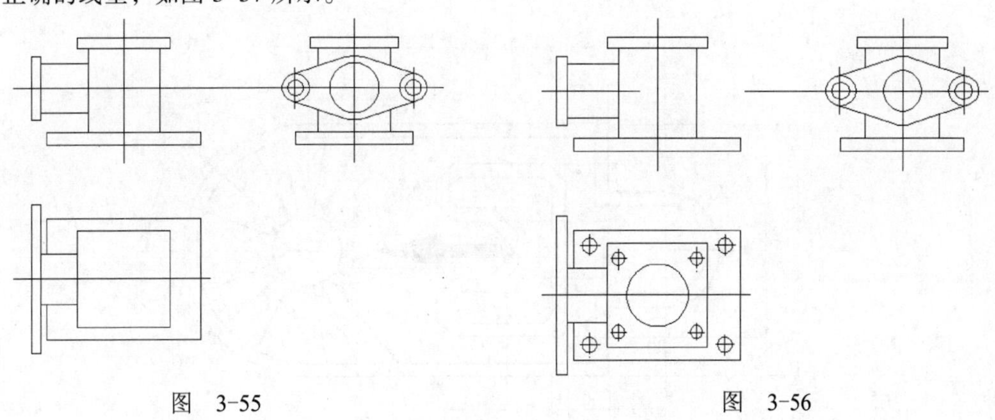

图 3-55　　　　图 3-56

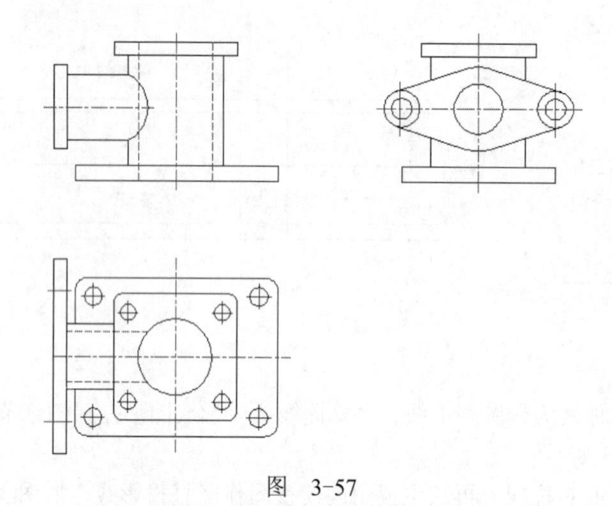

图 3-57

项目练习 1

一、基本要求

1. 掌握绘图文件的创建及保存方法。设置合适的绘图区域和绘图环境，创建可用的图层。

2. 正确设置、使用辅助绘图功能，设定对象捕捉方式如“端点”“交点”“圆心”等。

3. 掌握基本绘图命令：包括直线（LINE）、圆（CIRCLE）和高级绘图命令，及多段线（PLINE）、面域（REGION）等命令的使用，绘制图 3-58 所示的图形。

4. 学习使用偏移（OFFSET）、修剪（TRIM）、镜像（MIRROR）、倒角（CHANFER）等常用编辑命令和面域的布尔操作。

5. 将完成的图形以全部缩放的形式显示，并以“项目三：（练习项目一、练习项目二）.dwg”为文件名保存在学生文件夹中。

二、图示效果

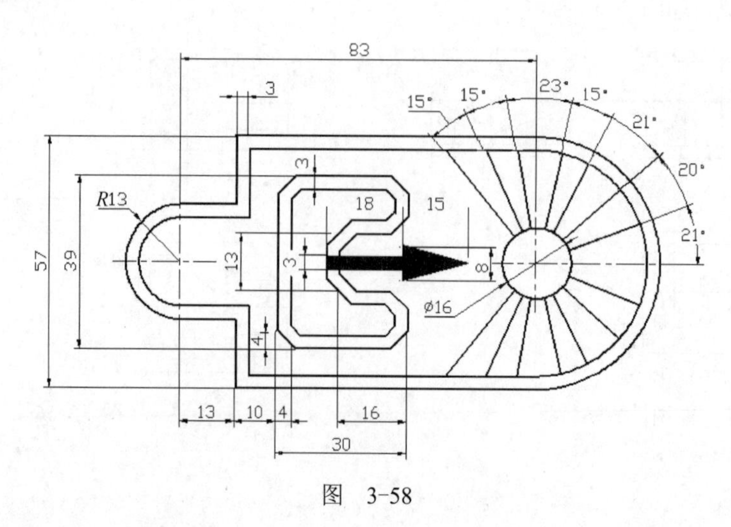

图 3-58

操作提示：

1. 用多段线画图，如图 3-59（a）所示。

2. 给多段线倒角，再偏移多段线如图 3-59（b）所示。

3. 画箭头、圆及过圆心的线段，如图 3-59（c）所示。镜像这些线段，再修剪多余线条，结果如图 3-59（d）所示。

4. 画线段 *A*、*B*、*C*，然后把它们修改倒中心线层上，结果如图 3-59（e）所示。

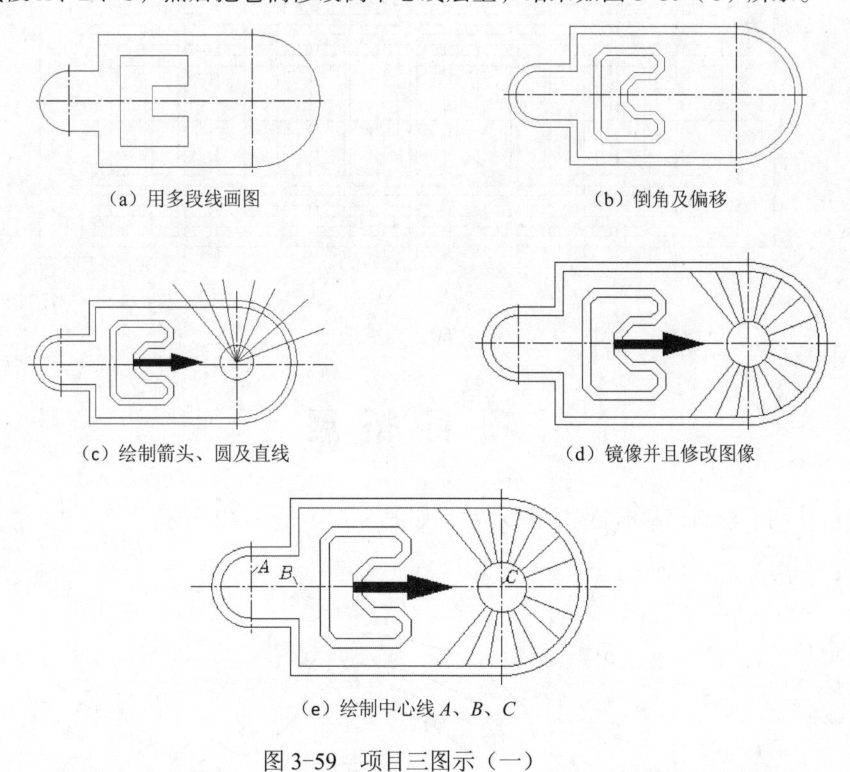

（a）用多段线画图　（b）倒角及偏移

（c）绘制箭头、圆及直线　（d）镜像并且修改图像

（e）绘制中心线 *A*、*B*、*C*

图 3-59　项目三图示（一）

项目练习 2

一、基本要求

1. 绘图文件的创建及保存。设置合适的绘图区域和绘图环境，创建可用的图层。

2. 正确设置、使用辅助绘图功能，设定对象捕捉方式如“端点”“交点”“圆心”等。

3. 掌握基本绘图命令：如直线（LINE）、圆（CIRCLE）和高级绘图命令，及多段线（PLINE）、面域（REGION）等命令的使用，绘制图 3-60 所示的图形。

4. 学习使用偏移（OFFSET）、修剪（TRIM）、镜像（MIRROR）、倒角（CHANFER），等常用编辑命令和面域的布尔操作。

5. 将完成的图形以全部缩放的形式显示，并以“项目三:（练习项目一、练习项目二）.dwg”为文件名保存在学生文件夹中。

二、图示效果

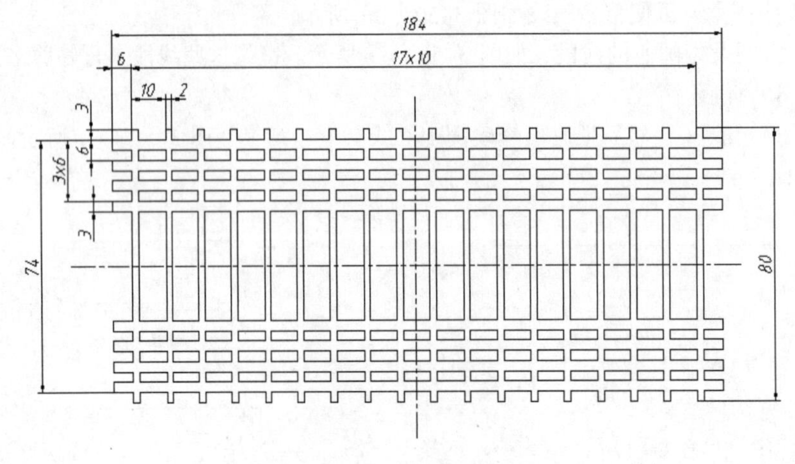

图 3-60　面域造型

项 目 拓 展

平面组合图形绘制，基本要求及图示效果如图 3-61、图 3-62 所示：

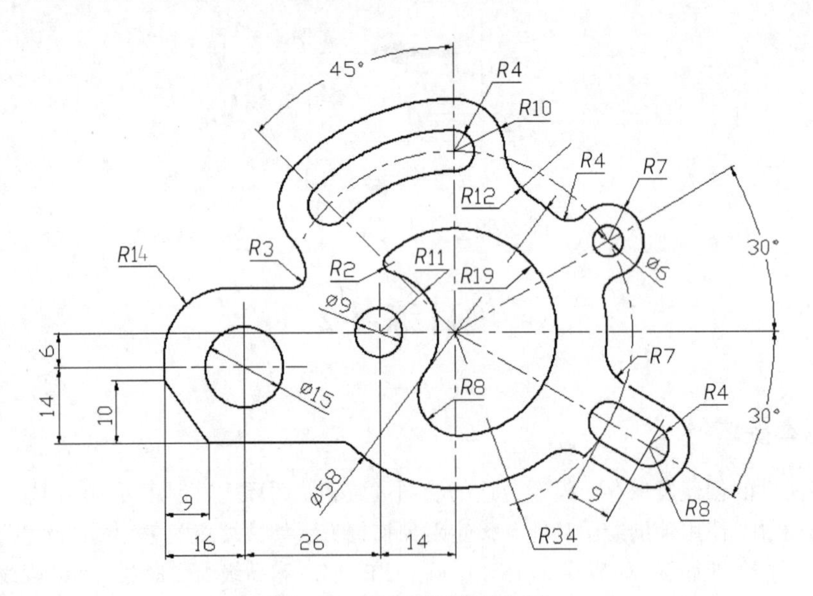

图 3-61　复杂平面图形绘制

一、基本要求

1. 正确设置绘图环境，使用辅助绘图功能精确绘图。

2. 熟练调用：直线（LINE）、构造线（XLINE）、圆（CIRCLE）、圆弧（ARC）等常用绘图命令，使用偏移（OFFSET）、剪切（TRIM）等常用编辑命令。

3. 掌握绘制复杂平面图形的一般方法；学习绘制较复杂的平面图形。

二、图示效果

操作提示：

1. 绘制图形的主要定位线，如图 3-62（a）所示。
2. 绘制圆，如图 3-62（b）所示。
3. 画过渡圆弧 *A*、*B*、*C*、*D* 等，如图 3-62（c）所示。
4. 绘制平行线 *E*、*F* 及公切线 *G* 等，如图 3-62（d）所示。
5. 倒斜角 *H* 及倒圆角 *I*、*J*，再绘制过渡圆弧 *K*、*L*，如图 3-62（e）所示。

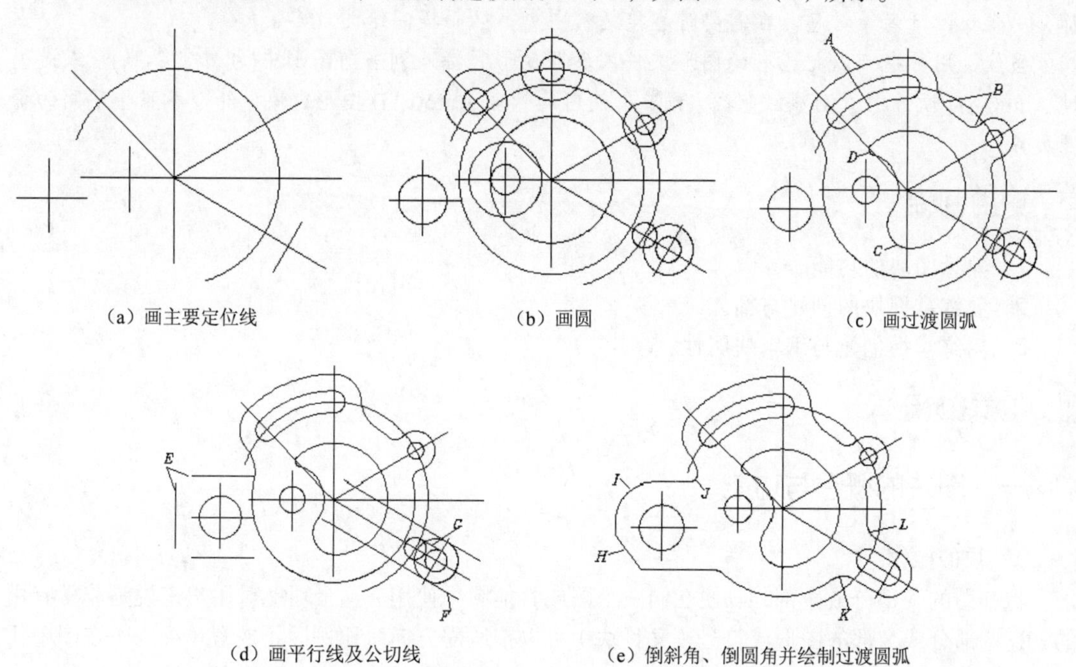

（a）画主要定位线　（b）画圆　（c）画过渡圆弧

（d）画平行线及公切线　（e）倒斜角、倒圆角并绘制过渡圆弧

图 3-62　项目三图示（二）

项目四 图块的应用

在绘制图形时，如果图形中有大量相同或相似的内容，或者所绘制的图形与已有的图形文件相同，则可以把要重复绘制的图形创建成块(又称图块)，并根据需要为块创建属性，指定块的名称、用途及设计者等信息，在需要时直接插入图中，从而提高绘图效率。

当然，用户也可以把已有的图形文件以参照的形式插入到当前图形中(即外部参照)，或是通过 AutoCAD 设计中心浏览、查找、预览、使用和管理 AutoCAD 图形、块、外部参照等不同的资源文件。

项目目标

1．熟悉图块的功能。

2．熟练掌握块的创建与插入。

3．熟练掌握创建与编辑块属性。

相关知识

一、图块的概念与功能

1．块的概念

保存图的一部分或全部，以便在同一个图或其他图中使用。这个功能对用户来说是非常有用的。这些部分或全部的图形或符号（又称块）可以按所需方向、比例因子放置（插入）在图中任意位置。块需命名（块名），并用其名字参照（插入）。可像对单个对象一样通过选择块中的一个点，对块使用 MOVE、ERASE 等命令。如果块的定义改变了，所有在图中对于块的参照都将更新，以体现块的变化。

块可用 BLOCK 命令建立,也可以用 WBLOCK 命令建立图形文件。两者之间的主要区别是“写块（WBLOCK）”可被插入到任何其他图形文件中，而“块(BLOCK)”只能插入到建立它的图形文件中。

AutoCAD 的另一个特征是除了将块作为一个符号插入外（这使得参照图形成为它所插入图形的组成部分），还可以作为外部参照图形（Xref）。这意味着参照图形的内容并未加入当前图形文件中，尽管在屏幕上它们是图形的一部分。

2．块的功能

（1）建立图形库

在工程图中常常会有一些重复出现的结构、符号等，如机械设计中的螺栓、螺母等标准件，及粗糙度、基准符号等。如果把这些经常出现的结构做成图块存放在一个图形库中，当绘制这些结构时，就可以用插入图块的方法来实现，这样可避免大量的重复工作，从而提高绘图的速度。

（2）节省存储空间

当一组图形在图中重复出现时，会占据较多的磁盘空间，若把这组图形定义成块并存入磁盘，对块的每一次插入，AutoCAD 仅需记住块的插入点坐标、块名、比例和转角，起到节省内存空间的作用。例如：一个六角螺栓由不少于 16 条线组成，若图中 10 个同样的螺栓每一个都单独绘制，将有 160 条线，存盘字节数约为 30 000，如果事先将六角螺栓定义成块“六角螺栓图块”用插入 10 次该图块的方法绘制出 10 个螺栓，存盘字节数约为 26 000，从而节省了磁盘空间。对于比较复杂而且需要多次绘制的结构，使用图块就会使这一优点更加显著。

（3）便于修改图形

一张工程图往往需要进行多次修改。例如在建筑图中需要更换房子的窗户，图中有许多同样的窗户，如果逐个修改要花较多的时间，但若利用图库中图块的一致性，通过修改图块就可以修改所有的窗户，这样大大地节省了绘图的时间。

（4）加入属性

若要在图形中加入一些文本信息，这些文本信息可以在每次插入块时进行改变，并且可以像普通文本那样显示出来或隐藏起来，这样的文本信息被称为属性。用户还可以从图中提取属性值并为其他数据库提供数据。

二、图块的创建

1．创建附属块

用户可以通过如下几种方法来创建块。

绘图工具栏：单击按钮。
下拉菜单：“绘图”→“块”→“创建…”。
命令窗口：BLOCK 或 BMAKE 或 B↙。

用上述方法中的任一种启动命令后，AutoCAD 会弹出如图 4-1 所示的“块定义”对话框。

（1）名称

在此列表框中输入新建图块的名称，最多可使用 255 个字符。单击下拉箭头，打开列表框，该列表中显示了当前图形的所有图块。

（2）基点

用户可以在 X/Y/Z 的输入框中直接输入插入点的 X、Y、Z 的坐标值；也可以单击拾取点按钮，用十字光标直接在作图屏幕上点取。理论上，用户可以任意选取一点作为插入点，但实际的操作中，建议用户选取实体的特征点作为插入点，如中心点、右下角等。

（3）对象

单击此按钮，AutoCAD 切换到绘图窗口，用户在绘图区中选择构成图块的图形对象。在该设置区中包含“保留”“转换为块”和“删除”选项。

特别提示

- “保留”：“保留”显示所选取的要定义块的实体图形。
- “转换为块”：将选取的实体转化为块。
- “删除”：删除所选取的实体图形。

（4）预览图标

设置图形的图标。在该设置区中，有“不包括图标”和“从块的几何图形创建图标”两个按钮。用户如果单击“不包括图标”按钮，则设置预览图形时包含图标；如果单击“从块的几何图形创建图标”按钮，则设置预览图形时从块的几何结构中创建图标。

（5）拖放单位

插入块的单位。单击下拉箭头，将出现下拉列表选项，用户可从中选取所插入块的单位。

（6）说明

详细描述。用户可以在说明下面的输入框中详细描述所定义图块的资料。

特别提示

- 图块的名称最多 31 个字符，必须符合命名规则，不能与已有的图块名相同；用 BLOCK 或 BMAKE 创建的块只能在创建它的图形中应用。

2．创建独立块

BLOCK 命令定义的块（称附属块）只能在同一张图形中使用，而有时用户需要调用别的图形中所定义的块。AutoCAD 提供一个 WBLOCK 命令来解决这个问题。可把定义的块作为一个独立图形文件写入磁盘中。创建块文件的方法如下：

在命令行中输入 WBLOCK 或 W，AutoCAD 会出现图 4-2 所示的“写块”对话框。

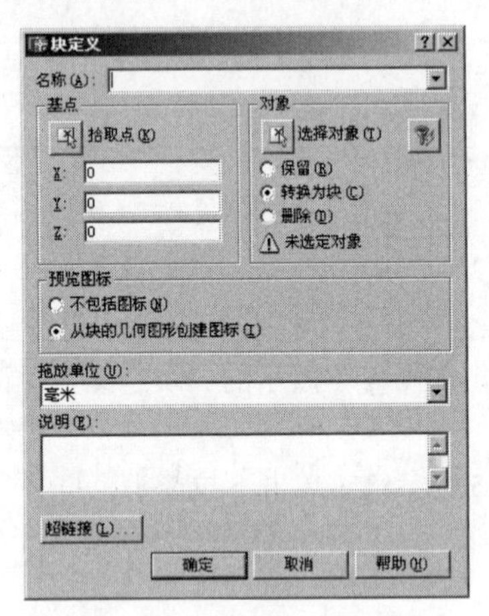

图 4-1 “块定义”对话框

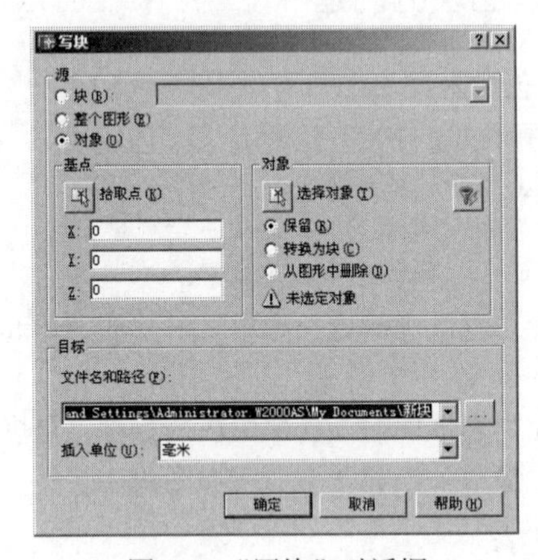

图 4-2 “写块”对话框

特别提示

- 用户在执行 WBLOCK 命令时，不必先定义一个块，只要直接将所选的图形实体作为一个图块保存在磁盘上即可。当所输入的块不存在时，AutoCAD 会显示“AutoCAD 提示信息”对话框，提示块不存在，是否要重新选择。在多视窗中，WBLOCK 命令只适用于当前窗口。

三、插入块

1．单个插入

命令的调入。

绘图工具栏：单击按钮。

下拉菜单：“绘图”→“块”→“插入...”。

命令窗口：I 或 INSERT↙。

用上述方法中的任一种启动命令后，AutoCAD会弹出如图4-3所示的“插入”对话框。

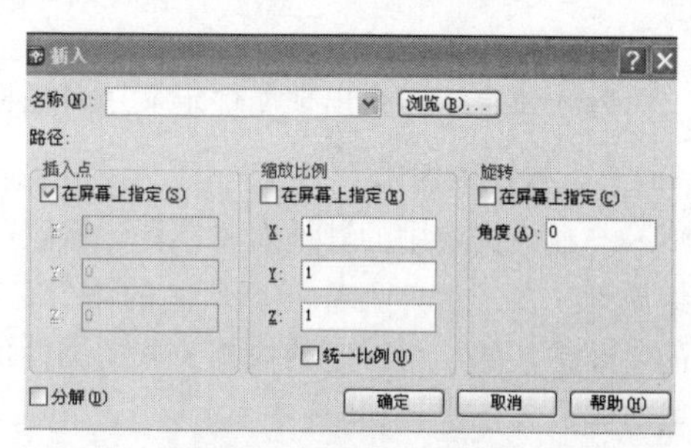

图4-3 “插入”对话框

（1）“名称”下拉列表框

它可用于选择块或图形的名称，用户也可以单击其后的“浏览”按钮，打开“选择图形文件”对话框，选择要插入的块和外部图形。

（2）“插入点”选项区域

它可用于设置块的插入点位置。

（3）“缩放比例”选项区域

它可用于设置块的插入比例。可不等比例缩放图形，在*X*、*Y*、*Z* 3个方向进行缩放。

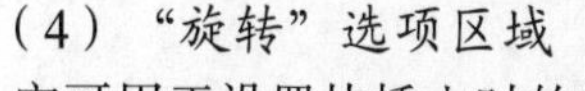

（4）“旋转”选项区域

它可用于设置块插入时的旋转角度。

（5）“分解”复选框

选中该复选框，可以将插入的块分解成组成块的各基本对象。

2．多重插入

多重插入命令MINSERT实际上是INSERT和Rectangular或Array命令的一个组合命令。该命令操作的开始阶段发出与INSERT命令一样的提示，然后提示用户输入信号以构造一个阵列。灵活使用该命令不仅可以大大节省绘图时间，还可以提高绘图速度，减少所占用的磁盘空间。

四、图块的属性

在AutoCAD中，可以使块附带属性，属性类似于商品的标签，包含了图块所不能表达的其他各种文字信息，如材料、型号和制造者等，存储在属性中的信息一般成为属性值。当用BLOCK命令创建块时，将已定义的属性与图形一起生成块，这样块中就包含属性了，当然，用户也能仅将属性本身创建成一个块。

属性是块中的文本对象，它是块的一个组成部分。属性从属于块，当利用删除命令删除块时，属性也被删除了。

属性有助于用户快速产生关于设计项目的信息报表，或者作为一些符号块的可变文字对象。属性也常用来预定义文本位置、内容或提供文本缺省值等，例如把标题栏中的一些文字项目定制成属性对象，就能方便地填写或修改。

1．属性的概念与特点

（1）属性的概念

在AutoCAD中属性是从属于块的文本信息，它是块的组成部分，当插入带有属性的块时，用户可以交互地输入块的属性，当用户对块进行编辑时，包含在块中的属性也将被编辑。

（2）属性的特点

属性不同于一般的文本对象，它包括属性标签和属性值两部分组成，属性标签是指一个项目，如年龄、电话号等。属性值是指具体的项目值，如20岁、81658888等。

2．创建块属性

命令的调入。

绘图工具栏：单击按钮。

下拉菜单：“绘图” → “块” → “定义属性…”。
命令窗口：ATTDEF ↙。

输入命令后，弹出“属性定义”对话框，如图 4-4 所示。

3. 属性的编辑

与插入到块中的其他对象不同，属性可以独立于块而单独进行编辑。用户可以集中的编辑一组属性。在 AutoCAD 中编辑属性的命令有 DDATTE 和 ATTEDIE。其中 DDATTE 命令可编辑单个的、非常数的、与特定的块相关联的属性值；而 ATTEDIT 命令可以独立于块，可编辑单个属性或对全局属性进行编辑。

（1）DDATTE

用户可以通过在命令窗口输入 DDATTE 来调用，选择块以后，AutoCAD 弹出如图 4-5 所示的“编辑属性”对话框。

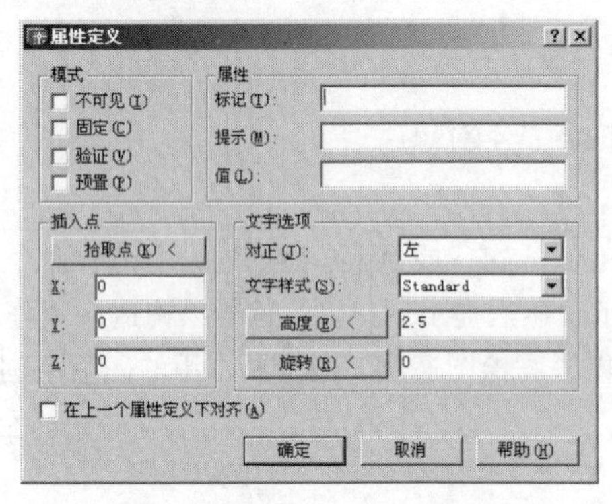

图 4-4 “属性定义”对话框

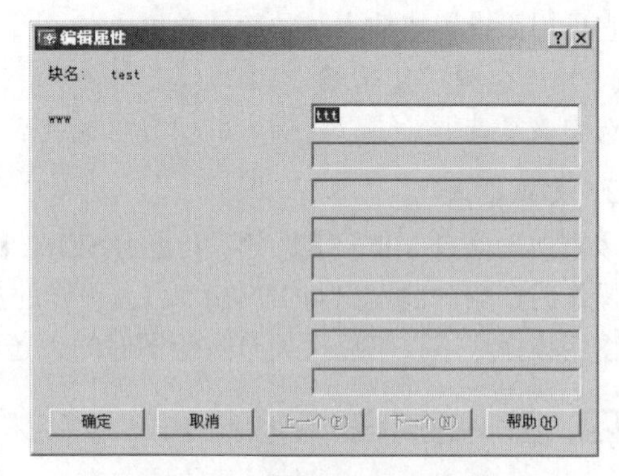

图 4-5 “编辑属性”对话框

（2）ATTEDIT

若属性已被创建为块，则用户可用 ATTEDIT 命令来编辑属性值及属性的其他特性。可用以下的任意一种方法来启动。

下拉菜单：“修改” → “对象” → “属性” → “单个”。
修改 II 工具栏：单击按钮。
命令窗口：ATTEDIT↙。

AutoCAD 提示“选择块”，用户选择要编辑的图块后，AutoCAD 打开“增强属性编辑器”对话框，如图 4-6 所示。在此对话框中用户可对块属性进行编辑。

特别提示

- “属性”选项卡：在该选项卡中，AutoCAD 列出当前块对象中各个属性的标记、提示和值。选中某一属性，用户就可以在“值”框中修改属性的值。
- “文字选项”选项卡：该选项卡用于修改属性文字的一些特性，如文字样式、字高等。选项卡中各选项的含义与“文字样式”对话框中同名选项含义相同。
- “特性”选项卡：在该选项中用户可以修改属性文字的图层、线型和颜色等。

4. 块属性管理器

用户通过块属性管理器，可以有效地管理当前图形中所有块的属性，并能进行编辑。

可用以下的任意一种方法来启动。

工具栏：单击按钮。
下拉菜单："修改" → "对象" → "属性" → "块属性管理器"。
命令窗口：BATTMAN↙。

启动 BATTMAN 命令，AutoCAD 弹出"块属性管理器"对话框，如图 4-7 所示。

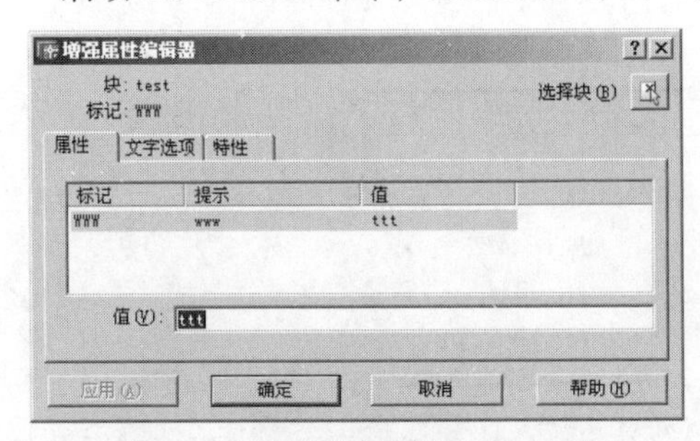

图 4-6 "增强属性编辑器"对话框

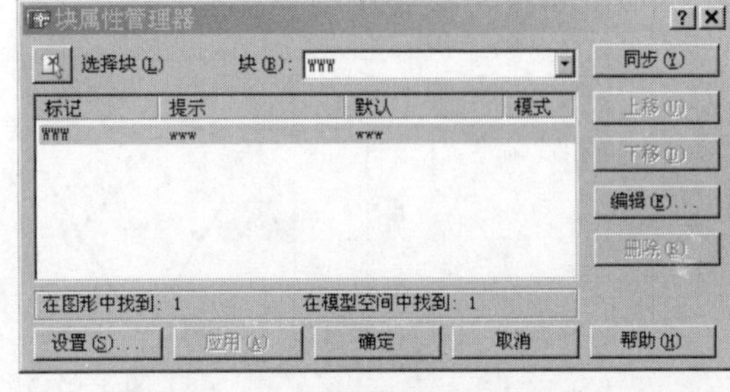

图 4-7 "块属性管理器"对话框

(1)"选择块"：通过此按钮选择要操作的块。单击该按钮，AutoCAD 切换到绘图窗口，并提示："选择块"，用户选择块后，AutoCAD 有返回"块属性管理器"对话框。

(2)"块"下拉列表：用户也可通过此下拉列表选择要操作的块。该列表显示当前图形中所有具有属性的图块名称。

(3)"同步"：用户修改某一属性定义后，单击此按钮，可更新所有块对象中的属性定义。

(4)"上移"：在属性列表中选中一属性行，单击此按钮，则该属性行向上移动一行。

(5)"下移"：在属性列表中选中一属性行，单击此按钮，则该属性行向下移动一行。

(6)"删除"：删除属性列表中选中的属性定义。

(7)"编辑"：单击此按钮，打开"编辑属性"对话框，该对话框有 3 个选项卡：属性、文字选项、特性。这些选项卡的功能与"增强属性管理器"对话框中同名选项卡功能类似，这里不再讲述。

(8)"设置"：单击此按钮，弹出"设置"对话框。在该对话框中，用户可以设置在"块属性管理器"对话框的属性列表中显示哪些内容。

项目描述

绘制如图 4-8 所示图形，并标注粗糙度符号。

1．绘制粗糙度符号

运行软件，建立新绘图文件，在绘图区域绘制粗糙度符号。

2．定义属性快

将粗糙度符号定义为可变文本属性块。

3．标注粗糙度

按图示要求绘制二维平面零件图，并标注粗糙度，完成后如图 4-8 所示。

4．保存文件

将完成的图形以全部缩放的形式显示，并以"项目四：示范项目.dwg"为文件名保存在学生文件夹中。

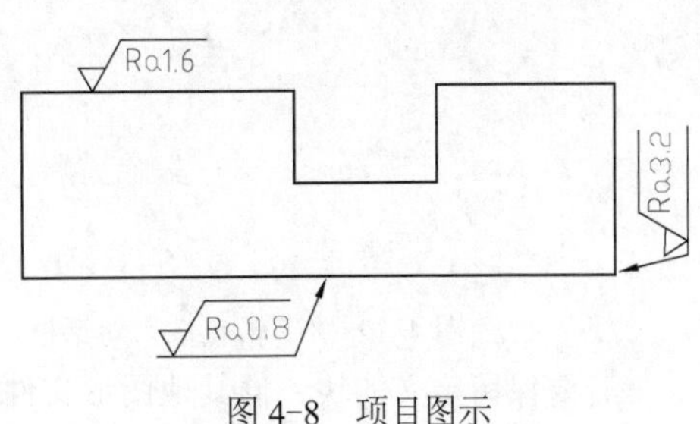

图 4-8　项目图示

项目实施

1. 绘制粗糙度符号

绘制粗糙度代号，如图 4-9 所示。

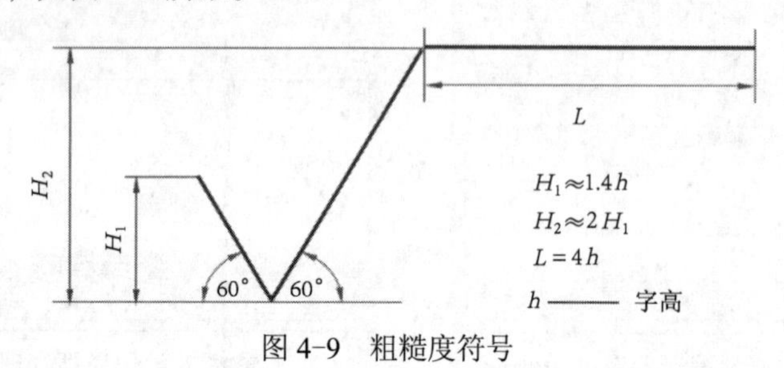

图 4-9 粗糙度符号

2. 定义属性块

调用定义属性块命令。弹出属性定义对话框，设置如图 4-10 所示。单击“确定”按钮，在绘图区域指定属性标记值所在的位置，如图 4-11 所示图形。建立可变文本属性块。

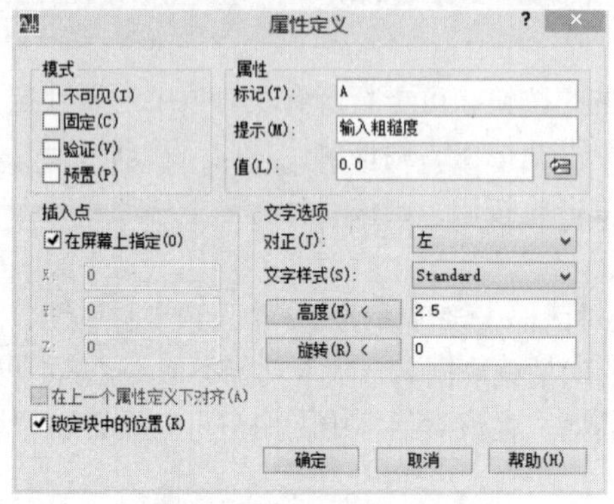

图 4-10 属性定义设置

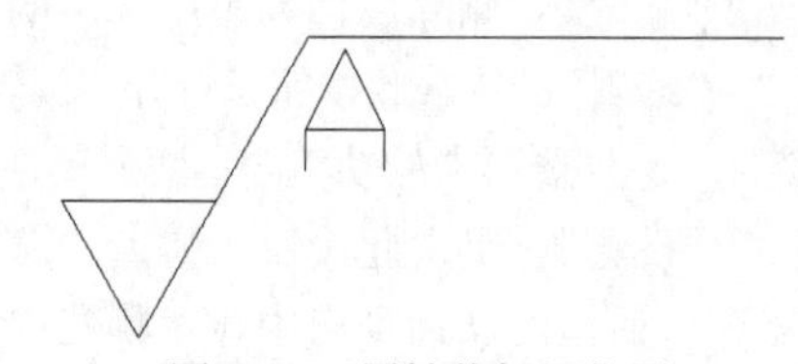

图 4-11 属性值标记位置

执行“创建块”命令，命名图块为 A，选择整个图形，设置基点为三角形的底端顶点处，单击“确定”按钮，出现“编辑属性”对话框，如图 4-12 所示，单击“确定”按钮，完成可变文本属性块的创建，如图 4-13 所示。

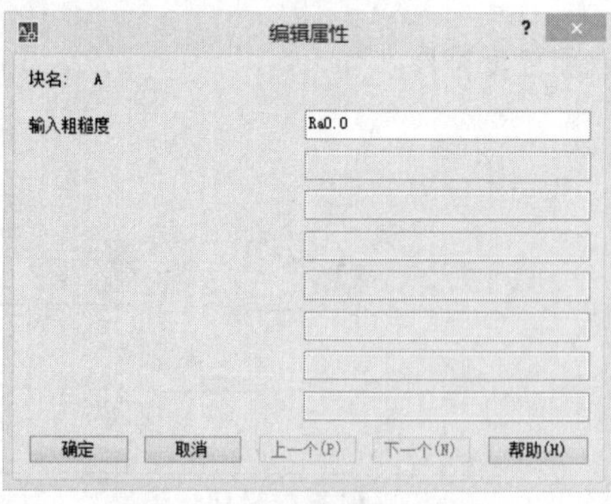

图 4-12 “编辑属性”对话框

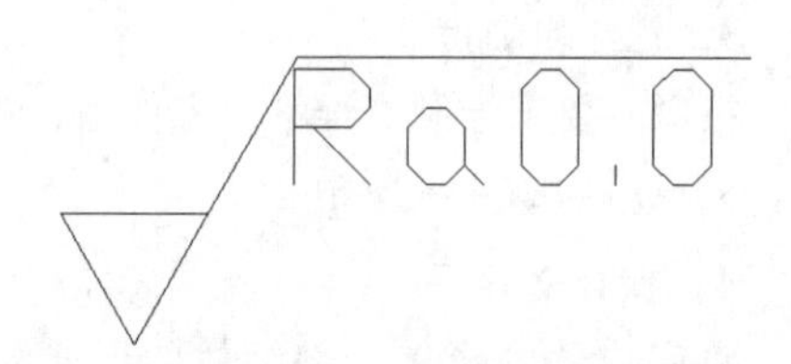

图 4-13 可变文本属性块 A

若要保留定义的块，供其他图形文件调用，需执行 WBLOCK 命令，调出“写块”对话框，在目标区内设置“文件名和路径”及“插入单位”，如图 4-14 所示。

3. 标注粗糙度

绘制零件图，如图 4-15 所示。

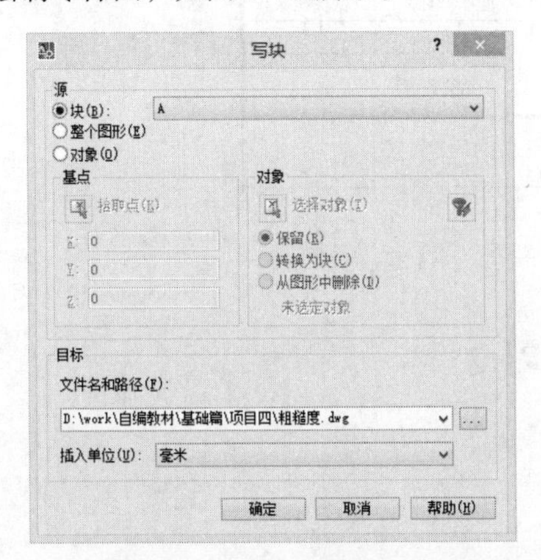

图 4-14 “写块”对话框设置

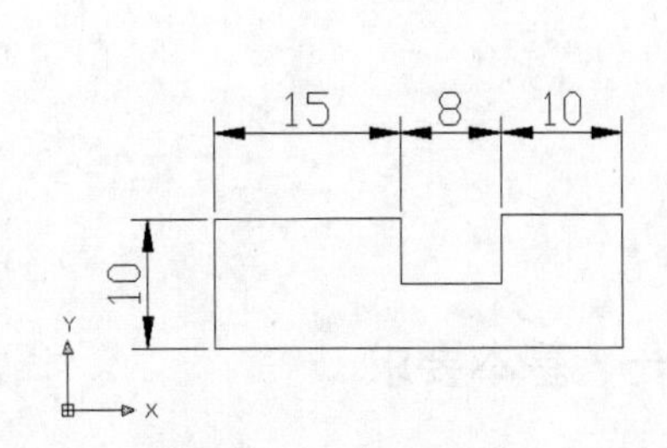

图 4-15 零件图尺寸

执行插入块命令，弹出“插入”对话框，单击“确定”，按要求插入粗糙度符号，并输入相应的取值。

4. 保存文件

调用保存命令。将完成的图形以全部缩放的形式显示，并以“项目四：示范项目.dwg”为文件名保存在学生文件夹中

项目练习 1

一、基本要求

1. 绘制标题栏

运行软件，建立新绘图文件，在绘图区域绘制标题栏。

2. 定义图块

将标题栏定义为图块，并保存成独立文件。

3. 绘制 A3 模板

绘制 A3 模板，并利用插入块的形式绘制标题栏。

4. 保存文件

将完成的图形以全部缩放的形式显示，并以“项目四：练习项目 1.dwg”为文件名保存在学生文件夹中。

二、图示效果

最终图示效果如图 4-16 所示。

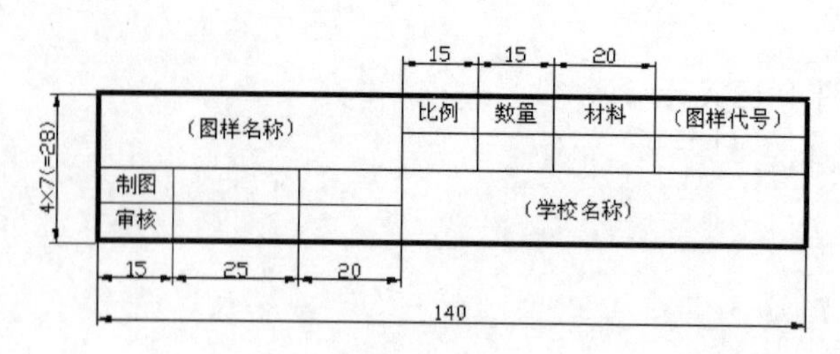

图 4-16　项目四图示（一）

项目练习 2

一、基本要求

1. 绘制基准符号

运行软件，建立新绘图文件，在绘图区域绘制基准符号。

2. 定义属性快

将基准符号定义为可变文本属性块。

3. 写块

将可变文本属性块以“基准符号.dwg”为文件名保存在学生文件夹中。

二、图示效果

最终图示效果如图 4-17 所示。

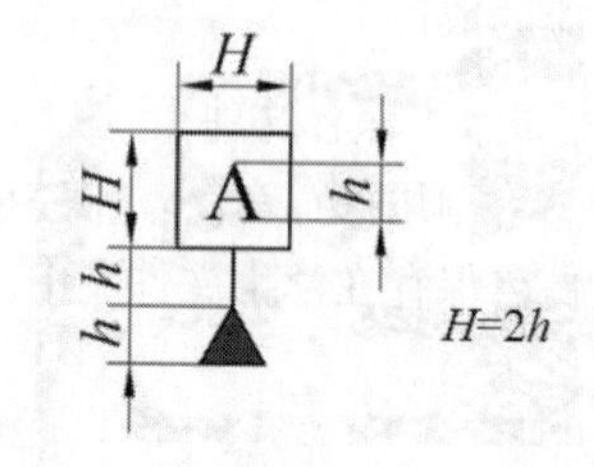

图 4-17　项目四图示（二）

项目拓展 1

一、基本要求

1. 绘制电路元器件

运行软件，建立新绘图文件，在绘图区域绘制电路元器件。

2. 定义图快

将各电路元器件分别定义为图块。

3. 绘制电路图

利用直线和插入图块命令绘制电路图，完成图 4-18 所示图样（图中文字可不标注）。

4. 保存文件

将完成的图形以全部缩放的形式显示，并以“项目四：拓展项目 1.dwg”为文件名保存在学生文件夹中。

二、图示效果

最终图示效果如图 4-18 所示。

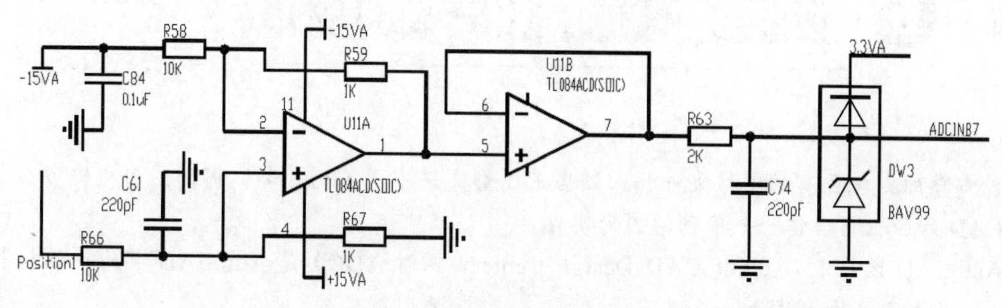

图 4-18 项目四图示（三）

项目拓展 2

一、基本要求

1. 定义可变文本属性块

运行软件，建立新绘图文件，在绘图区域绘制中绘制粗糙度符号和基准符号，并分别定义为可变文本属性块。

2. 绘制零件图

绘制零件图，标注粗糙度和基准符号（其他尺寸可不标注）。

3. 保存文件

将完成的图形以全部缩放的形式显示，并以“项目四：拓展项目 2.dwg”为文件名保存在学生文件夹中。

二、图示效果

最终图示效果如图 4-19 所示。

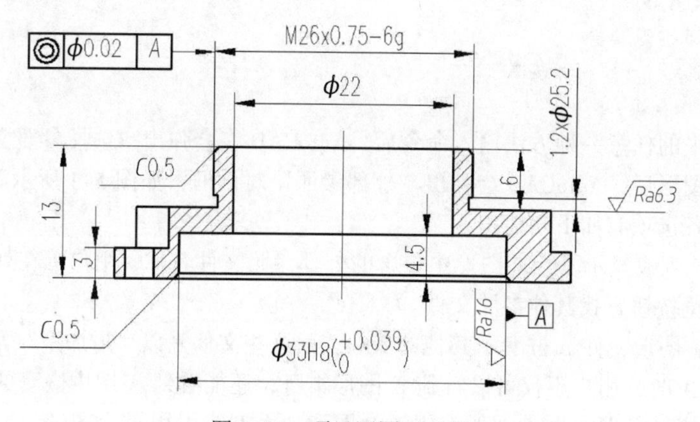

图 4-19 项目四图示（四）

项目五 外部参照和设计中心的应用

外部参照是把已有的图形文件插入到当前图形文件中。不论外部引用的图形文件多么复杂，AutoCAD 只会把它当作一个单独的图形实体。

AutoCAD 设计中心（AutoCAD Design Center，简称 ADC）是 AutoCAD 中的一个非常有用的工具，是协同设计过程的一个共享资源库。

项目目标

1．掌握外部参照的概念及引用外部图形的方法。

2．了解设计中心的概念及作用。

相关知识

一、外部参照

外部引用（又称 Xref）与插入文件块相比有如下优点：

由于外部引用的图形并不是当前图样的一部分，因而利用 Xref 组合的图样比通过文件块构成的图样要小。

每当 AutoCAD 装载图样时，都将加载最新的 Xref 版本，因此若外部图形文件有所改动，则用户装入的引用图形也将跟随着变动。

外部引用有利于几个人共同完成一个设计项目，因为 Xref 使设计者之间可以容易地察看对方的设计图样，从而协调设计内容；另外，Xref 也使设计人员可以同时使用相同的图形文件进行分工设计。例如，一个建筑设计小组的所有成员通过外部引用就能同时参照建筑物的结构平面图，然后分别开展电路、管道等方面的设计工作。

1．引用外部图形

参照工具栏：单击按钮。
下拉菜单："插入" → "外部参照"。
命令窗口：XATTACH↙。

用上述方法中的任意一种方法输入命令后，AutoCAD 将会弹出"选择参照文件"对话框，从中选择外部引用图形后，AutoCAD 会弹出"外部参照"对话框，如图 5-1 所示。

该对话框中各选项有如下功能：

（1）名称：该列表显示了当前图形中包含的外部参照文件名称，用户可在列表中直接选取文件，或是单击浏览按钮查找其他参照文件。

（2）附加型：图形文件 A 嵌套了其他的 Xref，而这些文件是以"附加型"方式被引用的，当新文件引用图形 A 时，用户不仅可以看到 A 图形本身，还能看到 A 图中嵌套的 Xref。附加方式的 Xref 不能循环嵌套，即如果 A 图形引用了 B 图形，而 B 又引用了 C 图形，则 C 图形不能再引用图形 A。

（3）覆盖型：图形 A 中有多层嵌套的 Xref，但它们均以“覆盖型”方式被引用，即当其他图形引用 A 图时，就只能看到 A 图形本身，而其包含的任何 Xref 都不会显示出来。覆盖方式的 Xref 可以循环引用，这使设计人员可以灵活地察看其他任何图形文件，而无需为图形之间的嵌套关系担忧。

（4）插入点：在此区域中指定外部参照文件的插入基点，可直接在 X、Y、Z 文本框中输入插入点坐标，或是选中“在屏幕上指定”复选项，然后在屏幕上指定。

（5）比例：在此区域中指定外部参照文件的缩放比例，可直接在 X、Y、Z 文本框中输入沿这 3 个方向的比例因子，或是选中“在屏幕上指定”复选项，然后在屏幕上指定。

（6）旋转：确定外部参照文件的旋转角度，可直接在“角度”框中输入角度值，或是选中“在屏幕上指定”选项，然后在屏幕上指定。

2．更新外部引用文件

当对所引用的图形作了修改后，AutoCAD 并不自动更新当前图样中的 Xref 图形，用户必须重新加载以更新它。在“外部参照管理器”对话框中，可以选择一个引用文件或者同时选取几个文件，然后单击附着按钮以加载外部图形，如图 5-2 所示。由于可以随时进行更新，因此用户在设计过程中能及时获得最新的 Xref 文件。

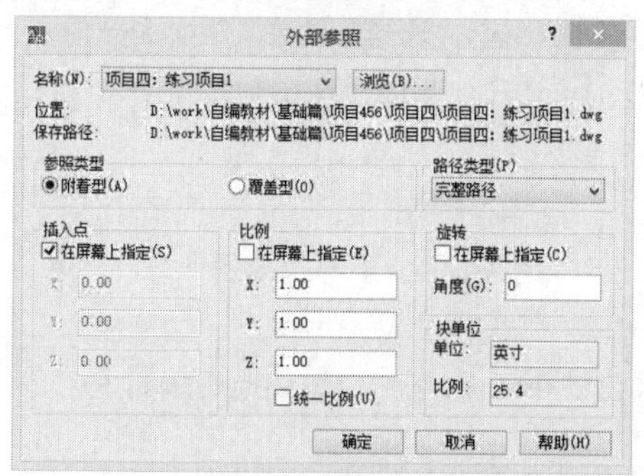

图 5-1 “外部参照”对话框

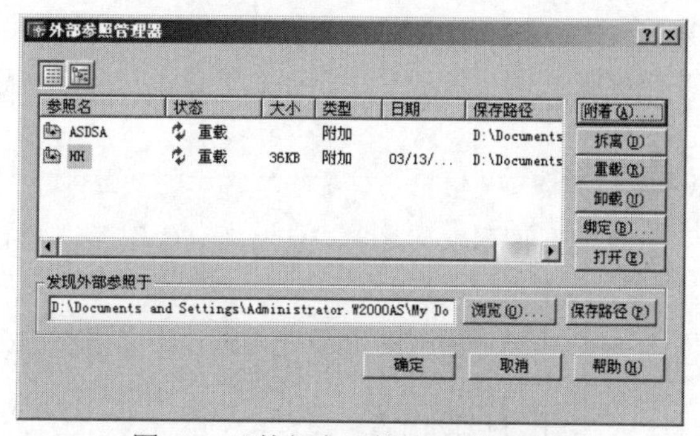

图 5-2 “外部参照管理器”对话框

在图 5-2 所示的对话框中，AutoCAD 提供了两种用于显示外部参考图形的方法：“列表”按钮和“树型”按钮。用户也可以通过【F3】和【F4】功能键在这两种界面形式之间进行切换。在默认情况下，AutoCAD 使用“列表”按钮显示所有的外部引用文件以及相关的数据。如果用户单击“树型”按钮，则 AutoCAD 采用树状结构显示外部引用信息。在树状结构中，AutoCAD 以层次结构表示外部引用的层次，显示外部引用的嵌套关系的各层结构。

该对话框中常用选项有如下功能：

（1）附着（A）：单击此按钮，AutoCAD 弹出“选择参照文件”对话框，用户通过此对话框选择要插入的图形文件。

（2）拆离（D）：若要将某个外部参照文件去除，可先在列表框中选中此文件，然后单击此按钮。

（3）重载（R）：在不退出当前图形文件的情况下更新外部引用文件。

（4）卸载（U）：暂时移走当前图形中的某个外部参照文件，但在列表框中仍保留该文件的路径，当希望再次使用此文件时，直接单击此按钮即可。

（5）绑定（B）：通过此按钮将外部参照文件永久地插入当前图形中，使之成为当前文件的一部分。

在绘制图形过程中，如果正在绘制的图形是前面已经画过的，可以通过插入块命令来插入已有的文件。

操作过程如下：

执行“插入块”命令，打开“插入”对话框，如图 5-3 所示。单击“浏览”按钮，打开“选择图形文件”对话框，如图 5-4 所示。

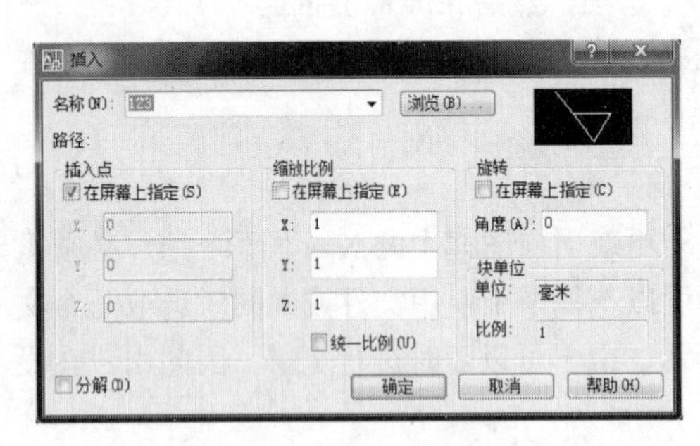

图 5-3 “插入”对话框

图 5-4 “选择图形文件”对话框

选择所需的图形文件，单击“打开”按钮，回到“插入”对话框。以下操作与插入块相同。

特别提示

- 插入图形文件之前，应对插入的图形设置插入点，可利用下拉菜单“绘图”“块”“基点”来完成。
- 如果要对插入的图形进行修改，必须将它分解为各个组成部件，然后分别编辑它们。

二、设计中心

AutoCAD 设计中心是 AutoCAD 中的一个非常有用的工具，是协同设计过程的一个共享资源库。它的功能是共享 AutoCAD 图形中设计资源，方便各种设计资源的相互调用，它不但可以共享块，还可以共享尺寸标注样式、文字样式、表格样式、布局、图层、线型、图案填充、外部参照和光栅图像；它不仅可以调用本机的图形，还可以调用局域网上其他计算机上的图形；联机设计中心还可以将因特网上的设计资源通过 I-drop 功能拖曳到当前图形中。

在 AutoCAD 2007 中，打开设计中心窗口的方法有以下三种。

标准工具栏：单击▦按钮。

下拉菜单：“工具”→“选项板”→“设计中心”。

命令窗口：ADCENTER↙。

执行此命令后，打开“设计中心”窗口，如图 5-5 所示。

文件夹选项卡：可显示所有文件的名称。左栏显示文件夹名称及所在位置，右栏显示图形。

打开图形选项卡：显示当前所选图形的一些属性。

历史记录选项卡：记录最近打开的文件。

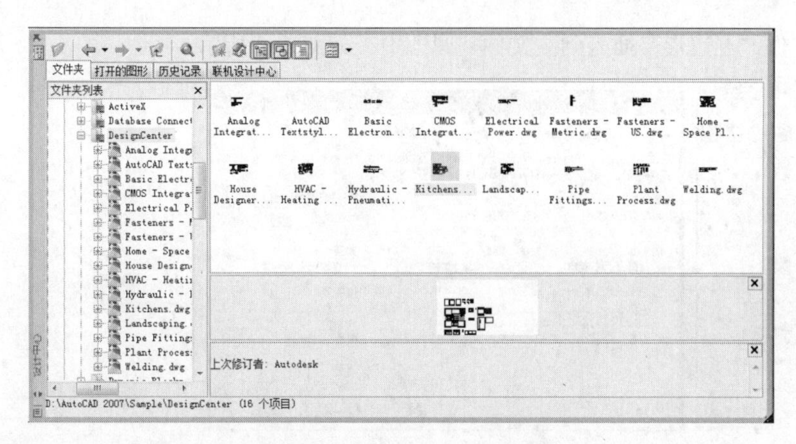

图 5-5 AutoCAD 设计中心

在 AutoCAD 2007 中，使用 AutoCAD 设计中心可以完成如下工作。

- 创建频繁访问的图形、文件夹和 Web 站点的快捷方式。
- 根据不同的查询条件在本地计算机和网络上查找图形文件，找到后可以将它们直接加载到绘图区或设计中心。
- 浏览不同的图形文件，包括当前打开的图形和 Web 站点上的图形库。
- 查看块、图层和其他图形文件的定义并将这些图形定义插入到当前图形文件中。通过控制显示方式来控制设计中心控制板的显示效果，还可以在控制板中显示与图形文件相关的描述信息和预览图像。

使用 AutoCAD 设计中心，可以方便地在当前图形中插入块，引用光栅图像及外部参照，在图形之间复制块、复制图层、线型、文字样式、标注样式以及用户定义的内容等。

项目描述

绘制图 5-6 所示图形，具体要求如下：

1．创建主文件

运行软件，在绘图区创建主文件。

2．插入外部参照

分别插入五边形和五角星两个参照类型文件。

3．保存文件

将完成的图形以全部缩放的形式显示，并以“项目五：示范项目.dwg”为文件名保存在学生文件夹中。

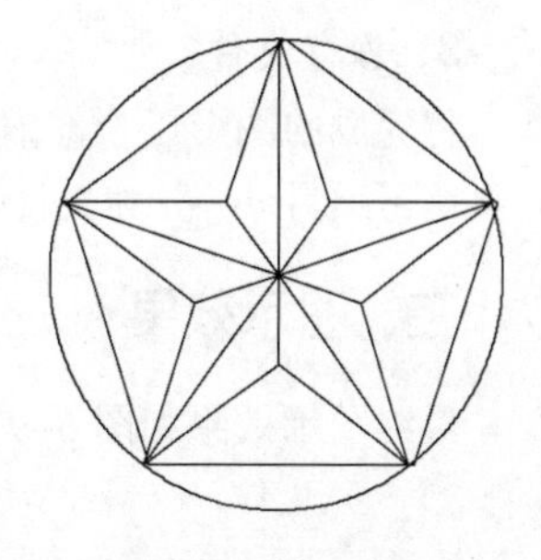

图 5-6 项目图示

项目实施

1．创建主文件

运行软件，在绘图区创建主文件。

2．插入外部参照

单击“插入”→“DWG 参照”，选择路径，在外部参照对话框中，选择“附着型”，路径类型中选择“完整路径”，单击“确定”按钮，如图 5-7 所示。

将参照文件“五边形”插入到主文件“圆”中，如图 5-8 所示。

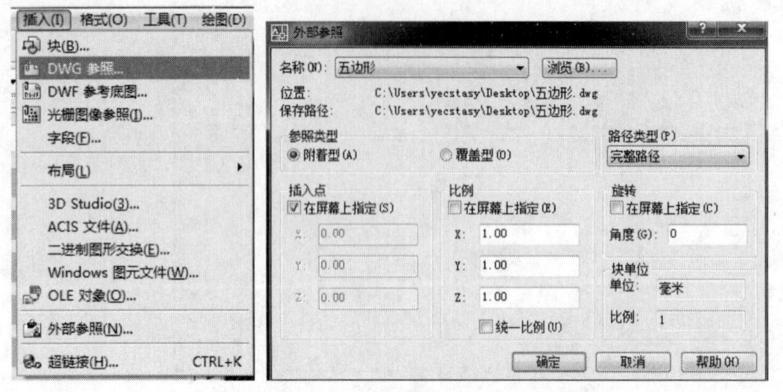

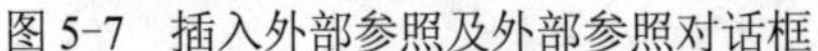

图 5-7　插入外部参照及外部参照对话框

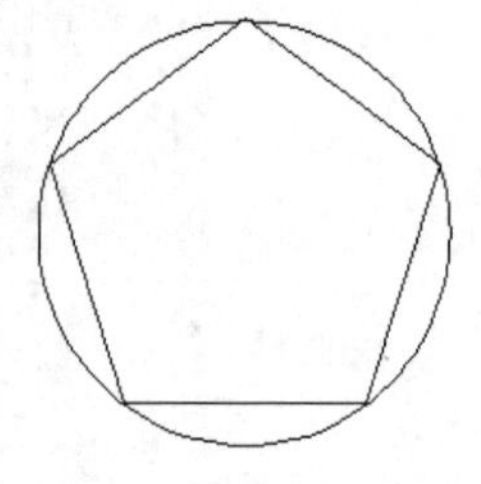

图 5-8　插入五边形

重复以上步骤，将参照文件“五角星”插入到圆中，完成创建“组合图”，如图 5-6 所示。

项 目 练 习

一、基本要求

1．创建主文件

运行软件，在绘图区创建主文件。

2．插入外部参照

插入外部参照，分别插入“附着型”和“覆盖型”两种参照类型文件，完成后如图 5-9 所示。

3．保存文件

将完成的图形以全部缩放的形式显示，并以“项目五：练习项目.dwg”为文件名保存在学生文件夹中。

二、图示效果

最终图示效果如图 5-9 所示。

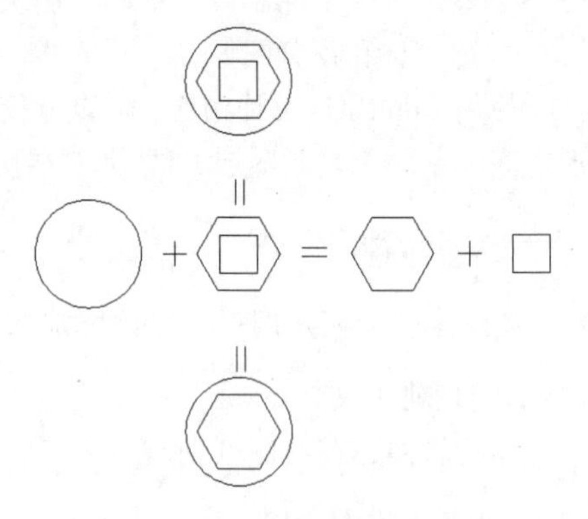

图 5-9　项目五图示（一）

项 目 拓 展

一、基本要求

1．使用设计中心

运行软件，在需要插入块的图形文件中选择“工具”→“选项板”→“设计中心”命令，打开设计中心。

2．插入块

在文件夹列表中选择要插入到当前图形中的图形文件“粗糙度块.dwg”，完成后如图 5-10 所示。

3．保存文件

将完成的图形以全部缩放的形式显示，并以“项目五：拓展项目.dwg”为文件名保存在学生文件夹中。

二、图示效果

最终效果如图 5-10 所示。

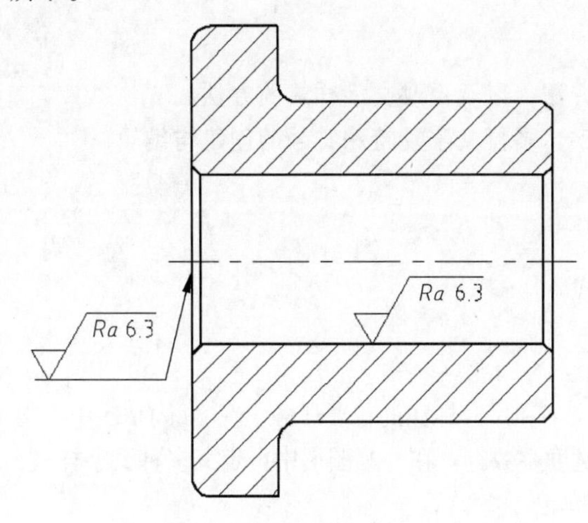

图 5-10　项目五图示（二）

项目六 文字输入与表格创建

文字和表格在工程图样中是不可缺少的，例如，机械工程图样中的技术要求、标题栏的注写等都会用到。因此，AutoCAD 提供了非常方便、快捷的文字注写和表格创建功能。

项目目标

1. 掌握文字创建的方法，以及更改文字样式的方法。
2. 熟练掌握单行文字，多行文字及特殊符号的创建与编辑。

相关知识

一、创建文字样式

1．文字样式的创建

设置文字样式是进行文字和尺寸标注的首要任务。在 AutoCAD 中，文字样式用于控制图形中所使用文字的字体、高度和宽度系数等。在一幅图形中可定义多种文字样式，以适合不同对象的需要。

样式工具栏：单击按钮。

下拉菜单："格式"→"文字样式"。

命令窗口：STYLE↙。

"文字样式"对话框如图 6-1 所示。单击"新建"按钮，弹出如图 6-2 所示对话框。

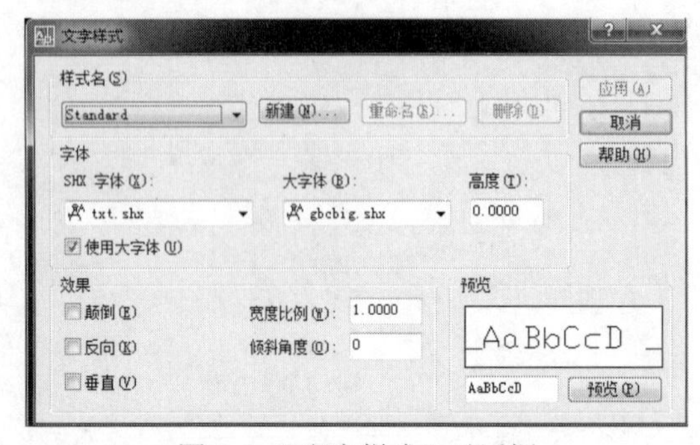

图 6-1 "文字样式"对话框

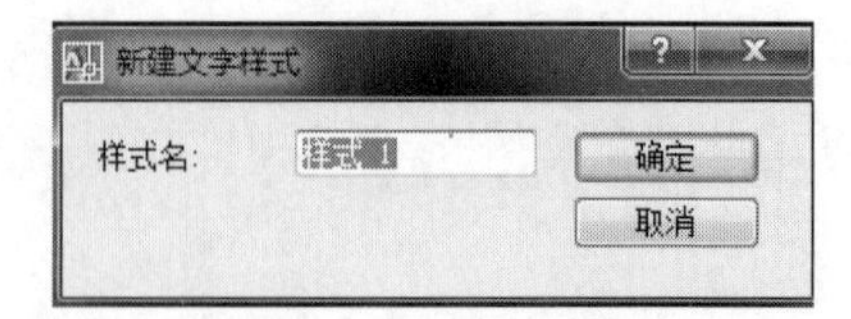

图 6-2 新建文字样式

默认情况下，文字样式名为 Standard，字体为 txt.shx，高度为 0，宽度比例为 1。如要生成新的文字样式，可在该对话框中单击"新建"按钮，打开"新建文字样式"对话框，在"样式名"编辑框中输入文字样式名称，如图 6-2 所示。

单击"确定"按钮，返回"文字样式"对话框。

在"字体"设置区中，设置字体名、字体样式和高度。单击"应用"按钮，对文字样式进行的设置将应用于当前图形。单击"关闭"按钮，保存样式设置。

2．“文字样式”中各选项的设置

（1）字体设置区

- “字体”：用于选择字体，如选择“gbenor.shx”。
- 选择“使用大字体”复选框，可创建支持汉字等大字体的文字样式，此时 “大字体”下拉列表框被激活，从中选择大字体样式，用于指定大字体的格式，如汉字等亚洲型大字体，常用的字体样式为 gbcbig.shx。
- “高度”：用于设置键入文字的高度。若设置为 0，输入文字时将提示指定文字高度。

（2）效果设置区

设置字体的效果，如颠倒、反向、垂直和倾斜等，如图 6-3 所示。在具体设置时应注意：

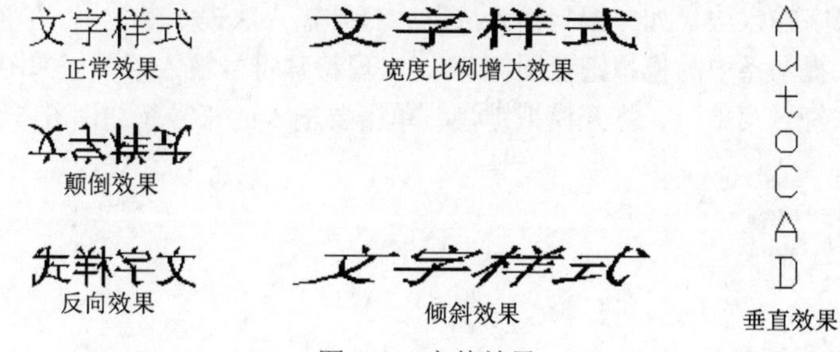

图 6-3　字体效果

- 倾斜角度：该选项与输入文字时“旋转角度（R）”的区别在于，“倾斜角度”是指字符本身的倾斜度，“旋转角度（R）”是指文字行的倾斜度。
- 宽度比例：用于设置字体宽度。如将仿宋体改设为长仿宋体，其宽度比例应设置为 0.67。
- 设置颠倒、反向、垂直效果可应用于已输入的文字，而高度、宽度比例和倾斜度效果只能应用于新输入的文字。
- 重命名：单击该按钮，可打开“重命名文字样式”对话框，可重命名选中的文字样式。
- 删除：单击该按钮，可删除指定的文字样式。

二、创建和编辑单行文字

1．创建单行文字

下拉菜单：“绘图”→“文字”→“单行文字”。
命令窗口：dtext↙。

AutoCAD 提示：

```
当前文字样式: Standard  文字高度: 2.5
指定文字的起点或[对正(J)/样式(S)]: (单击一点，在绘图区域中确定文字的起点)
指定高度: (输入字高数值)
指定文字的旋转角度: (输入角度值)
输入文字 : (输入文字)
```

按【Enter】键换行。如果希望结束文字输入，可再次按【Enter】键。

2．编辑单行文字

单行文字可进行单独编辑。编辑单行文字包括编辑文字的内容、对正方式及缩放比例，可以选择“修改”→“对象”→“文字”子菜单中的命令进行设置。各命令的功能如下。

“编辑”命令(DDEDIT)：选择该命令，然后在绘图窗口中单击需要编辑的单行文字，进入文字编辑状态，可以重新输入文本内容。

“比例”命令(SCALETEXT)：选择该命令，然后在绘图窗口中单击需要编辑的单行文字，此时需要输入缩放的基点以及指定新高度、匹配对象(M)或缩放比例(S)。

“对正”命令(JUSTIFYTEXT)：选择该命令，然后在绘图窗口中单击需要编辑的单行文字，此时可以重新设置文字的对正方式。

3. 输入特殊符号

在输入文字时，用户除了要输入汉字、英文字符外，还可能经常需要输入诸如“Φ、α、δ”等特殊符号，此时可借助 Windows 系统提供的模拟键盘来输入，其具体操作步骤如下：

- 选择某种汉字输入法，如“搜狗输入法”，打开输入法提示条。
- 右击输入法提示条中的模拟键盘图标 ⌨，出现特殊符号输入菜单，如图 6-4 所示。
- 选中“特殊符号菜单”，打开模拟键盘，单击要输入的符号，如图 6-5 所示。

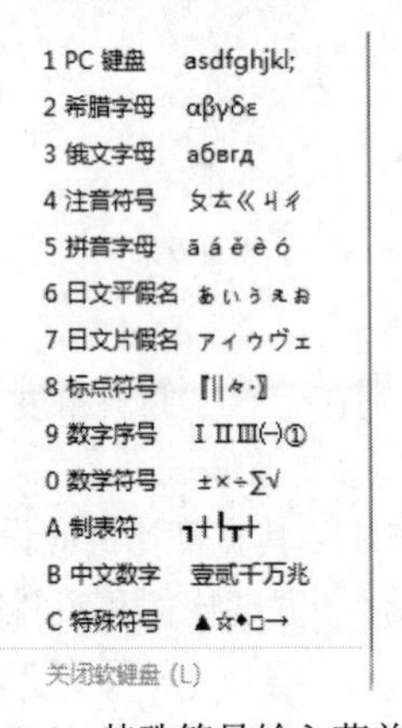

图 6-4 特殊符号输入菜单

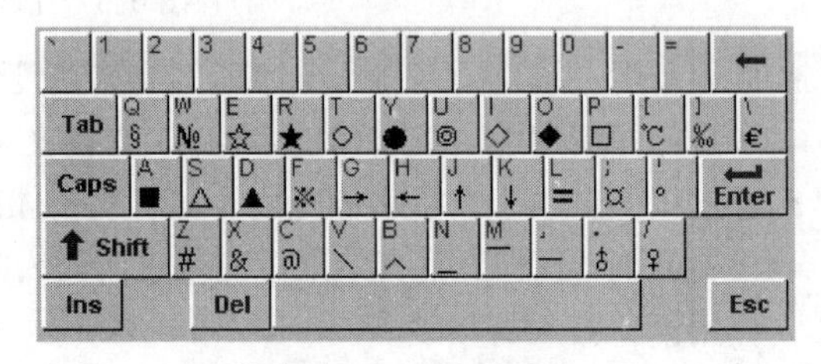

图 6-5 模拟键盘

输入符号时，单击鼠标右键，在弹出的快捷菜单中单击“符号（S）”，会弹出下一级菜单。利用该菜单可以插入度数“°”、正负“±”、直径“ϕ”以及其他符号等，如图 6-6 所示。

图 6-6 输入特殊符号

如果选择“其他”选项，将打开“字符映射表”对话框，利用该对话框可以插入更多的字符，如图6-7所示。例如要插入符号“®”，在打开“字符映射表”对话框中选中“®”，单击 选择(S) → 复制(C) 按钮，关闭该对话框。返回到文字输入、编辑框插入符号处右击，在弹出菜单上选择“粘贴”即可。

在文字输入、编辑框中，通过键入%%d、%%p、%%c 也可以在图样中输出特殊符号“°”“±”“ф”。部分特殊符号对照见表6-1。

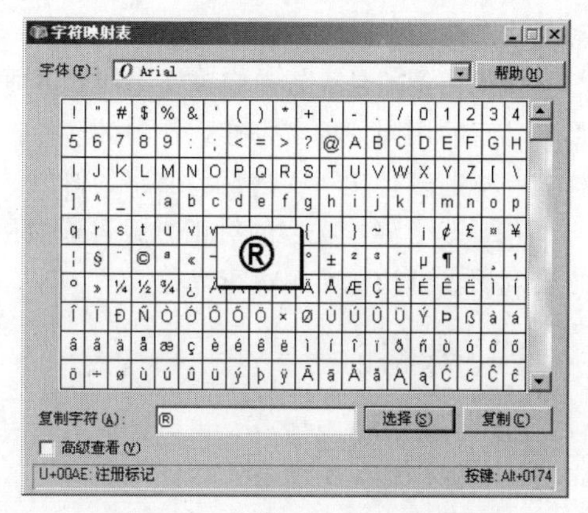

图6-7　“字符映射表”对话框

表6-1　部分特殊符号对照表

输　入	显　示	输　入	显　示
%%c	ф	%%o	加上划线
%%d	o	%%u	加下划线
%%p	±		

三、输入和编辑多行文字

使用多行文字可以创建较为复杂的文字说明，如图样的技术要求等。在 AutoCAD 中，多行文字是通过多行文字编辑器来完成的。多行文字编辑器包括一个“文字格式”工具栏和一个快捷菜单。

1．输入多行文字

绘图工具栏：单击 A 按钮。
下拉菜单：“绘图”→“文字”→“多行文字”。
命令：MTEXT(MT)(T)↙。

AutoCAD 提示：

当前文字样式：Standard 文字高度：2.5
指定第一角点：(单击一点在绘图区域中要注写文字处指定第一角点)
指定对角点或[高度(H)/对正(J)/行距(L)/旋转(R)/样式(S)/宽度(W)]：(指定默认项“对角点”)

AutoCAD 将以两个点作为对角点所形成的矩形区域作为文字行的宽度并打开“文字格式”对话框及文字输入、编辑框如图6-8所示。

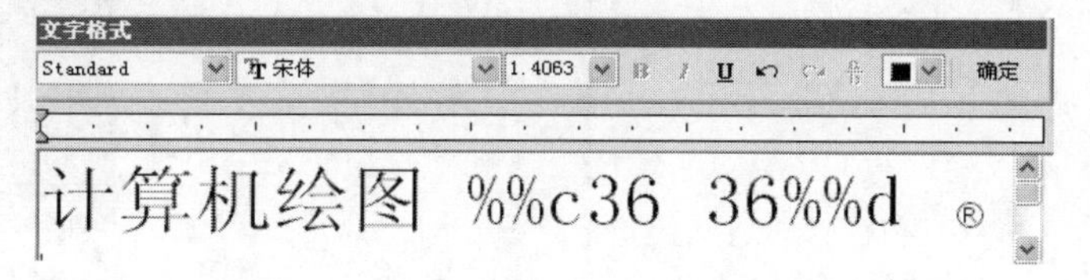

图6-8　多行文字编辑器

2．编辑多行文字

编辑多行文字的方法比较简单，可双击在图样中已输入的多行文字，或者选中在图样中已输入的多行文字右击鼠标，从弹出的快捷菜单中选择“编辑多行文字”，打开“文字格式”编辑器对话框，然后编辑文字。

值得注意的是：如果修改文字样式的垂直、宽度比例与倾斜角度设置，这些修改将影响到图形中已有的用同一种文字样式注写的多行文字，这一点与单行文字不同。因此，对用同一种文字样式注写的多行文字中的某些文字的修改，可以重建一个新的文字样式来实现。

若要改变多行文字的对正方式可通过下拉菜单：“修改”→“对象”→“文字”→“对正”或者利用右键快捷菜单进行操作。

四、表格创建

在 AutoCAD 的表格中，可以计算数学表达式，通过快速跨行或列对值进行汇总或计算平均值，可以在单元中输入公式等表格功能。

1．创建表格

标准工具栏：单击▦按钮。

下拉菜单：“绘图”→“表格”。

命令窗口：table↙。

激活 TABLE 命令后，将弹出“插入表格”对话框，如图 6-9 所示。

从下拉列表中选择表格样式。单击旁边的…按钮，将弹出“表格样式”对话框，如图 6-10 所示，可以创建新的表格样式满足需求。

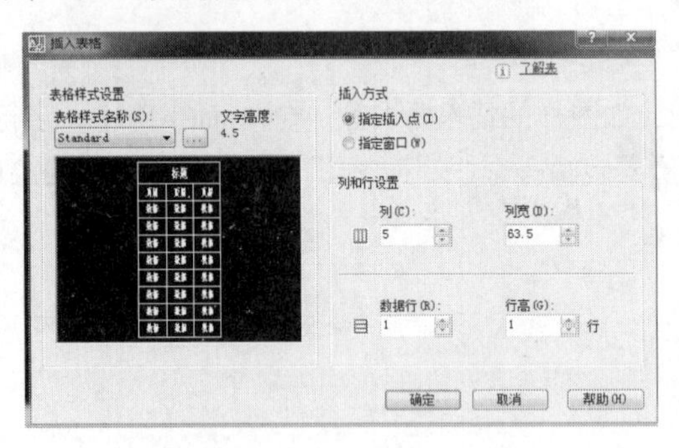

图 6-9 “插入表格”对话框

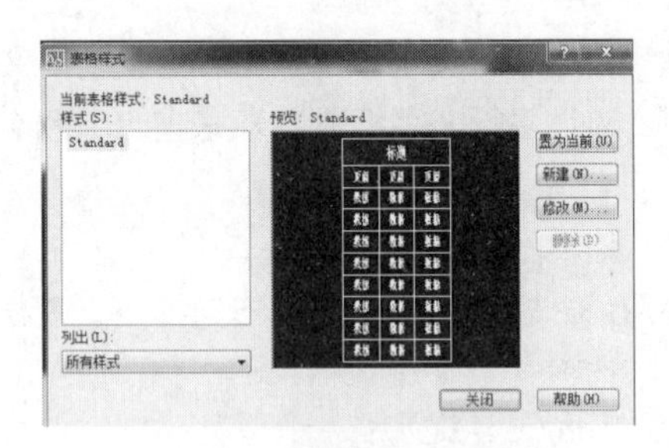

图 6-10 “表格样式”对话框

单击“新建”图标按钮，会弹出图 6-11 所示对话框。

命名新表格样式，单击“继续”图标按钮，弹出图 6-12 所示对话框。

创建新的表格样式

新样式名(N): 副本 Standard

基础样式(S): Standard

继续　取消　帮助(H)

图 6-11　新建表格样式

图 6-12　新建表格样式设置对话框

根据实际需要，设置表格的单元特性，如文字样式、文字高度、文字颜色等，也可设置表格边框特性及表格方向和单元边距。选择设置表格的插入方式并设置列数、列宽、数据行数和行高。

设置完相应的选项后，最后点确定，关闭“插入表格”对话框，指定插入点后，将在界面中显示创建的表格和“文字格式”对话框，如图 6-13 所示。

2. 编辑表格

表格创建后，可以对其进行编辑，包括在表格中插入和修改对象，可以修改表格的行数和列数，及修改单元格的大小。

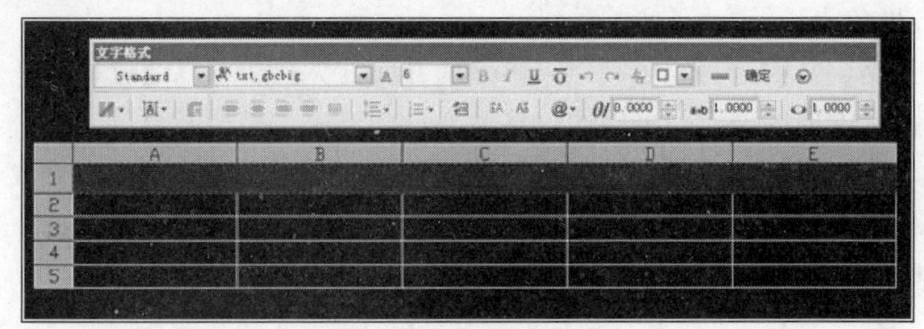

图 6-13 完成表格插入

（1）输入文字或数据

表格中的文字，一般要求处在表格的正中位置，推荐采用多行文字方法输入。

单击“多行文字（A）”按钮→指定第一角点（左下角）→单击鼠标右键→输入 S 设置→输入 MC 正中→指定对角点（右上角）→输入文字→单击“确定”按钮。

如果表格大小相同，可直接复制，然后双击单元格，在单元格中直接输入文字或数据即可。

（2）右键快捷菜单

单击选中一个单元格，选定的单元格将显示夹点，单击右键，出现如图 6-14 所示菜单，用户可以根据需求选择相应的编辑命令。

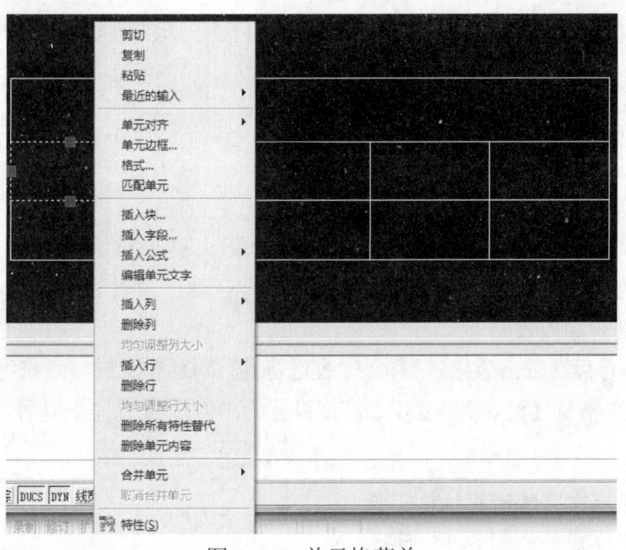

图 6-14 单元格菜单

（3）修改表格中的对象

如果要编辑单元格中的文字或数据，可以直接双击该单元格，则弹出“文字格式”对话框。如果对象为块，则弹出“在表格单元中插入块”对话框。如果需要编辑多个单元格，则先选择一个单元格，然后再按住【Shift】键选择其他单元格，然后单击鼠标右键，在弹出的右键快捷菜单中选择最后一个选项“特性”，将弹出“特性”面板，可以根据自己的需要进行相应的修改。

（4）修改表格的行数和列数

在选定的单元格中单击鼠标右键，弹出的右键快捷菜单，在其中选择“插入行（列）”，并选择“上方”插入或是“下方”插入。在插入列时也要选择是“左”插入或是“右”插入。此外，还可以合并单元格。先选择一个单元格，然后再按住【Shift】键选择其他单元格。然后单击“表格”编辑对话框中的“合并单元”图标，进行“全部”“按行”或“按列”三种方式的合并。

（5）修改表格的大小

选中一个单元格，其四边将显示夹点，单击列方向的夹点，可以通过移动夹点调整单元格所在列的列宽。单击行方向的夹点，可以通过移动夹点调整单元格所在行的行高。通过夹点只能模糊修改单元格的大小，不能精确修改，如果需要精确修改单元格大小，可以修改“特性”面板中的“单元高度”值和“单元宽度”值，进行精确修改。此外还可以对表格进行“统一拉深表格宽度”“统一拉深表格高度”“统一拉深表格宽度和高度”“打断表格”等调整。

项目描述

创建如图 6-15 所示表格。

分组情况				
A	B	C	D	E
激光1201班	激光1202班	激光1203班	光电子1201班	光电子1202班

图 6-15　项目六图示（一）

1．创建表格

运行软件，建立新绘图文件，在绘图区域创建表格。

2．编辑文字

在表格中编辑文字内容。

3．保存文件

将完成的图形以全部缩放的形式显示，并以“项目五：示范项目.dwg”为文件名保存在学生文件夹中。

项目实施

1．创建表格

在命令行输入“table”或在快速工具栏中单击“▦”，弹出对话框。

设置表格列数为“5”，行数为“1”列宽和数据行自动，设置完成后，单击“确定”按钮。在绘图区选取插入点，插入表格。

选中表格出现夹点后，双击表格，弹出　“表格特性”对话框，在“表格特性”对话框中，修改表格宽度和高度。将表格宽度设置为“200”，高度设置为“40”，设置完毕以后，表格如图 6-15 所示。

2．编辑文字

双击表格后，弹出文字编辑对话框，选择体样式，编辑文字，完成后如图 6-16 所示。

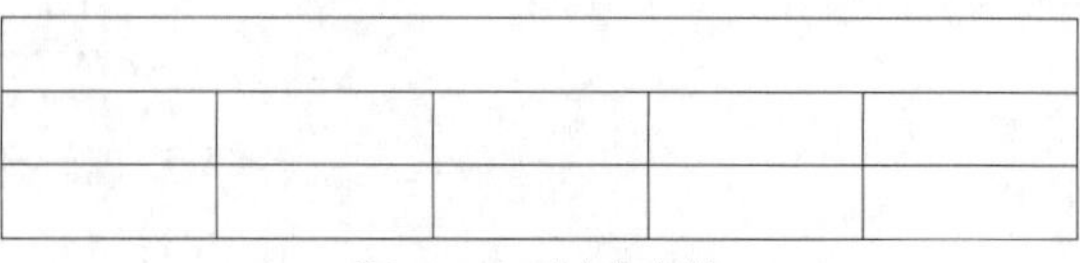

图 6-16　创建表格

3．保存文件

将完成的图形以全部缩放的形式显示，并以“项目五：示范项目.dwg”为文件名保存在学生文件夹中。

项 目 练 习

一、基本要求

1．绘制表格

运行软件，建立新绘图文件，在绘图区域绘制表格，表格尺寸如图 6-17 所示。

2．定义图块

将标题栏定义为图块，并保存成独立文件。

3．编辑文字

编辑文字，并将文字定义为“字块”，完成后如图 6-18 所示。

4．保存文件

将完成的图形以全部缩放的形式显示，并以“项目五：练习项目 1.dwg”为文件名保存在学生文件夹中。

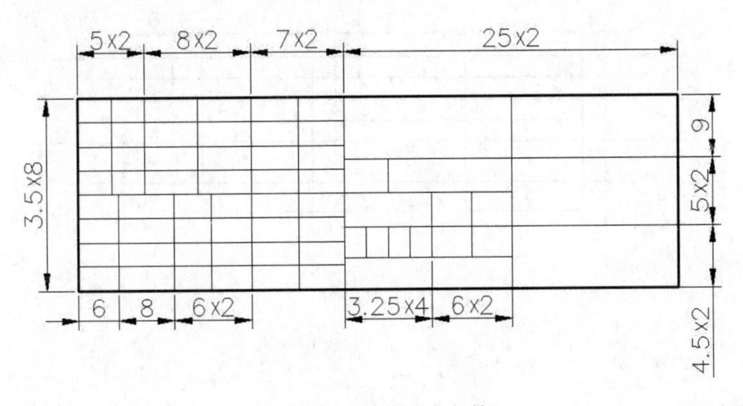

图 6-17　表格尺寸参数

二、图示效果

最终效果如图 6-18 所示。

										武汉软件工程职业学院
标记	处数	分区	更改文件号	签名	年月日	材料				
设计			标准化			阶段标记		数量	比例	
校对			审定					1	2:1	
审核			批准							
工艺			日期			共 1 张		第 1 张		

图 6-18　项目六图示（二）

项 目 拓 展

一、基本要求

1．绘制表格

运行软件，建立新绘图文件，在绘图区域绘制表格，表格尺寸如图 6-19 所示。

2．定义图块

将标题栏定义为图块，并保存成独立文件。

3．编辑文字

编辑技术要求，并将文字定义为“字块”。

4．保存文件

将完成的图形以全部缩放的形式显示，并以“项目五：练习项目 2.dwg”为文件名保存在学生文件夹中。

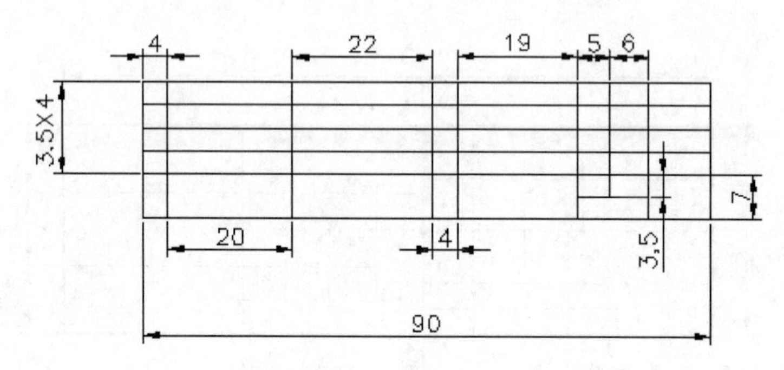

图 6-19　表格尺寸

二、图示效果

最终图示效果如图 6-20 所示。

技术要求

1. 锐边倒钝，去毛刺；
2. 未注尺寸公差按GB/T1804-m级；
3. 未注形位公差按GB/T1184-K级；
4. 表面黑色细光缎面硫酸阳极氧化。

4	TLCOA-04	摄像物镜压圈	1	硬铝 2A12-T4			
3	TLCOA-03	摄像物镜隔圈	1	硬铝 2A12-T4			
2	TLCOA-02	摄像物镜光阑	1	硬铝 2A12-T4			
1	TLCOA-01	摄像物镜镜筒	1	硬铝 2A12-T4			
序号	代号	名称	数量	材料	单件 重量	总计 重量	备注

图 6-20　项目六图示（三）

项目七 图层特性管理

图层是 AutoCAD 提供的一种控制和管理复杂图形对象的工具。在 AutoCAD 绘制的所有工程图样中，都具有图层、线型、线宽和颜色等基本属性。不同的图形对象可以使用不同的图层，不同的图层可以设定不同的线型、线宽及其他标准，还可以设置每个图层的可见性、冻结、锁定和是否打印等。

项目目标

1．应用图层特性管理器建立图层和设置图层状态。

2．掌握使用和管理图层的方法。

3．熟练使用图层来绘制图形。

相关知识

一、图层创建与设置

创建和设置图层包括如下内容：创建新图层，设置图层颜色、线型及线宽，设置图层状态等。

1．创建新图层

默认情况下，AutoCAD 自动创建一个图层名为“0”的图层。要新建图层，其命令操作有以下三种方法。

图层工具栏：单击按钮。
下拉菜单：“格式”→“图层”。
命令窗口：LAYER↙。

输入该命令，则打开“图层特性管理器”对话框，该对话框分为“过滤器列表”“图层列表”和“当前图层”等部分。图层列表区域显示已有的图层及设置，列表中的每个图层都包含状态、名称、打开/关闭、冻结/解冻、锁定/解锁、颜色、线型、线宽、打印样式等特性。

在图层列表空白区域单击鼠标右键，这时在图层列表中将出现一个名称为“图层 1”的新图层。用户可以为其输入新的图层名（如中心线层），以表示将要绘制的图形元素的特征，如图 7-1 所示。各按钮作用如下。

新建：每单击一次，会出现一个新的图层（图层、图层 2、…）。

当前：在“图层特性管理器“对话框中选中，且在绘图区域显示的图层。

删除：除 0 图层、当前图层和有实体对象的图层之外，可以在“图层特性管理器”对话框中选定不用的空图层，单击“删除”按钮删除。

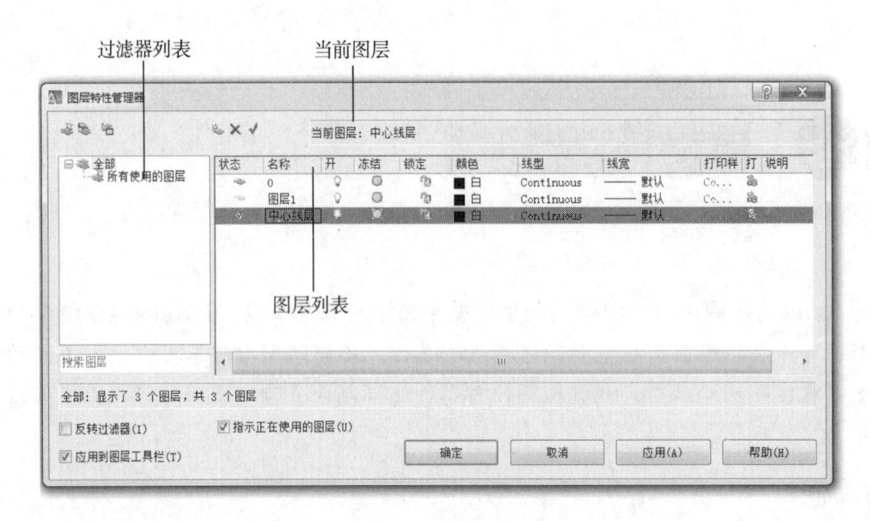

图 7-1　创建新图层

2．设置图层颜色

为便于区分图形中的元素，要为新建图层设置颜色。为此，可直接在“图层特性管理器”对话框中单击图层列表中该图层所在行的颜色块，此时系统将打开“选择颜色”对话框，如图 7-2 所示。单击所要选择的颜色如“红色”，再单击“确定”即可。

3．设置图层线型

线型也用于区分图形中不同元素，例如点画线、虚线等。默认情况下，图层的线型为 Continuous（连续线型）。

要改变线型，可在图层列表中单击相应的线型名如“Continuous”在弹出的“选择线型”对话框中选中要选择的线型如“CENTER”即可选择点画线，如图 7-3 所示。

图 7-2　选择颜色

如果“已加载的线型”列表中没有满意的线型，可单击“加载”按钮，打开“加载或重载线型”对话框，从当前线型库中选择需要加载的线型（如 CENTER），如图 7-4 所示，单击“确定”按钮，则该线型即被加载到选择线型对话框中再进行选择。

其中在加载表中，大部分线型有三种不同线型比例的子类型，如 CENTER、CENTER2、CENTERX2。这三种形式，一般第 1 种线型是标准型，第 2 种线型的比例是第 1 种线型的 0.5 倍，第 3 种线型的比例是第 1 种的 2 倍。

4．设置图层线宽

在工程图样中，不同的线型其宽度是不一样的，以此提高图形的表达能力和可识别性。设置线宽时，在图层列表中单击“——默认”，打开“线宽”对话框，如图 7-5 所示，在“线宽”列表中进行选择。

此外，选择下拉菜单“格式”→“线宽”命令，可打开“线宽设置”对话框。如果选中“显示线宽”复选框，设置“默认”线宽为 0.50mm，则系统将在屏幕上显示线宽设置效果。而调节“调整显示比例”滑块，还可以调整线宽显示效果，如图 7-6 所示。另外，单击用户界面状态行中的“线宽”按钮，也可以打开或关闭线宽的显示。

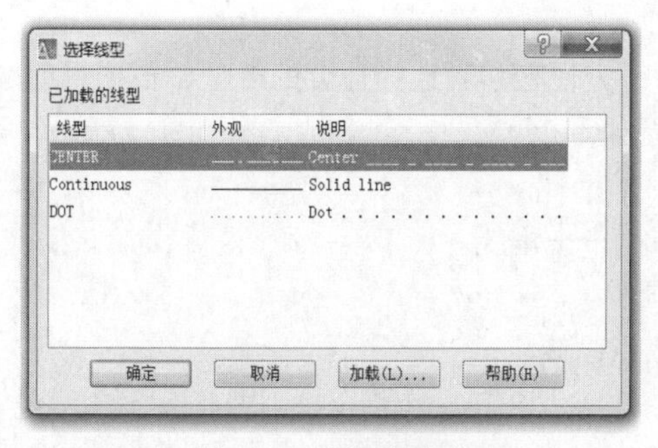

图 7-3　选择线型图

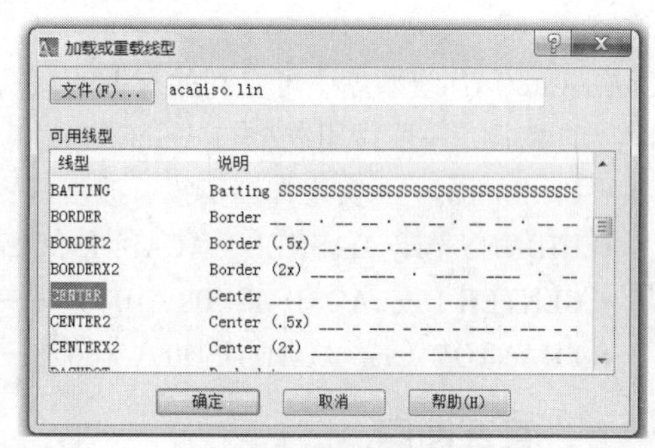

图 7-4　加载或重载线型

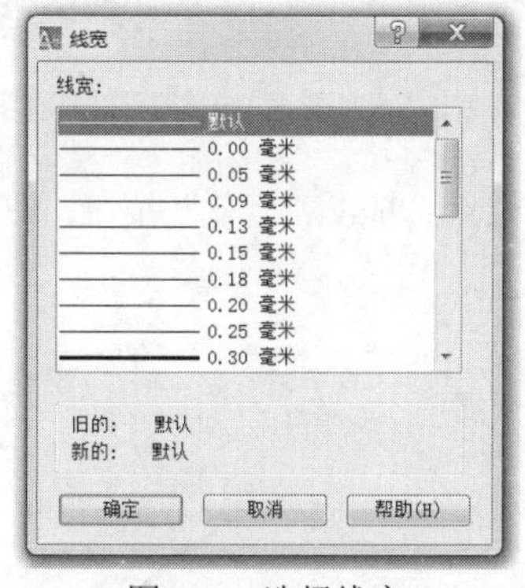

图 7-5　选择线宽

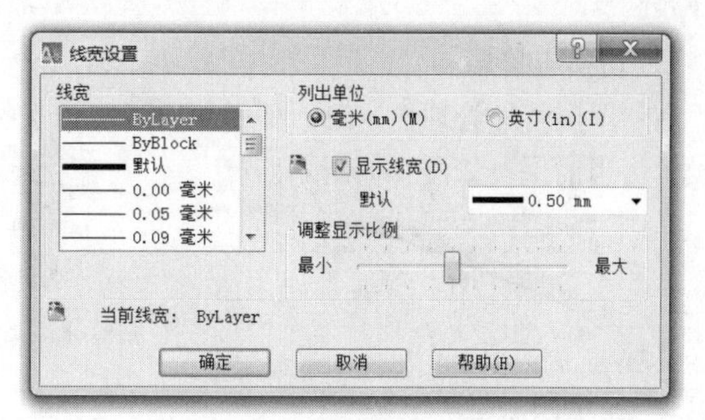

图 7-6　设置线宽

5．设置图层状态

在“图层特性管理器”对话框中单击特征图标，如“打开/关闭”、“解冻/冻结”、“解锁/加锁”等可控制图层的状态。如图 7-7 所示，图层 0 为打开、解冻、解锁状态；图层 1 为关闭、冻结、加锁状态。

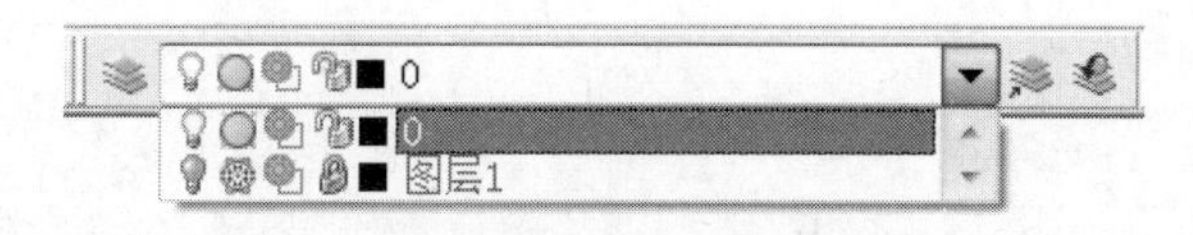

图 7-7　显示图层状态

特别提示

- 打开/关闭：图层打开时，可显示和编辑图层上的内容；图层关闭时，图层上的内容全部隐藏，且不可被编辑或打印。
- 冻结/解冻：冻结图层时，图层上的内容全部隐藏，且不可被编辑或打印，从而减少复杂图形的重生成时间。
- 加锁/解锁：锁定图层时，图层上的内容仍然可见，并且能够捕捉或添加新对象，但不能被编辑。默认情况下，图层是解锁的。
- 当前层可以被关闭和锁定，但不能被冻结。

根据我国国家标准对工程图样的图线绘制标准（GB/T 17450—1998、GB/T 4457.4—2002）规定，图线分为粗线、细线，粗线和细线的线宽比例为 2:1，在 AutoCAD 中一般推荐使用的粗线线宽为 0.70 和 0.50，细线宽度 0.35 和 0.25 。常用的基本线型有实线、虚线、点画线、双点画线、波浪线等。

在 AutoCAD 线型库中可查到的有近 60 种，为了方便初学者选择适合的线型，根据目前国内图学界的经验，一般常用线型与 AutoCAD 对应线型如下：

- Continuous——实线、细实线、波浪线。
- HIDDEN（或 DASHED、ACAD-ISO02W100）——虚线。
- CENTER（或 ACAD-ISO08W100）——点画线。
- PHANTOM（或 ACAD-ISO09W100）——双点画线。

二、管理图层

使用“图层特性管理器”对话框，还可以对图层进行更多设置与管理，如图层的切换、重命名与删除等。

1．切换当前层

在“图层特性管理器”对话框的图层列表中选择某一图层后，单击“当前”按钮，即可将该层设置为当前层，如图 7-8 所示。

图 7-8　切换当前层

2．显示图层组

当图形中包含大量图层时，利用“图层特性管理器”对话框中的“全部”，可以在图层列表中显示所有使用的图层及特性过滤器中的图层。默认情况下，在图层列表中显示所有图层，如图 7-9 所示。在“图层特性管理器”对话框过滤器列表中可以单击“新特性过滤器”按钮，可以按图层名称、状态、颜色、线型和线宽等定义过滤条件，如图 7-10 所示新建“特性过滤器 1”，其过滤条件为被锁定的图层，则图层 4、图层 6 被过滤出来，在“特性过滤器 1”中予以显示，如图 7-11 所示。

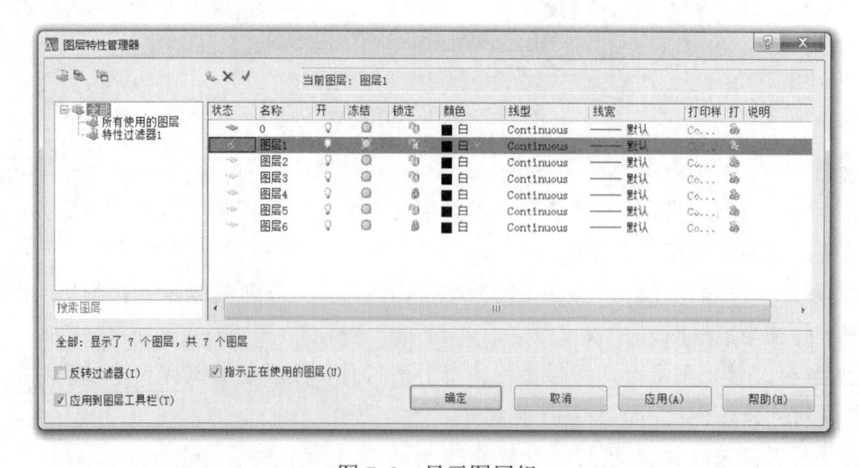

图 7-9　显示图层组

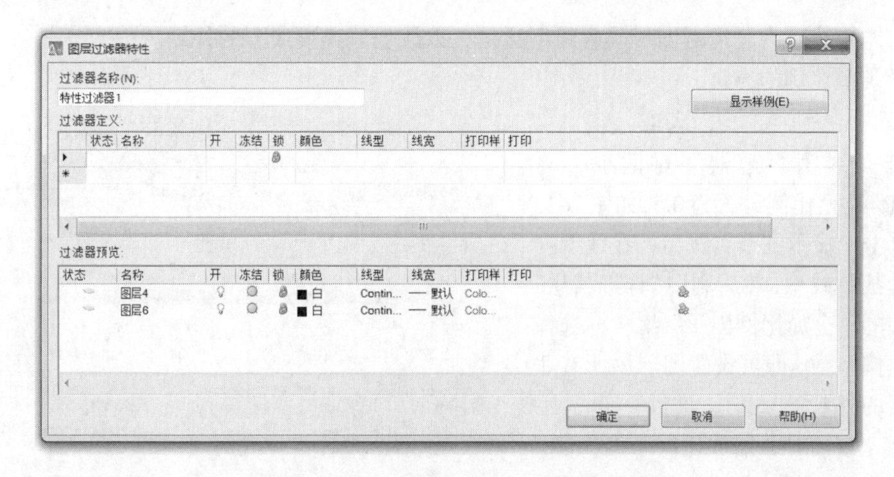

图 7-10　图层过滤器定义过滤特性

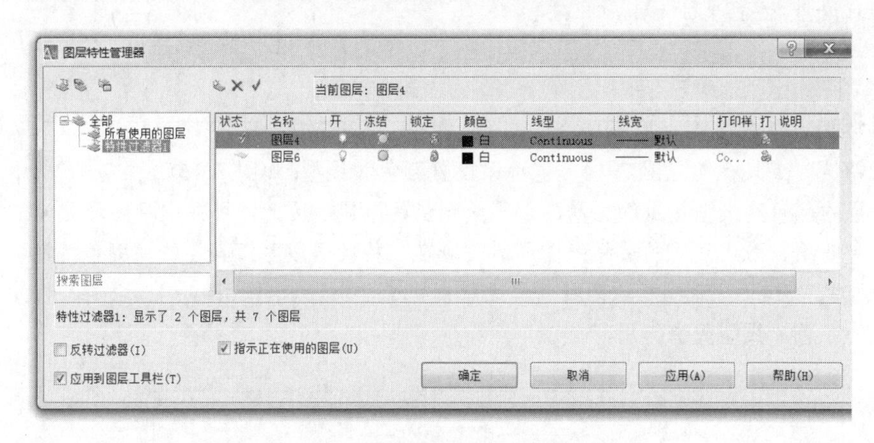

图 7-11　选择过滤条件显示图层组

3．删除图层

选中要删除的图层后，单击“图层特性管理器”对话框中的按钮×，或按下键盘上的【Delete】键，或点击鼠标右键选择“删除图层”项目，即可删除该层。但是，当前层、0 层、定义点层（对图形标注尺寸时，系统自动生成的层）、参照层和包含图形对象的层不能被删除。

4．重命名图层

若要重命名图层，可选中该图层，双击图层的名称，使其变为待修改状态时再重新输入新名称。

5．设置线型比例

在 AutoCAD 中，系统提供了大量的非连续性线型，如虚线、点画线等。通常，非连续线型的显示和实线线型不同，要受绘图时所设置图形界限尺寸的影响，如图 7-12 所示。其中图 7-12（a）所示为虚线圆在按 A4 图幅设置的图形界限时的效果；图 7-12（b）所示则是按 A2 图幅设置时的效果。如果设置更大尺寸的图形界限，则会由于间距太小

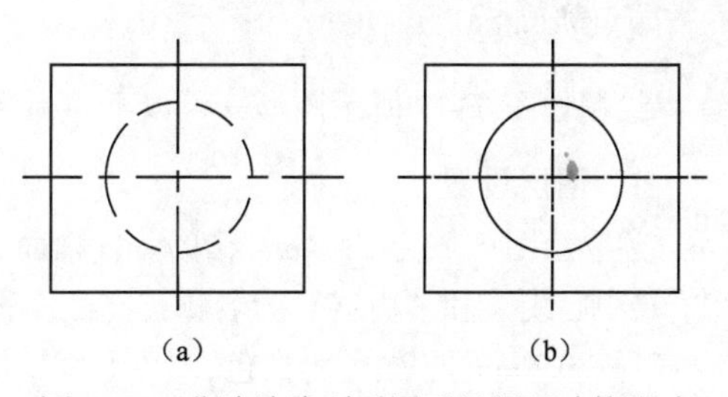

图 7-12　非连续线型受图形界限尺寸的影响

而变成了连续线。为此可对图形设置线型比例，以改变非连续线型的外观。

设置线型比例的方法：

下拉菜单："格式"→"线型"。

打开"线型管理器"对话框，将"CENTER"线型比例设置为0.5，如图7-13所示。单击"显示细节"按钮，在线型列表中选择某一线型，然后利用"详细信息"设置区中的"全局比例因子"编辑框选择适当的比例系数，即可设置图形中所有非连续线型的外观。

利用"当前对象缩放比例"编辑框，可以设置将要绘制的非连续线型的外观，而原来绘制的非连续线型的外观并不受影响。

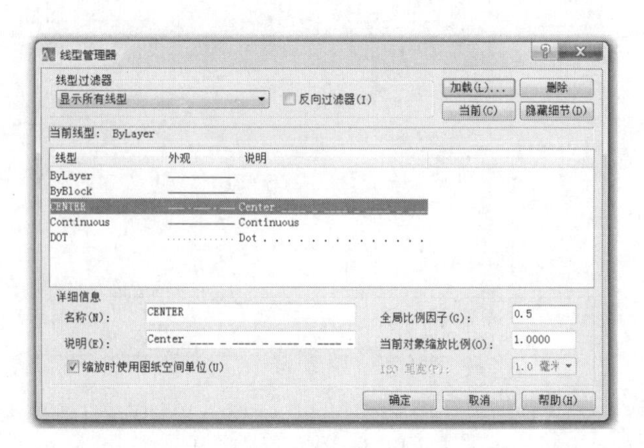

图7-13 "线型管理器"对话框

特别提示

● "特性"工具栏（见图7-14）也可以设置颜色和线型，如图7-15和图7-16所示。在此设置的颜色和线型是统管全局的，不受图层的限制。因此，可在少量图形元素的特性修改时使用。而在使用图层组织图形时，应在"特性修改"工具栏的"颜色控制"和"线型控制"下拉列标框中，将颜色和线型设置成"ByLayer"（随层）。否则，将使图层设置的颜色、线型失去作用。

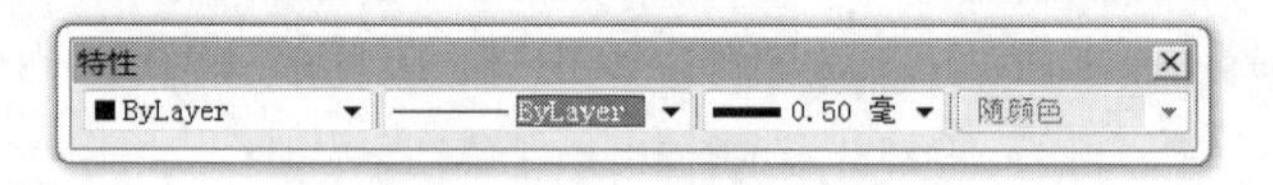

图7-14 "特性"工具栏

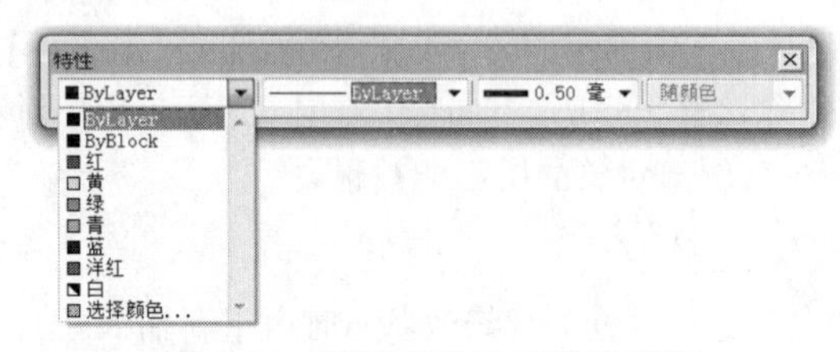

图7-15 "颜色控制"下拉列表框

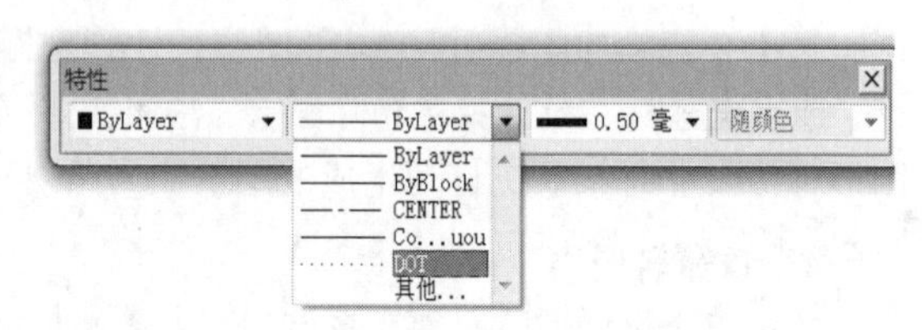

图7-16 "线型控制"下拉列表框

项目描述

绘制如图7-17所示图形，可以不用标注尺寸。

1. 图层设置

建立绘图区域为210 mm×297 mm幅面，图形必须绘制在设置的绘图区域内。分别以"粗实线""中心线"和"虚线"为名称建立三个图层，其中"粗实线"图层的线型为"Continuous"、线宽为"0.7 mm"、颜色为白色，"中心线"图层的线型为"CENTER"、线宽为"0.35 mm"、颜色为红色，"虚线"图层的线型为"HIDDEN"、线宽为"0.35 mm"、颜色为品红色。

2．图形绘制

将所有的粗实线绘制在“粗实线”图层上，中心线绘制在“中心线”图层上，虚线绘制在“虚线”图层上，并调整中心线、虚线线型比例为“0.5”。

3．保存文件

将完成的图形以全部缩放的形式显示，并以“项目七：示范项目.dwg”为文件名保存在自己文件夹中。

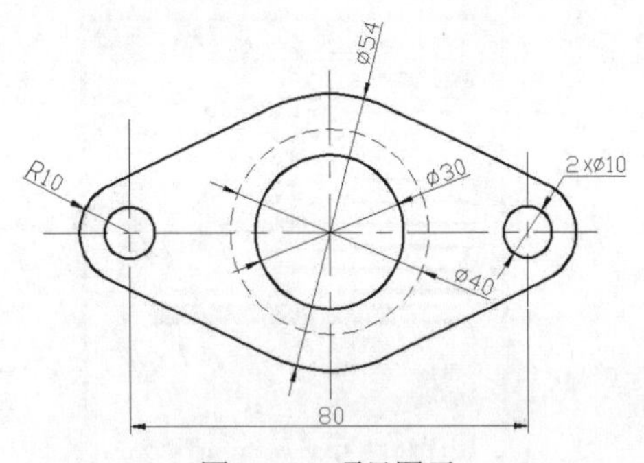

图 7-17　项目图示

项目实施

1．图层设置

（1）单击“格式”→“图形界限”命令，设置图形界限为左下角（0，0），右上角（210，297）。

（2）单击“格式”→“图层”命令，打开“图层特性管理器”对话框如图 7-18 所示。

（3）单击“新建”按钮，将“图层 1”改为“中心线层”。单击该层中对应颜色的“白色”位置，在“选择颜色”对话框中选择其中的红色作为中心线的颜色。

（4）单击中心线层对应的“线型”，会出现选择线型对话框。单击“加载”按钮，在“加载或重载线型”对话框中选中“CENTER”线型，单击“确定”按钮。

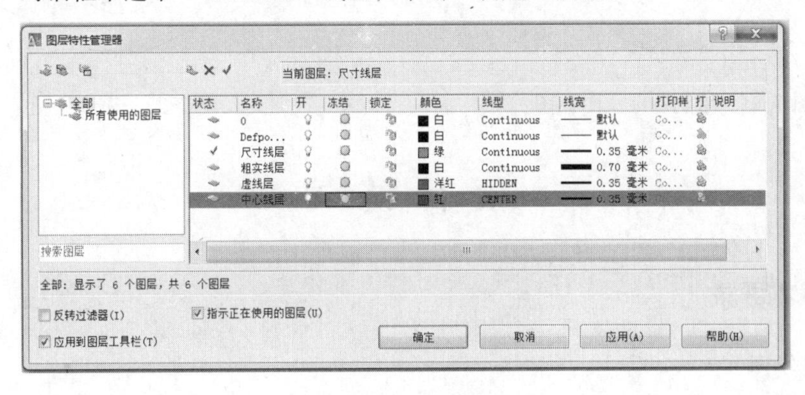

图 7-18　创建图层

（5）单击粗实线层对应的线宽，在“线宽”对话框中选择线宽为 0.7 mm，如图 7-19 所示。

（6）其他各层建法相同。分别建立“粗实线层”“中心线层”和“虚线层”。分别单击中心线层、虚线层对应的线宽，在“线宽”对话框中选择线宽为 0.30 mm。

2．图形绘制

（1）选择“中心线层”作为当前层，绘制中心线，如图 7-20 所示。

（2）在状态栏中单击“捕捉”按钮，将其打开；选择粗线层作当前层，以给定的直径或半径绘制圆及圆弧，如图 7-21 所示。

（3）利用捕捉切点绘制各段切线（直线），并利用修剪命令进行修剪，如图 7-22 所示，完成作图。

图 7-19　设置线宽

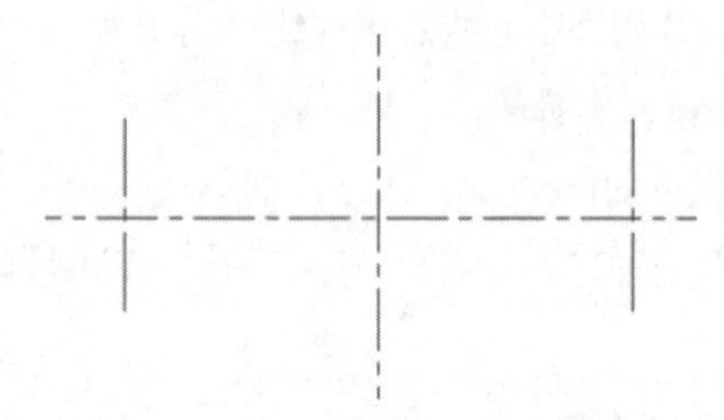

图 7-20　绘制中心定位线

3．保存文件

打开“图形另存为”对话框，选择文件类型为 AutoCAD 图形样板文件（*.dwt），输入文件名为“项目七：示范项目.dwg”，选择自己的文件夹，单击“保存”按钮。

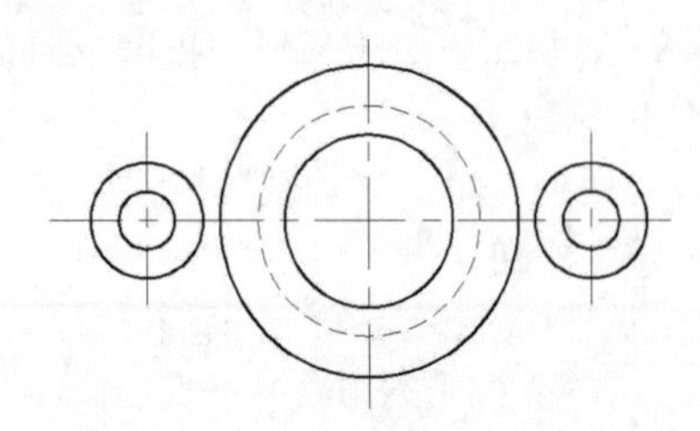

图 7-21　绘制各圆及圆弧图

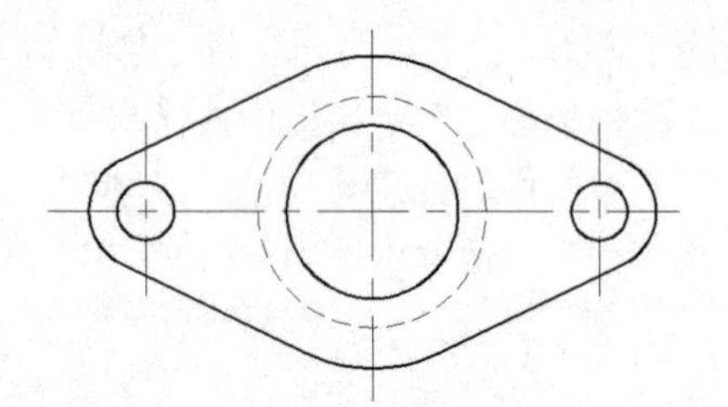

图 7-22　完成全图

项 目 练 习

一、基本要求

1．简单绘图

绘制如图 7-23 所示的平面图形（不标注尺寸）。

2．图层设置

建立绘图区域，根据图 7-23 所示的图形大小，建立绘图区域为 500 mm × 500 mm 幅面，图形必须绘制在设置的绘图区域内。分别以“粗实线”和“中心线”为名称建立两个图层，其中“粗实线”图层的线型为“Continuous”、线宽为“0.7mm”、颜色为白色，“中心线”图层的线型为“CENTER”、线宽为“0.3mm”、颜色为红色。

3．图形绘制

将所有的粗实线绘制在“粗实线”图层上，中心线绘制在“中心线”图层上，并调整中心线线型比例

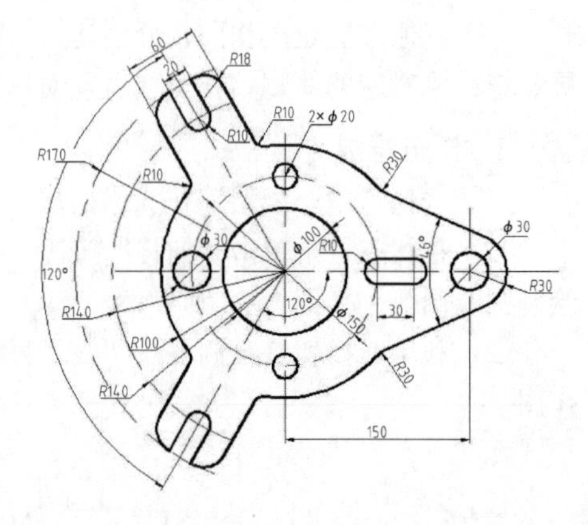

图 7-23　项目七图示（一）

为“2:1”。

4．图形属性

显示所绘制图形的线宽。

5．保存文件

将完成的图形以全部缩放的形式显示，并以“项目七：练习项目.dwg”为文件名保存在学生文件夹中。

二、图示效果

最终图示效果如图 7-23 所示。

项目拓展

一、基本要求

1．简单绘图

绘制如图 7-24 所示的平面图形（不标注尺寸）。

2．图层设置

建立绘图区域，根据图 7-24 所示的图形大小，建立绘图区域为 300 mm×300 mm 幅面，图形必须绘制在设置的绘图区域内。分别以“粗实线”“中心线”和“剖面线”为名称建立 3 个图层，其中“粗实线”图层的线型为“Continuous”、线宽为“0.7 mm”、颜色为白色，“中心线”图层的线型为“CENTER”、线宽为“0.3 mm”、颜色为红色，“剖面线”图层的线型为“Continuous”、线宽为“0.3mm”、颜色为蓝色。

3．图形绘制

将所有的粗实线绘制在“粗实线“图层上，中心线绘制在“中心线”图层上，图中部分区域使用剖面线进行填充，图案为“ANSI31”，填充比例为“1:1”。

4．图形属性

显示所绘制图形的线宽。

5．保存文件

将完成的图形以全部缩放的形式显示，并以“项目七：拓展项目.dwg”为文件名保存在学生文件夹中。

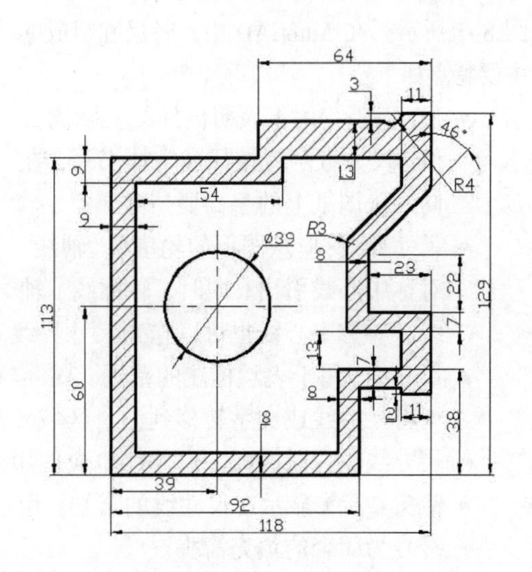

图 7-24　项目七图示（二）

二、图示效果

最终图示效果如图 7-24 所示。

项目八 尺寸标注及编辑

尺寸标注是设计制图中一项十分重要的工作，图样中各图形元素的位置和大小要靠尺寸来确定。AutoCAD 为此提供了一套完善的尺寸标注命令，使得尺寸标注和编辑更为方便和灵活。

项目目标

1. 了解在 AutoCAD 中设置尺寸标注样式的操作。
2. 掌握各种不同类型尺寸的标注方法。
3. 熟悉编辑及修改尺寸标注的操作方法。

相关知识

一、设置尺寸标注样式

1. 尺寸标注规则

使用 AutoCAD 对绘制的图形进行尺寸标注时，应遵循国家制图标准有关尺寸注法的规定。图样中的尺寸以毫米（mm）为单位时，不需要标注计量单位的代号或名称。机件的每一尺寸，一般只标注一次，并应标注在反映物体形状结构最清晰的图形上。一个完整的尺寸标注应由尺寸数字、尺寸线、尺寸界线和箭头符号等组成，如图 8-1 所示。在 AutoCAD 中，各尺寸组成的主要特点如下：

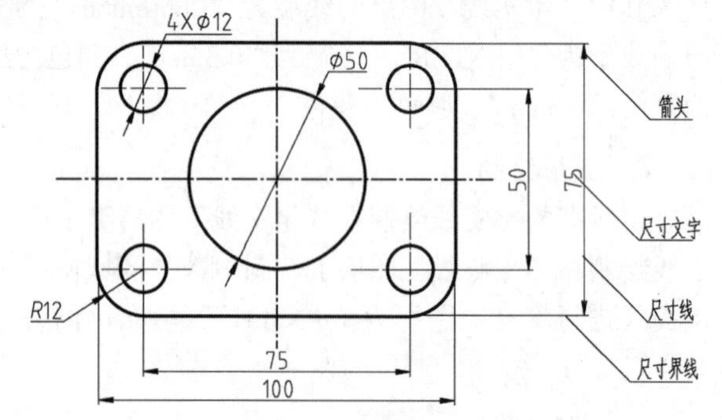

图 8-1　尺寸的组成

- 尺寸数字：用于表明机件的实际测量值。尺寸数字应按标准字体书写，在同一张图纸上的字高要一致。
- 尺寸界线：应从图形的轮廓线、轴线、对称中心线引出，同时，轮廓线、轴线、对称中心线也可以作为尺寸界线。尺寸界线应使用细实线绘制。
- 尺寸线：用于表示标注的范围。AutoCAD 通常将尺寸线放置在测量区域中。如果空间不足，则将尺寸线或文字转移到测量区域外部，这取决于标注样式的放置规则。对于角度标注，尺寸线是一段圆弧。尺寸线也应使用细实线绘制。
- 箭头：箭头显示在尺寸线的末端，用于指出测量的开始和结束位置。AutoCAD 默认使用的符号为闭合的填充箭头。

2. 尺寸标注的步骤

在 AutoCAD 中标注尺寸，可通过操作下拉菜单“标注”选项和“标注”工具栏中尺寸标注命令来完成，如图 8-2 所示。

图 8-2 “标注”工具栏

（1）创建标注层

在 AutoCAD 中编辑、修改工程图样时，通常在 AutoCAD 中应为尺寸标注创建独立的图层，运用图层使其与图形的其他信息分开，以便于操作。

（2）建立用于尺寸标注的文字样式

为了方便在尺寸标注时修改所标注的各种文字，应建立专用于尺寸标注的文字样式。在建立尺寸标注文字类型时，应将文字高度设置为 0，如果文字类型的默认高度值不为 0，则“标注样式”对话框中“文字”选项卡中的“文字高度”命令将不起作用。

（3）设置尺寸标注的样式

尺寸标注样式是尺寸标注对象的组成方式，如标注文字的位置和大小，箭头的形状等。设置尺寸标注样式可以控制尺寸标注的格式和外观，有利于执行相关的绘图标准。

（4）捕捉标注对象并进行尺寸标注。

根据标注对象的不同，标注的类型有多种。基本的标注类型包括线性、径向（半径和直径）、角度、坐标及弧长。其中线性标注可以是水平、垂直、对齐、旋转、基线或连续。一般情况下，一张图纸上会有多种标注类型同时使用，如下图 8-3 所示。

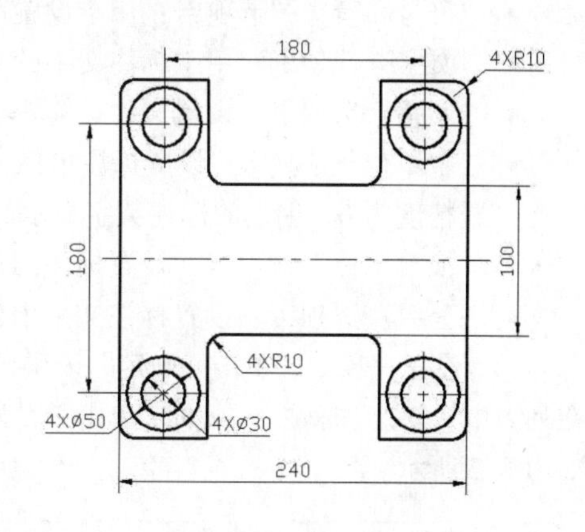

图 8-3　多种标注类型

3．设置尺寸标注的样式

标注尺寸前首先需要创建符合图纸标注要求的标注样式。

（1）启动设置标注样式可以使用以下方法：

样式工具栏：单击按钮。

下拉菜单：“格式”→“标注样式”。

在命令行输入“DIMSTYLE”，并按【Enter】键。

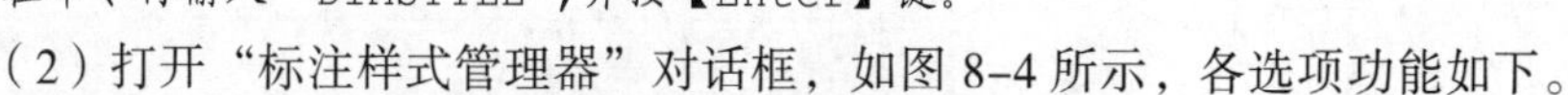

（2）打开“标注样式管理器”对话框，如图 8-4 所示，各选项功能如下。

当前标注样式：用于显示当前使用的标注样式名称。

“样式”列表框：用于列出当前图中已有的尺寸标注样式。

“预览”框：用于预览当前尺寸标注样式的标注效果。

“置为当前”：用于将所选的标注样式确定为当前的标注样式。

“新建”：用于创建新的尺寸标注样式。

“修改”：用于修改已有的标注尺寸样式。单击该按钮后，会弹出与“新建标注样式”对话框功能类似的“修改标注样式”对话框。

“替代”：用于设置当前标注样式的替代样式。单击该按钮后，弹出的“替代标注样式”对话框，与“新建标注样式”对话框功能类似。

“比较”：用于对两个标注样式做比较区别。

（3）用户为了创建新的标注样式，单击“新建“按钮，打开对话框，输入新样式名为“标注1”，如图 8-5 所示。单击“继续”按钮，即创建了样式名“标注 1”的标注样式。

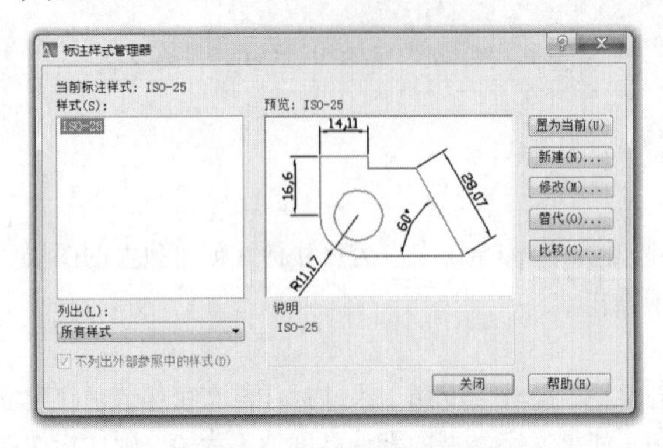

图 8-4　标注样式管理器

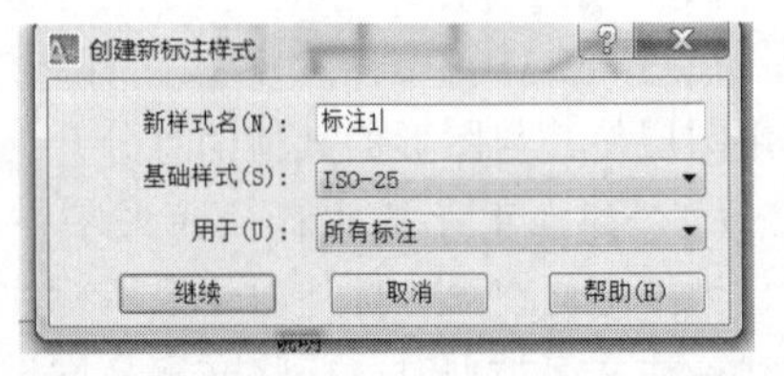

图 8-5　创建“标注 1”的新标注样式

（4）单击“继续”按钮，即打开新建样式名“标注 1”的对话框，如图 8-6 所示，共有直线、符号和箭头、文字、调整、主单位、换算单位及公差 7 个选项卡。

- “直线”选项卡：根据图形的大小设置标注的尺寸线、尺寸界限的大小。
- “符号和箭头”选项卡：用于设置箭头和圆心标记的样式和尺寸。
- “文字”选项卡：用于标注文字的外观尺寸、放置和对齐方式等参数。
- “调整”选项卡：设置文字、箭头、引线和尺寸线的位置。
- “主单位”选项卡：设置标注单位的格式和精度，以及标注文字的前缀和后缀。例如，设置精度为 0，创建的标注数字显示的都会是整数。
- “换算单位”选项卡：设置标注测量值中换算单位是否显示，并设置其格式和精度。
- “公差”选项卡：设置标注文字中公差的格式是否显示。

（5）设置完成后，单击“确定”按钮，返回标注样式管理器对话框。“标注 1”样式名称显示在列表中，单击“标注 1”名称，单击“置为当前”，在对话框左上角显示出当前标注的样式名称，如图 8-7 所示。

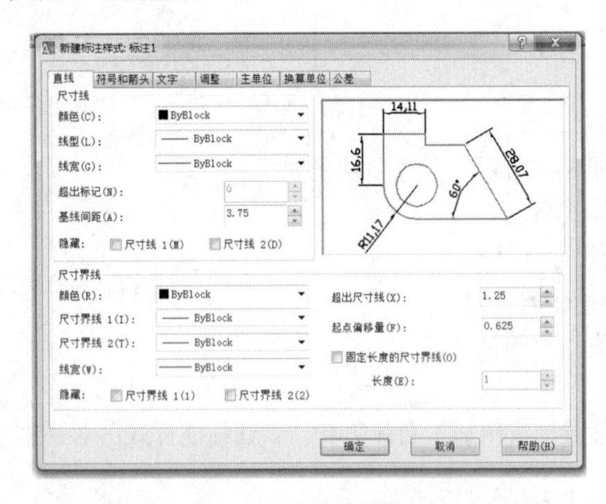

图 8-6　“标注 1”的标注样式对话框

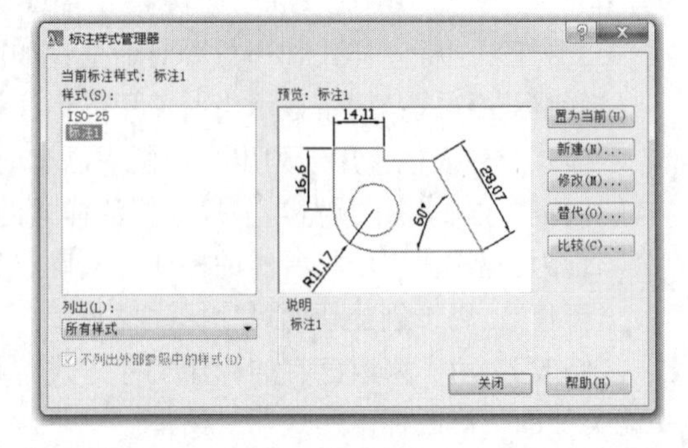

图 8-7　“标注 1”置为当前标注样式

（6）单击“关闭”按钮，标注样式设置完成，并使其应用于以后所有创建的标注。

二、尺寸标注命令的使用

下面将介绍如何使用尺寸标注命令。标注尺寸是常用的方法有线性尺寸标注、对齐尺寸标注、角度尺寸标注、半径标注、直径标注、引线标注、基线标注、连续标注、坐标尺寸标注等。

启动标注命令可以通过下面的方式：

单击标注工具栏上的相关命令，如图 8-8 所示。

图 8-8 “标注”工具栏

下拉菜单：单击“标注”下拉菜单下中的相关命令，如图 8-9 所示。

命令窗口：输入各种尺寸标注的命令，如表 8-1 所示。

表 8-1　各种类型尺寸标注的命令

名　称	命　令	名　称	命　令	名　称	命　令
线性标注	DIMLINEAR	直径标注	DIMDIAMETER	圆心标注	DIMCENTER
对齐标注	DIMALIGNED	角度标注	DIMANGULAR	编辑标注	DIMEDIT
弧长标注	DIMARC	基线标注	DIMBASELINE	编辑标注文字	DIMTEDIT
坐标标注	DIMORDINATE	连续标注	DIMCONTINUE	快速标注	QDIM
半径标注	DIMRADIUS	快速引线	QLEADER	标注更新	DIMSTYLE
折弯标注	DIMJOGGED	公差标注	TOLERANCE	倾斜标注	DIMEDIT

图 8-9 “标注”菜单栏

1．线性标注

线性标注命令用于标注图形中两点之间的距离，是工程图样中最为常用的尺寸。以图 8-10 所示尺寸为 60 的标注为例，说明建立线性标注的操作。

（1）启动“线性标注”命令，方式如下：

标注工具栏：单击▭按钮。

下拉菜单：“标注”→“线性”。

命令窗口：DIMLINEAR↙。

命令行提示：

指定第一条尺寸界线原点或 <选择对象>：　捕捉交点 (指定第一条尺寸界线原点)

指定第二条尺寸界线原点：捕捉圆心 (指定第二条尺寸界线原点)

（2）根据提示及需要进行其他选项的操作，例如“垂直标注”。

指定尺寸线位置或 [多行文字（M）/ 文字（T）/ 角度（A）/ 水平（H）/ 垂直（V）/ 旋转（R）]：V↙ (指定线性标注的类型创建垂直标注)

（3）拖动确定尺寸线的位置，标注出中心高尺寸 60。

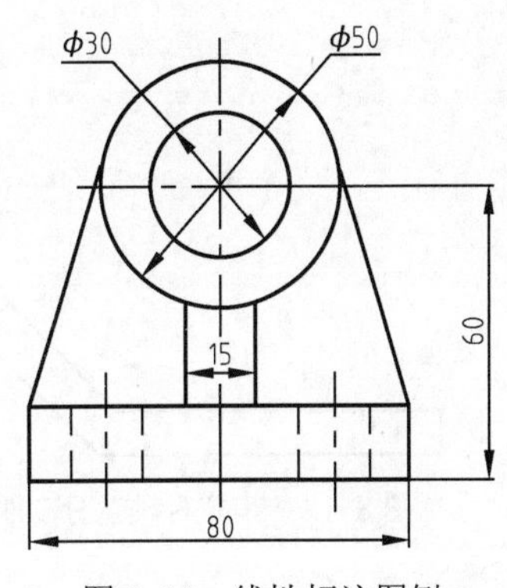

图 8-10　线性标注图例

特别提示

- 多行文字（M）：利用多行文字编辑器输入并设置尺寸文字。
- 若在命令提示行中输入 M，可打开“文字格式”对话框。其中，方形图标“[]”表示在标注输出时显示系统自动测量生成的标注文字，用户可以将其删除再输入新的文字，也可以在尖括号前后输入其他内容，如图 8-11 所示，在标注尺寸中添加%%C 符号时，便在尺寸前添加了 Φ 的标注。

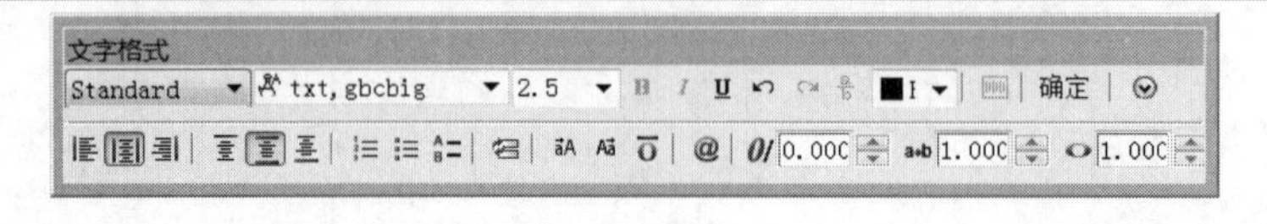

Ø50

图 8-11　指定标注文字的角度

文字（T）：用于以单行文本形式输入尺寸文字。

角度（A）：用于确定尺寸文字的旋转角度，如图 8-12 所示尺寸标注 27。

水平（T）：用于标注水平尺寸。

垂直（V）：用于标注垂直尺寸。

旋转（R）：用于标注尺寸与尺寸界限原点成一定的角度。

2．对齐标注

对齐标注用于指定位置或对象平行的标注。

（1）启动“对齐标注”命令，方式如下：

标注工具栏：单击按钮。

下拉菜单：“标注”→“对齐”。

命令窗口：DIMALIGNED↙。

命令行提示：

指定第一条尺寸界线原点或<选择对象>：　（捕捉第一点）

指定第二条尺寸界线原点：　（捕捉第二点）

（2）如图 8-13 所示 20，27，35 的尺寸标注。拖动鼠标，在尺寸线位置处单击，确定尺寸线的位置。

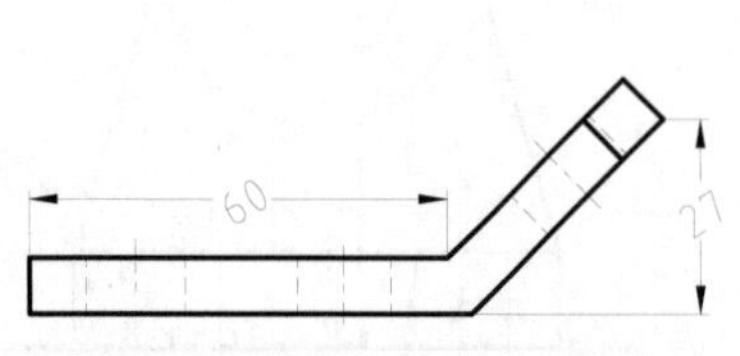

图 8-12　指定标注文字的角度

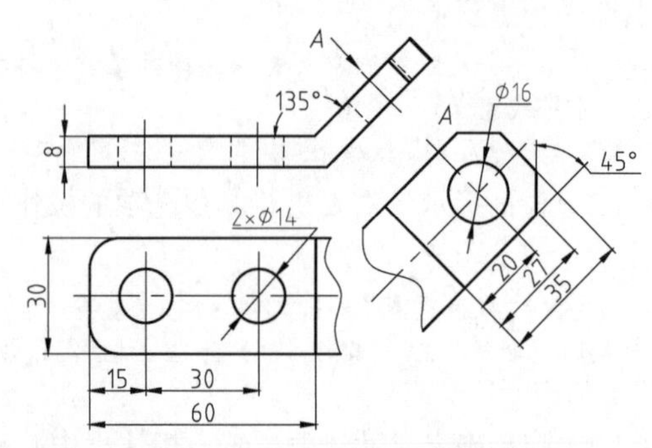

图 8-13　对齐标注图例

3. 弧长标注（见图 8-14）

弧长标注用于测量圆弧或多段线的弧线段上的距离，如用于测量围绕凸轮的距离或表示电缆的长度。弧长标注将显示圆弧符号。

（1）启动“弧长标注”命令方式如下：

标注工具栏：单击按钮。

下拉菜单：“标注”→“弧长”。

命令窗口：dimarc↙。

命令行提示如下：

选择弧线段或多段线弧线段：

[多行文字（M）/文字（T）/角度（A）/部分（P）/引线（L）]：（指定尺寸线的位置）

标注文字：（系统自动标注尺寸文字）

（2）单击视图中的圆弧，移动鼠标拖出弧长标注线，在适当的位置单击指定弧长标注的位置，如图 8-14 所示弧长 80 的标注。

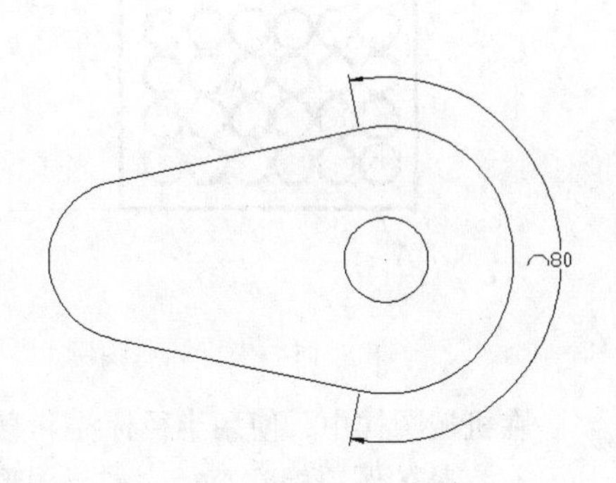

图 8-14　弧长标注图例

特别提示

- “多行文字”、“文字”、“角度”选项，用于确定尺寸文字，或尺寸文字的旋转角度。
- “部分”选项，用于选定圆弧的某一部分的弧长。
- “引线”选项，用于添加引线对象。

4. 坐标标注

坐标标注以当前 UCS 的原点为基准，显示任意图形点的 *X* 或 *Y* 轴坐标。

（1）启动“坐标标注”命令，方式如下：

标注工具栏：单击按钮。

下拉菜单：“标注”→“坐标”。

命令窗口：dimordinate↙。

命令行提示：

指定点坐标：(单击小圆圆心，利用圆心捕捉选择小圆圆心点 1)

指定引线端点或 [X 基准(X)/Y 基准(Y)/多行文字(M)/文字(T)/角度(A)]：(拖动单击，选择引线位置)

（2）拖动引线至合适位置单击，指定引线端点，如点 2，结果如图 8-15 所示，标注出点 1 的 *X* 坐标值约为（8，34）。

5. 半径和直径标注

在 AutoCAD 中，使用半径或直径标注，可以标注圆和圆弧的半径或直径，使用圆心标注可以标注圆和圆弧的圆心。标注圆和圆弧的半径或直径时，通常在标注文字前自动添加符号 R（半径）或Φ（直径），步骤如下：

（1）启动“半径/直径标注”命令，方式如下：

标注工具栏：单击或按钮。

下拉菜单：“标注”→“半径”或“标注”→“直径”。

命令窗口：dimradius↙或 dimdiameter↙。

命令行提示：

选择圆弧或圆：(单击要标注的圆和圆弧，选择标注对象)

指定尺寸线位置或 [多行文字(M)/文字(T)/角度(A)]:(单击某处,选择尺寸线位置)

(2)单击要标注的圆弧或圆,结果如图 8-16 所示。

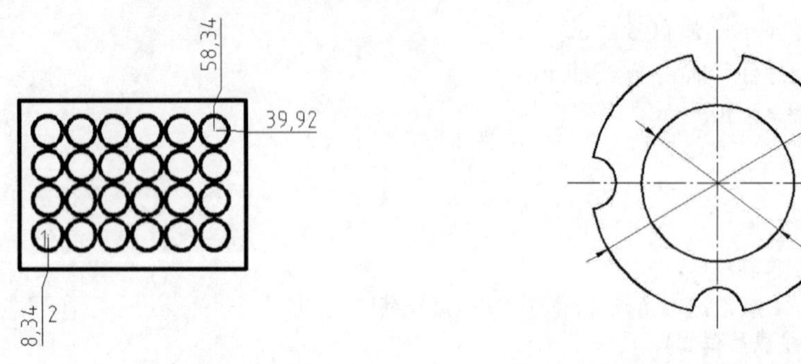

图 8-15　坐标标注图例

图 8-16　半径标注和直径标注图例

在机械图样中,使用半径标注和直径标注来标注圆和圆弧时,需要注意以下几点:

- 完整的圆应标注直径,如果图形中包含多个规格完全相同的圆,应注出圆的总数。
- 小于半圆的圆弧应使用半径标注。但应注意,即使图形中包含多个规格完全相同的圆弧,也不注出圆弧的数量。
- 半径和直径的标注样式有多种,常用的有“标注文字水平放置”和“尺寸线放在圆弧外面”,如图 8-17 所示。

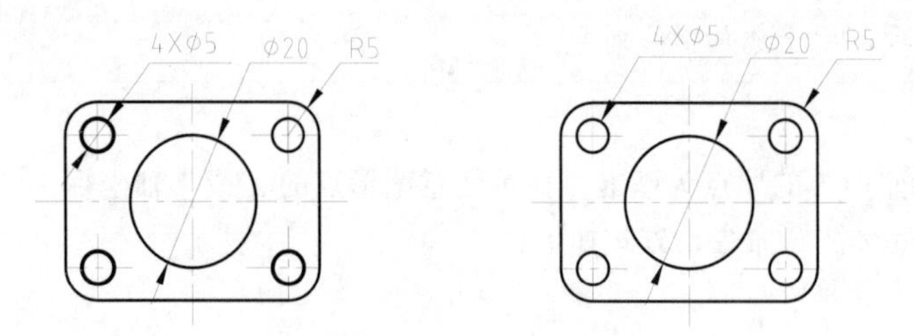

图 8-17　半径和直径的标注样式

- 要将标注文字水平放置,可在“标注样式管理器”对话框中单击“替代”按钮,打开“替代当前样式”对话框,在“文字”选项卡的“文字对齐”设置区中选择“水平”单选钮,如图 8-18 所示。

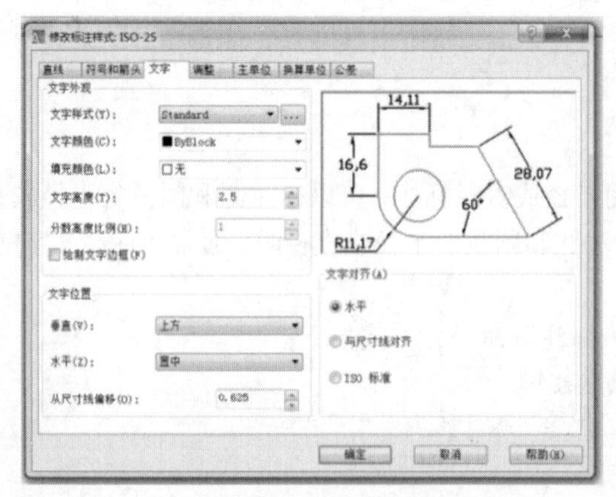

图 8-18　设置半径和直径的标注样式为水平

- 通过“文字（T）”选项修改直径数值时，应键入“%%C”来输出直径符号”Φ”。
- 特殊字符的表达符号，如表 8-2 所示。

表 8-2　特殊字符的表达方法

符　号	功　能	符　号	功　能
%%D	度（°）	%%O	上画线
%%P	正负公差符号（±）	%%U	下画线
%%C	直径符号（Φ）		

6．角度标注

角度标注可以用于测量圆和圆弧的角度、两条直线间的角度或者 3 点间的角度。其步骤如下：

（1）启动“角度标注”命令的方式如下：

标注工具栏：单击△按钮。

下拉菜单：“标注”→“角度”。

命令窗口：dimangular↙。

命令行提示：

```
选择圆弧、圆、直线或<指定顶点>：(单击直线，选择标注对象的一条直边)
选择第二条直线：(单击直线，选择另一条斜边)
指定标注弧线位置或 [多行文字(M)/文字(T)/角度(A)]：(单击一点，确定标注位置)
```

（2）单击要标注对象，如图 8-19 所示，标注 135° 角度尺寸。

使用“角度标注”标注圆、圆弧和 3 点间的角度时，其操作要点是：

- 标注圆时，首先在圆上单击确定第 1 个点（如点 1），然后指定圆上的第 2 个点（如点 2），再确定放置尺寸的位置。
- 标注圆弧时，可以直接选择圆弧。
- 标注直线间夹角时，选择两直线的边即可。
- 标注 3 点间的角度时，按【Enter】键，然后指定角的顶点 1 和另两个点 2 和 3，如图 8-19 所示。
- 在机械制图中，角度尺寸的尺寸线为圆弧的同心弧，尺寸界线沿径向引出。国标要求角度的数字一律写成水平方向，注在尺寸线中断处，必要时可以写在尺寸线上方或外边，也可以引出，如图 8-20 所示。

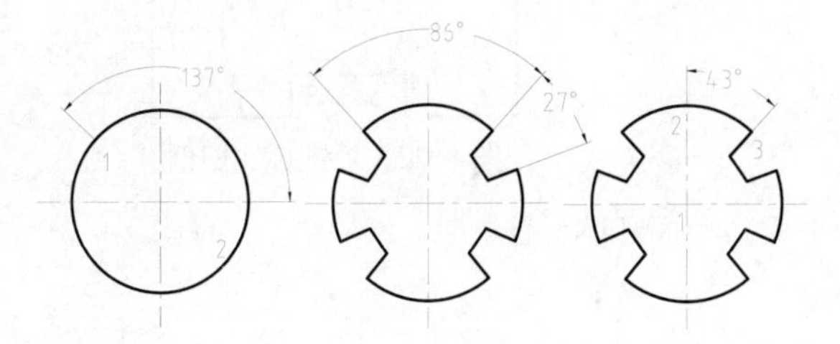

图 8-19　角度标注（一）

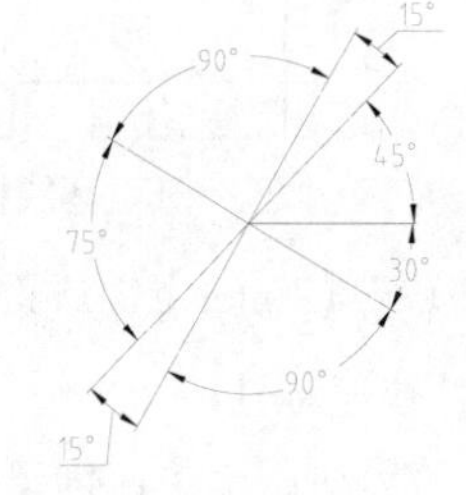

图 8-20　角度标注（二）

7．基线标注

通过基线标注可以创建一系列由相同的标注原点测量出来的标注。要创建基线标注，必须先创建（或选择）一个线性或角度标注作为基准标注。AutoCAD 将从基准标注的第一条尺寸界线处测量基线标注，步骤如下所示。

（1）启动“基线标注”命令的方式如下。

标注工具栏：单击按钮。
下拉菜单：“标注” → “基线”。
命令窗口：dimbaseline↙。

命令行提示：

选择基准标注：（创建基线）
指定第二条尺寸界线原点或［放弃(U)/选择(S)］<选择>（选择第 2 条尺寸界线原点 2）

（2）如下图 8-21 所示，首先以“线性标注”命令，标注图形中 A 点到 B 点的线段长度；启动“基线标注”命令，根据命令行的提示，依次单击图形中的 C 点、D 点、E 点，即完成了 AC、AD、AE 的尺寸标注。

（3）按【Enter】键或【Esc】键，结束基线标注。

8. 连续标注

连续标注用于多段尺寸串联，尺寸线在一条直线上放置的标注。要创建连续标注，必须先选择一个线性或角度标注作为基准标注。每个连续标注都从前一个标注的第二条尺寸界线处开始。

（1）启动“连续标注”命令的方式如下。

标注工具栏：单击按钮。
下拉菜单：“标注” → “连续”。
命令窗口：dimcontinue↙。

命令行提示：

选择基准标注：（创建基线）
指定第二条尺寸界线原点或［放弃(U)/选择(S)］<选择>（选择第 2 条尺寸界线原点 2）

（2）如图 8-22 所示，首先以“线性标注”命令，标注图形中 A 点到 B 点的线段长度；启动“连续标注”命令，根据命令行的提示，依次单击图形中的 C 点、D 点、E 点，即完成了 BC、CD、DE 的尺寸标注。

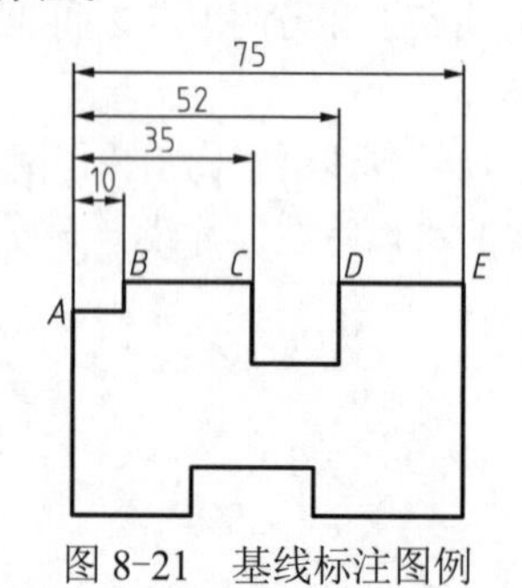

图 8-21　基线标注图例

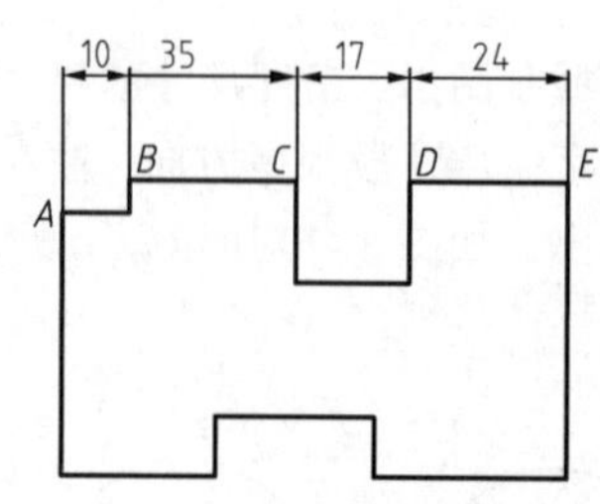

图 8-22　连续标注图例

（3）按【Enter】键或键盘中的【Esc】键，结束连续标注。

9. 快速标注

快速标注用于快速创建各种对象的一系列尺寸标注。

（1）启动“快速标注”命令的方式如下。

标注工具栏：单击按钮。
下拉菜单：“标注” → “快速”。
命令窗口：qdim↙。

命令行提示：

选择要标注的几何图形：　　(选择标注对象)

指定尺寸线位置或[连续（C）/并列（S）/基线（B）/坐标（O）/半径（R）/直径（D）/基准点（P）/编辑（E）/设置（T）<连续>：　(选择选项)

指定尺寸线位置或[连续（C）/并列（S）/基线（B）/坐标（O）/半径（R）/直径（D）/基准点（P）/编辑（E）　(确定尺寸线位置，完成快速标注)

（2）如图 8-23 所示，用“快速标注”对图形中圆弧进行半径标注、对圆进行直径标注。启动“快速标注”命令，选择图形中所有圆弧，根据命令行提示输入“R”，按【Enter】键，系统自动标注出所有圆弧半径。

（3）同样方法，启动“快速标注”命令，选择图形中所有圆，根据命令行提示输入“D”，按【Enter】键，系统自动标注出所有圆的直径。

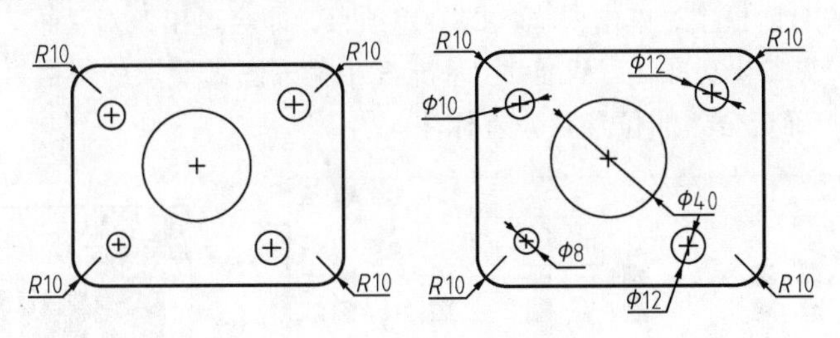

图 8-23　快速标注图例

10．引线标注

在设计的图形中往往需要一些说明或注释。为了明确表示注释的是哪一个图形，需要使用引线将注释文字与图形结合起来，引线通常由带箭头的直线或样条组成，注释文字写在引线末端。

启动“引线标注”命令的方式如下。

标注工具栏：单击按钮。

下拉菜单：“标注”→“引线”。

命令窗口：qleader↙。

命令行提示：

指定第一个引线点或 [设置(S)] <设置>：

若输入 S↙，系统会自动弹出“引线设置”对话框进行引线设置，如图 8-24 所示。

默认输入：

指定第一个引线点或 [设置(S)] <设置>：(捕捉并单击第一点，选择第一引线点)

指定下一点：(单击第二点，选择放置引线第二点)

指定文字宽度<7>：6↙　(设置文字宽度)

输入注释文字的第一行<多行文字(M)>：↙　(设置文字输入形式)

出现文字输入对话框后输入文字即可，如图 8-25 所示的 C2、Φ8 两处的引线标注。

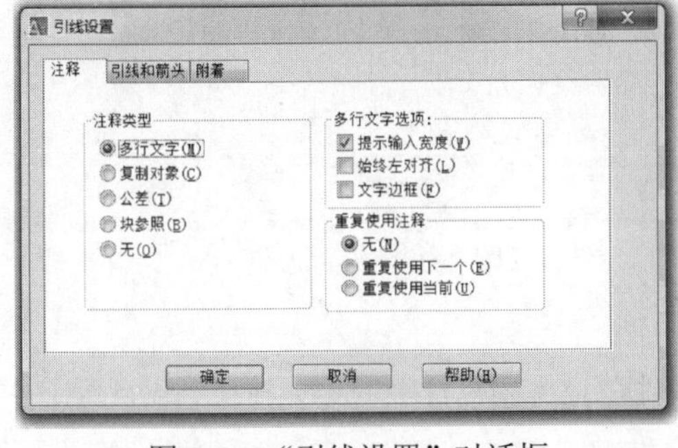

图 8-24 “引线设置”对话框

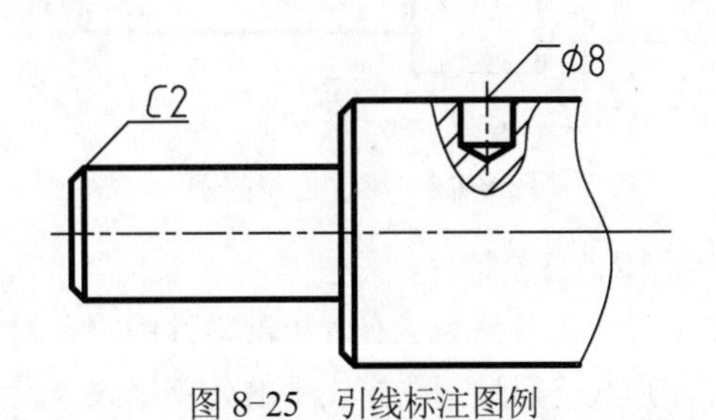

图 8-25　引线标注图例

11．形位公差

形位公差表示构成零件几何特征的形状、轮廓、方向、位置和跳动的允许偏差，也就是零件的几何精度要求。

（1）启动“形位公差标注”命令的方式如下。

标注工具栏：单击 按钮。

下拉菜单：“标注” → “公差”。

命令窗口：tolerance↙。

（2）系统自动弹出“形位公差”对话框，如图 8-26 所示。单击符号下的黑色方块，则打开“特征符号”对话框，如图 8-27 所示。

在“特征符号“对话框中，单击要输入的公差项目，即会退出该对话框。继续在“形位公差”对话框的公差 1、公差 2、基准 1、基准 2、基准 3 中输入图纸要求的规格，单击“确定”，并在视图相应位置单击，确定公差的位置及公差标注。

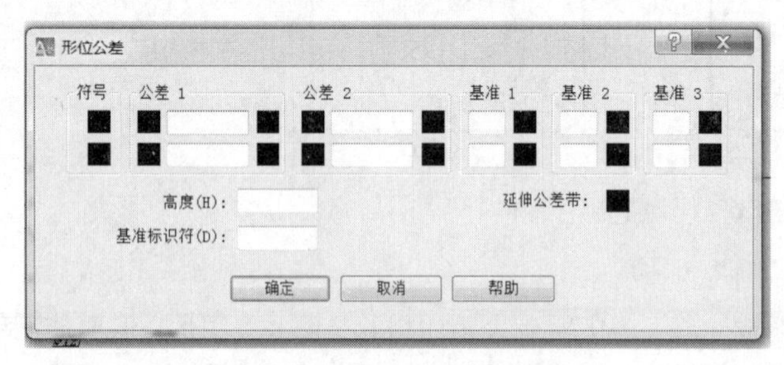

图 8-26 “形位公差”对话框

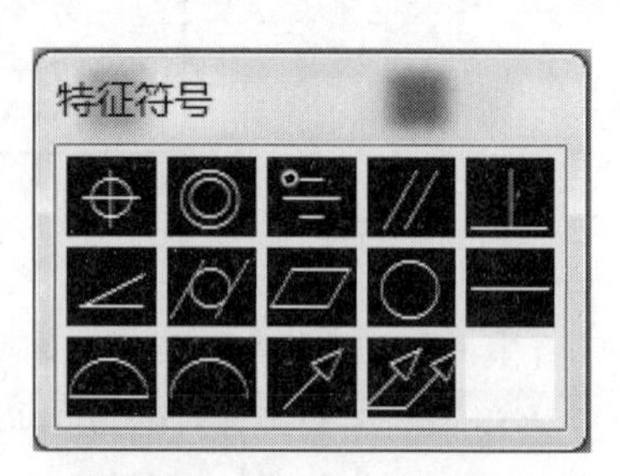

图 8-27 “特征符号”对话框

如图 8-28 所示，完成图形中的形位公差标注。

分析：图中要标注的是 Φ45 的圆柱面相对 Φ40 圆柱中心线的径向跳动。在标注跳动公差之前需要建立 Φ40 圆柱中心线的基准符号、需要创建一条指向 Φ45 圆柱面的引线。

操作步骤如下：

首先，建立 Φ40 圆柱中心线的基准符号。

第二步，启动“引线标注”命令，建立一条引自 Φ45 圆柱面的引线。

第三步，启动“形位公差”标注命令，设置要求的形位公差，如图 8-29 所示。

最后，单击“确定”按钮，将跳动形位公差项目放置在引线的末端位置，完成操作。

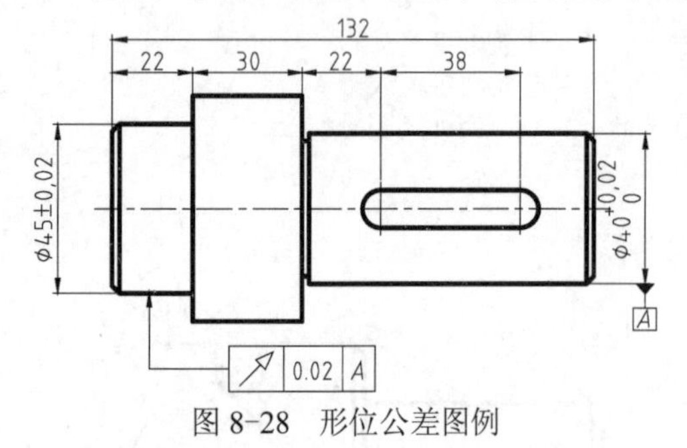

图 8-28 形位公差图例

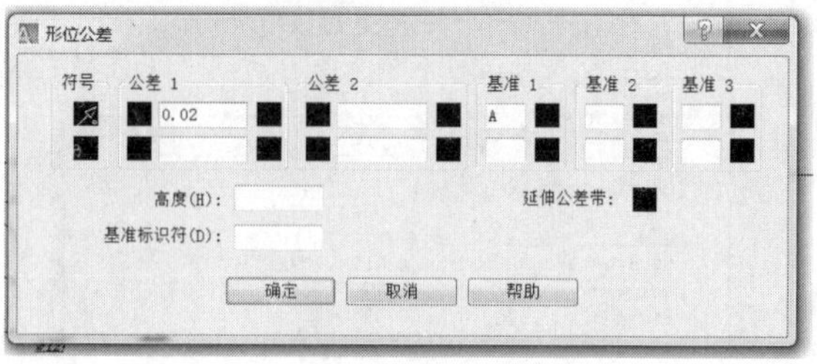

图 8-29 设置形位公差

12．公差标注

尺寸公差是为了有效控制零件的加工精度，零件图上需要标注极限偏差或公差带代号，它的标注形式是通过标注样式中的公差格式来设置的。

如图 8-30 所示，说明尺寸公差的设置步骤：

首先，标注图形中轴向方向的长度尺寸。

第二步，标注图形中径向尺寸 $\Phi45$、$\Phi40$。

第三步，标注图形中 $\Phi40$ 的公差。

在下拉菜单“标注”中选择“样式”，在“标注样式管理器”中创建新的样式：“ISO-25 公差1”。打开“公差”选项卡，在公差格式区设置“方式”为“极限偏差”。在“精度”栏选择“0.000”；输入“上偏差”：“0.016”；“高度比例”：“0.5”；“垂直位置”：“中”，如图 8-31 所示。

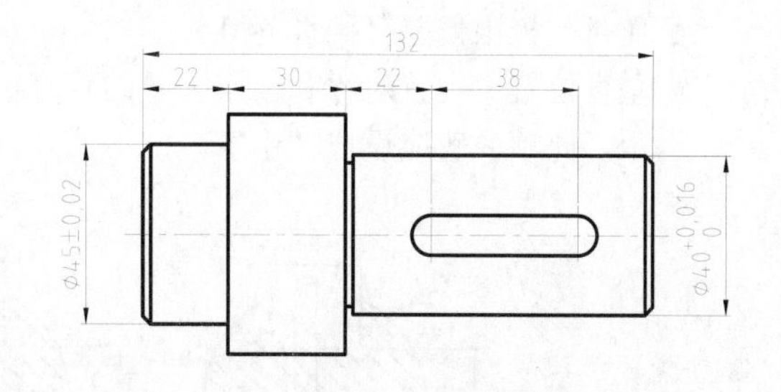

图 8-30 尺寸公差标注图例

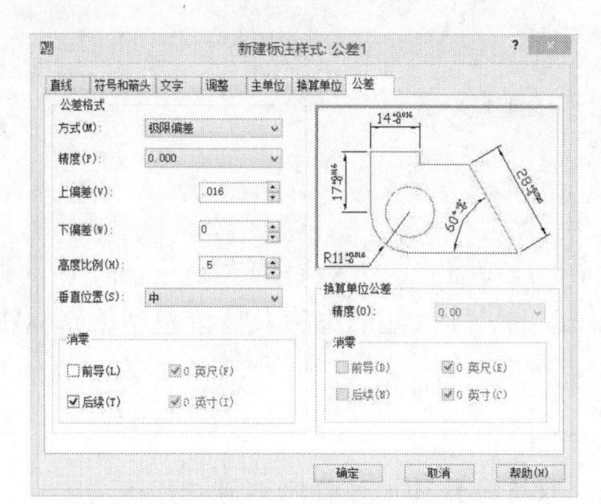

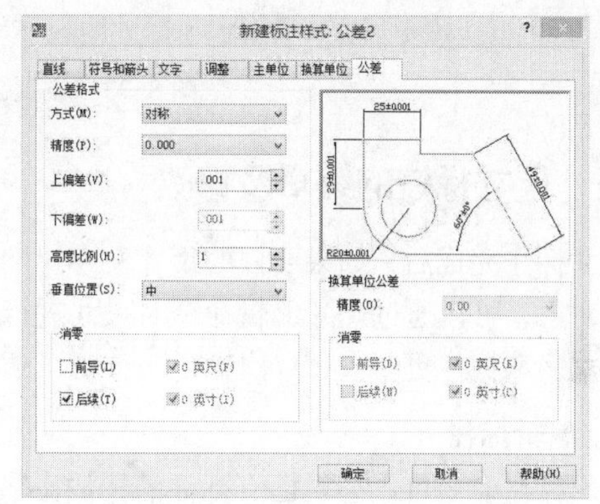

图 8-31 尺寸公差设置

第四步，在样式工具栏中选中“公差 1”样式，选中 $\Phi40$ 尺寸，即完成 $\Phi40_{\ 0}^{+0.016}$ 的公差标注。

同理，建立“ISO-25 公差 2”样式，改变公差标注方式为“对称”。可标注 $\Phi45\pm0.01$。

在“公差”选项中，可以设置公差的格式和精度，设置时要注意以下几点。

- 方式：用于设置公差的方式，如对称、极限偏差、极限尺寸和基本尺寸等，如图 8-32 所示。

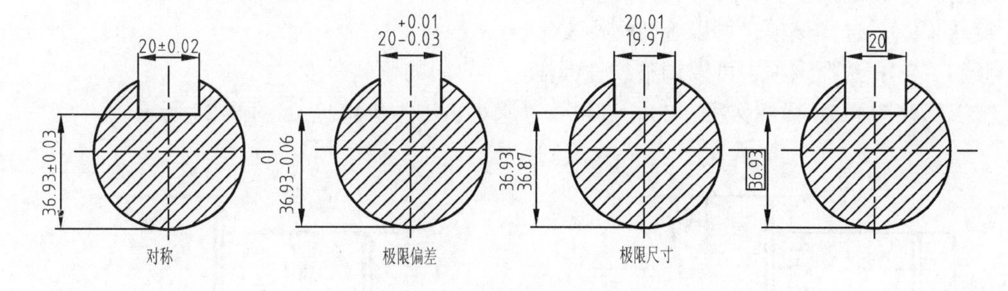

图 8-32 设置公差方式

- 精度：设置公差值的小数位数。按公差标注标准要求应设置成“0.000”。
- 上偏差：输入上偏差的界限值，在对称公差中也可使用该值。
- 下偏差：输入下偏差的界限值。

- 高度比例：公差文字高度与基本尺寸主文字高度的比值。对于“对称”偏差该值应设为 1；而对“极限偏差”则设为 0.5。
- 垂直位置：设置对称和极限公差的垂直位置，主要有上、中、下 3 种方式，如图 8-33 所示。此项一般应设成“中”。

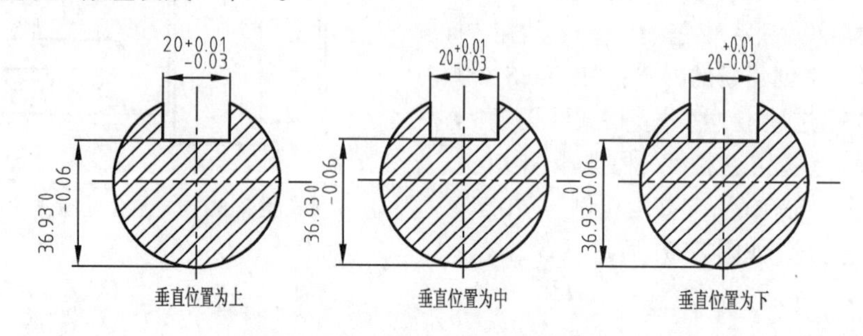

图 8-33　设置公差的垂直位置

三、尺寸标注的编辑及修改

尺寸标注完成后，如果要修改尺寸文字、尺寸标注位置、尺寸数字的大小等，而不必删除尺寸标注对象，可以通过尺寸编辑命令对尺寸进行修改。尺寸标注的编辑及修改包括编辑标注、编辑标注文字和标注更新。

1. 编辑标注

编辑标注命令可以编辑已有标注的标注文字、放置位置和尺寸界限的旋转角度。

（1）启动“编辑标注”的方法如下所示。

标注工具栏：单击按钮。

命令窗口：dimedit↙。

命令行提示：

输入标注编辑类型 [默认（H）/新建（N）/旋转（R）/倾斜（O）]<默认>:

各参数的功能介绍如下：

默认（H）：选择该项，可以移动标注文字到默认位置。

新建（N）：选择该项，可以在打开的“多行文字编辑器”对话框中修改标注文字。

旋转（R）：选择该项，可以旋转标注文字。

倾斜（O）：选择该项，可以调整线性标注尺寸界限的倾斜角度。

（2）修改图 8-34 标注文字“20”、“40”为“*Φ*20”、“*Φ*40”，如图 8-35 所示。

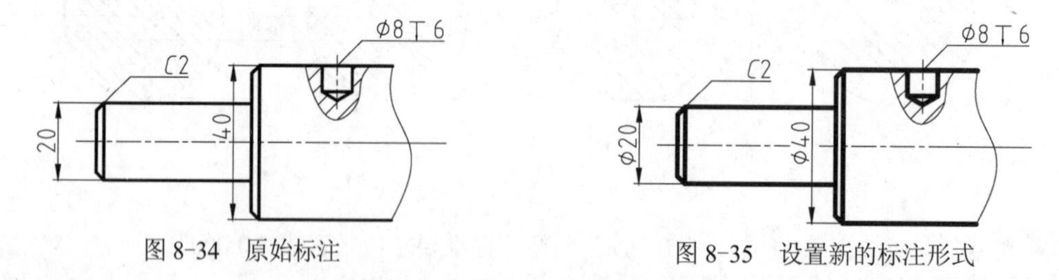

图 8-34　原始标注　　　　图 8-35　设置新的标注形式

操作方法：

- 启动“编辑标注”命令，根据命令行的提示输入 N，按【Enter】键。

- 此时打开“多行文字编辑器”对话框。
- 在文字编辑框中输入直径符号“%%C”。
- 在图形中选择需要编辑的标注对象。
- 按【Enter】键结束对象选择，标注结果如图 8-34 所示。

2．编辑标注文字

编辑标注文字命令用于改变尺寸标注中尺寸文字的位置和旋转角度。

启动“编辑标注文字”的方法如下。

标注工具栏：单击按钮。

命令窗口：dimtedit↙。

命令行提示：

指定标注文字的新位置或[左（L）/右（R）/中心（C）/默认（H）/角度（A）]：(选择文字位置)

如下图 8-36 所示，分别表示左（L）、右（R）、中心（C）、角度（A）的显示形式。

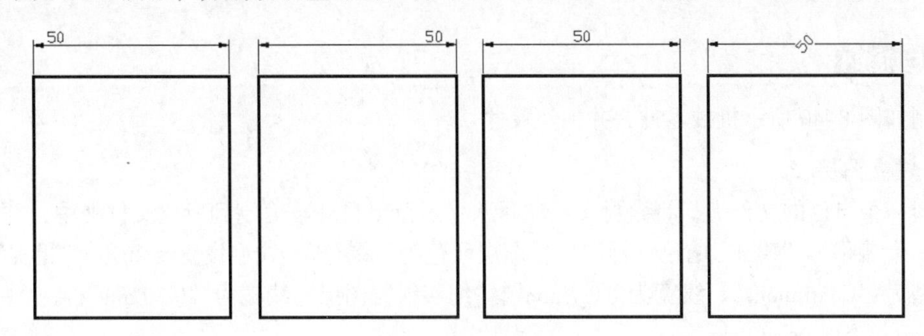

图 8-36　编辑标注文字

3．编辑尺寸特性

通过“特性”窗口可以了解到图形中所有的特性，例如线型、颜色、文字位置以及由标注样式定义的其他特性。启动“编辑尺寸标注特性”方法如下所示。

下拉菜单：“修改” → “特性”。

命令窗口：PROPERTIES↙。

命令行提示：

双击某一尺寸：

双击后系统会自动弹出“特性”窗口，如图 8-37 所示，可以修改标注特性，如颜色、线型、箭头、文字、公差等。

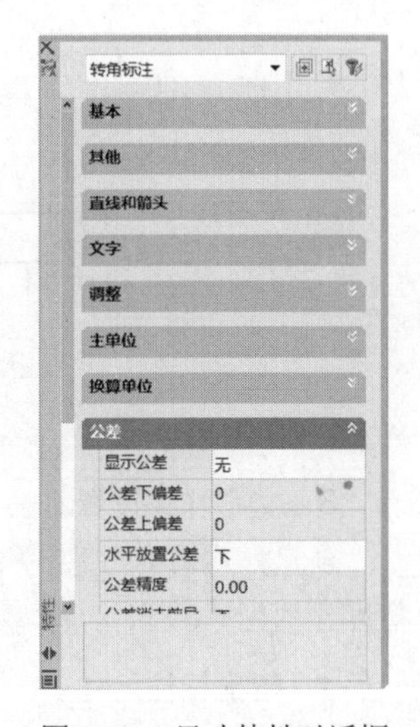

图 8-37　尺寸特性对话框

4．标注的关联与更新

通常，尺寸标注和样式是相关联的，当标注样式修改后，使用“更新标注”命令可以快速更新图形中与标注样式不一致的尺寸标注。

例如，使用“更新标注”命令将图 8-38 所示的 *Φ*20、*R*5 的文字改为水平方式，可按如下步骤进行操作：

在“标注”工具栏中单击“标注样式”按钮，打开“标注样式管理器”对话框。

标注工具栏：单击或按钮。

下拉菜单：“标注” → “标注样式”；“标注” → “更新”。

单击“替代”按钮，在打开的“替代当前样式”对话框中选择“文字”选项卡。

在“文字对齐”设置区中选择“水平”单选钮，然后单击“确定”按钮。在“标注样式管理器”对话框中单击“关闭”按钮。在“标注”工具栏中单击“更新标注”按钮。在图形中单击需要修改其标注的对象，如 Φ20、*R*5。

按【Enter】键，结束对象选择，则更新后的标注如图 8-39 所示。

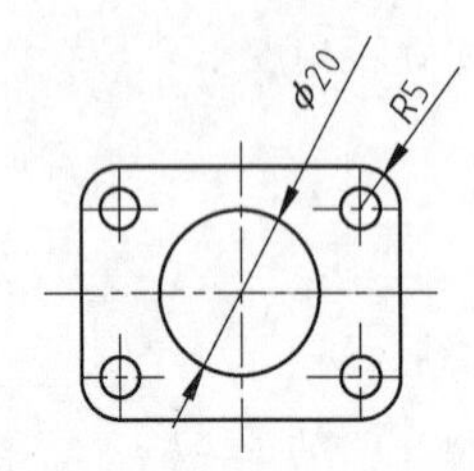

图 8-38　更新前的尺寸标注

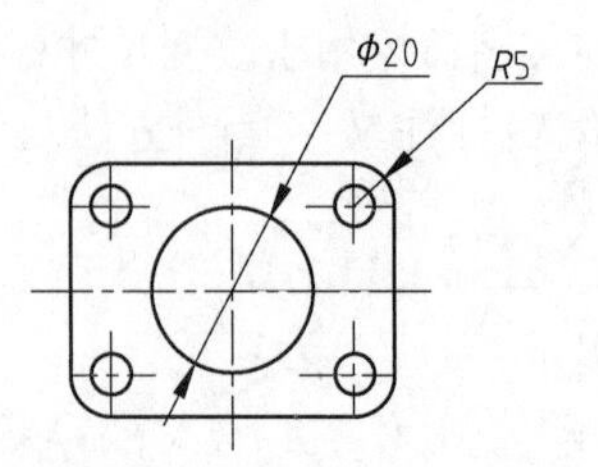

图 8-39　更新后的尺寸标注

项目描述

绘制如图 8-40 所示机械零件，并标注尺寸。

1．建立图层

新建一个自己的文件夹，将素材文件项目八：示范项目.dwg 复制到所建文件夹中，并打开。新建立一个名称为“DIM”的尺寸标注层，图层颜色为“绿色”。线型设置要求为：“粗实线”图层的线型为“Continuous”、线宽为“0.7 mm”，“细实线”图层的线宽为“0.30 mm”。

2．标注样式设置

新建样式名为“标准”的标注样式，文字高度为“4”，字体名为“仿宋”，字体颜色为“绿色”，箭头大小为“2.5”，尺寸界限超出尺寸线为“1.5”，起点偏移量为“0.5”，调整为“文字或箭头（最佳效果）”，优化采用“手动放置文字”，其余参数均为默认设置。

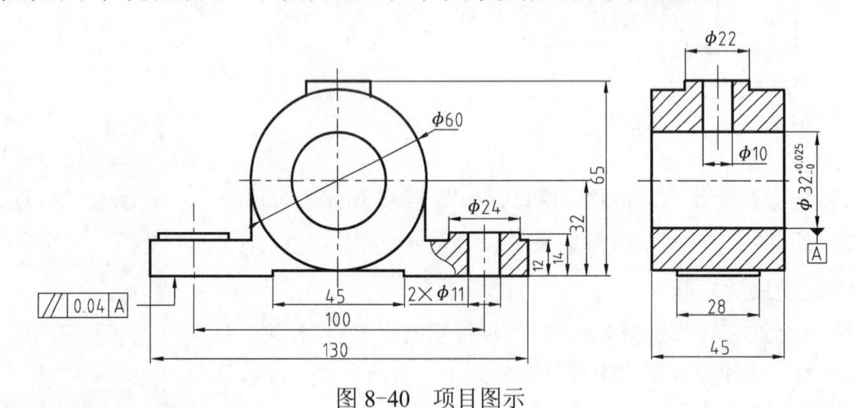

图 8-40　项目图示

3．文字样式设置

新建样式名为“文字”的文字样式，字体选用“仿宋”，字体样式为“常规”，文字高度为“5”，宽度比例为“0.8”，其余参数均为默认设置。

4．精确标注尺寸

按图 8-40 所示的尺寸要求标注，并将所有标注编辑在同一层上。

5．保存文件

将完成的图形以“全部缩放”的形式显示，并以“项目八：示范项目.dwg”为文件名保存在自己的文件夹。

项目实施

1．新建图层

分析图形，共需要建立五个图层，其中中心线层、细实线层、粗实线层、剖面线层已经建立，另需要新建一个名称为“DIM”的尺寸线层，并完成其图层设置，如图 8-41 所示。

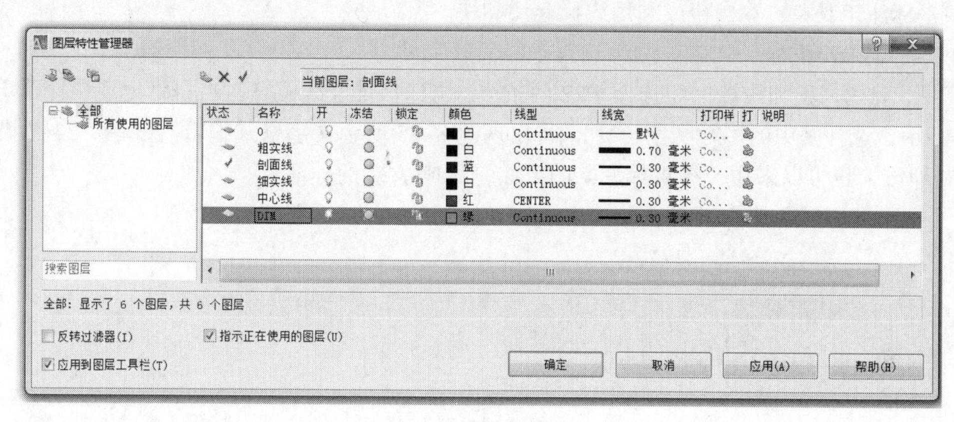

图 8-41　图层设置

2．标注样式设置

单击“标注菜单栏”中的“标注样式”按钮，弹出“标注样式管理器”对话框，单击“新建”；创建名称为“标准”的标注样式，如图 8-42 所示及“直线”选项的设置。并按项目要求完成文字、符号和箭头、调整三个选项的参数设置（略）。

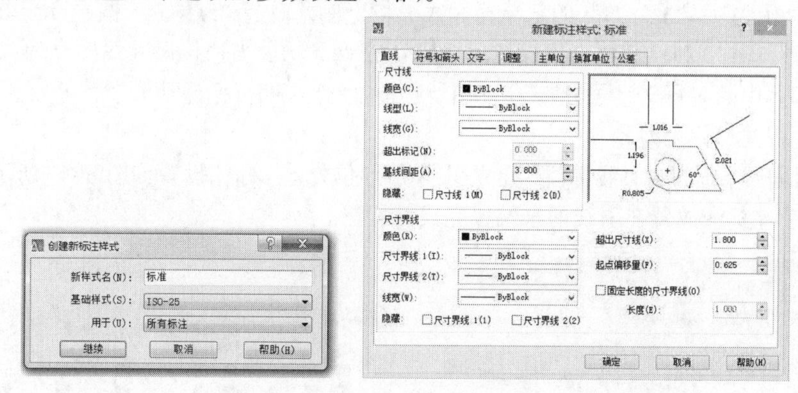

图 8-42　新建“标准”的标注样式及“直线”设置

3．文字样式设置

创建名称为“文字”的文字样式，并进行参数设置，如图 8-43 所示。

4．精确标注尺寸

首先，标注线性尺寸。标注长度尺寸 130、100、45；高度尺寸 32、65、12、14；宽度尺寸 28、45。

单击标注工具栏：按钮，AutoCAD 提示：

指定第一条尺寸界线原点或<选择对象>:(捕捉130左端点)

指定第二条尺寸界线原点:(捕捉130右端点)

指定尺寸线位置或[多行文字（M）/文字（T）/角度（A）/水平（H）/垂直（V）/旋转（R）]: H↙(创建水平标注)

同样方法注出其他线性尺寸。

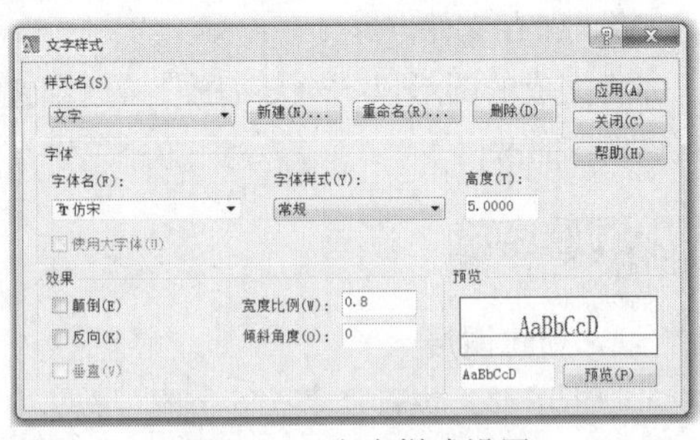

图 8-43　文字样式设置

第二步，标注各直径尺寸。

单击标注工具栏：按钮或利用线性标注和快捷菜单标注 Φ60、Φ24、Φ22、Φ10、2×Φ11 直径尺寸。

其中，利用捕捉和线性标注选择 Φ22 两条边，当选择尺寸线位置时右击将出现快捷菜单，如图 8-44 示，选择其中的多行文字（M），将出现图 8-45 所示文字格式编辑器，在“22 图块”前加%%c 即可，也可以采用“编辑标注”的方法，完成 Φ22 的标注。

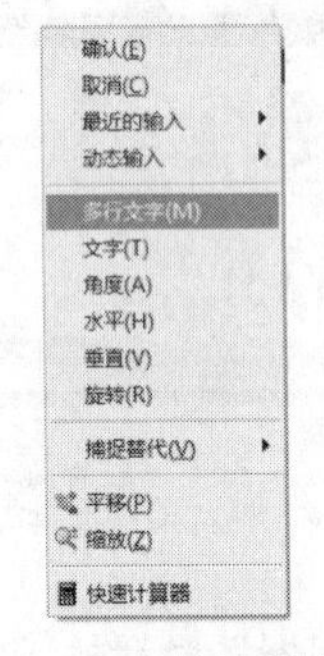

图 8-44　右键快捷菜单

图 8-45　多行文字格式编辑器

第三步，标注尺寸公差。

建立名称为“ISO-25 公差”的新标注样式，将上偏差设为 0.025，下偏差设为 0；将标注样式“公差”置为当前；利用捕捉和线性标注选择 Φ32 两条边，当选择尺寸线位置时右击将出现快捷菜单，选择其中的多行文字（M），在“图块”前加%%C 即可标注 $\Phi 32^{+0.025}_{0}$，如图 8-46 所示。

第四步，标注形位公差。

建立基准符号，通过“引线标注”建立引线、“形位公差”标注设置如图 8-47 所示，单击“确定”，将形位公差标注放置在引线的末端，完成其标注。

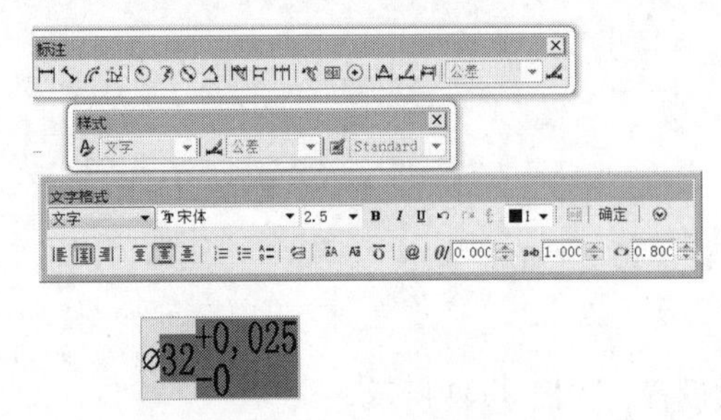

图 8-46　标注尺寸公差

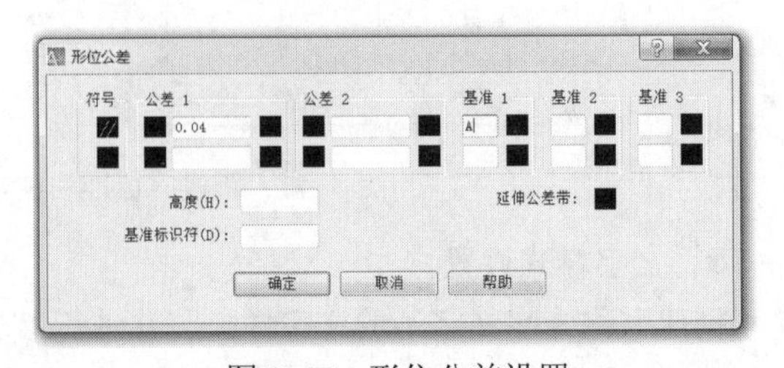

图 8-47　形位公差设置

5. 保存文件

选择“视图”→“缩放”→“全部”命令，将完成的图形以“全部缩放”的形式显示，并以

“项目八：示范项目.dwg”为文件名保存在自己所建的文件夹。

项目练习 1

一、基本要求

1．建立图层

新建一个自己的文件夹，将素材文件项目八：练习项目 1.dwg 复制到所建文件夹中，并打开。新建立一个名称为“尺寸线”的尺寸标注层，图层颜色为“绿色”。线型设置要求为：“粗实线”线型为“Continuous”、线宽为“0.7mm”，“细实线”图层的线宽为”0.35 mm”。

2．标注样式设置

新建样式名为“标准”的标注样式，文字高度为“5”，字体名为“仿宋”，字体颜色为“绿色”，倾斜角度为 15°，箭头大小为“5”，尺寸界限超出尺寸线为“2.5”，起点偏移量为“0”，设置主单位为“整数”，调整为“文字或箭头(最佳效果)”，优化采用“手动放置文字”，其余参数均为默认设置。

3．文字样式设置

新建样式名为“文字”的文字样式，字体选用“仿宋”，字体样式为“常规”，宽度比例为“0.8”，其余参数均为默认设置。

4．精确标注尺寸

按图示的尺寸要求标注，并将所有标注编辑在尺寸线层上，完成后如图 8-48 所示。

5．保存文件

将完成的图形以“全部缩放”的形式显示，并以“项目八：练习项目 1.dwg”为文件名保存在自己的文件夹。

二、图示效果

完成后图示效果如图 8-48 所示。

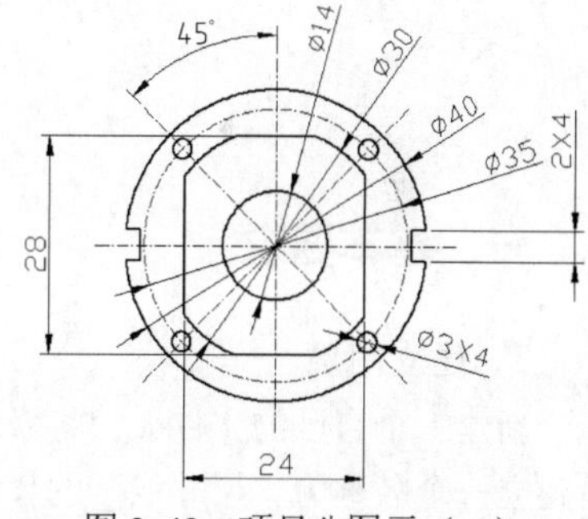

图 8-48　项目八图示（一）

项目练习 2

一、基本要求

1．建立图层

新建一个自己的文件夹，将素材文件项目八：练习项目 2.dwg 复制到所建文件夹中并打开。新建立一个名称为“尺寸线”的尺寸标注层，图层颜色为“绿色”。线型设置要求为：“粗实线”

线型为“Continuous”、线宽为”0.5 mm”，“细实线”图层的线宽为”0.25mm”。

2．标注样式设置

新建样式名为“标准”的标注样式，文字高度为“5”，字体为“仿宋”，字体颜色为“绿色”，箭头大小为“6”，尺寸界限超出尺寸线为“2.5”，起点偏移量为“0”，设置主单位为“整数”，调整为“文字或箭头（最佳效果）”，优化采用“手动放置文字”，其余参数均为默认设置。注意形位公差的标注。

3．文字样式设置

新建样式名为“文字”的文字样式，字体选用“仿宋”，字体样式为“常规”，其余参数均为默认设置。

4．精确标注尺寸

按图示的尺寸要求标注，并将所有标注编辑在尺寸线层上，完成后如图 8-49 所示。

5．保存文件

将完成的图形以“全部缩放”的形式显示，并以“项目八：练习项目 2.dwg”为文件名保存在自己的文件夹中。

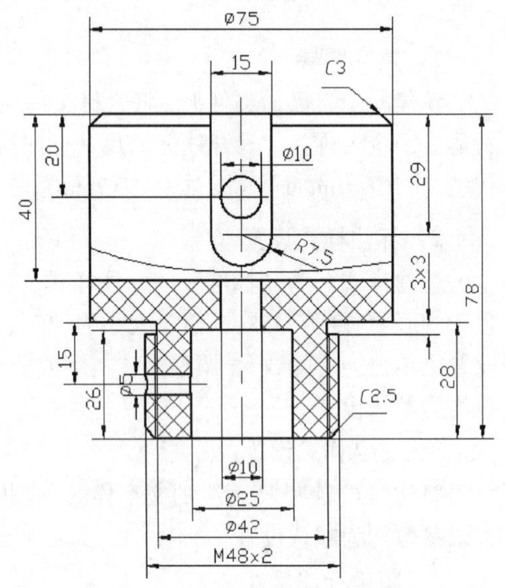

图 8-49　项目八图示（二）

二、图示效果

完成后图示效果如图 8-49 所示。

项目拓展 1

一、基本要求

1．建立图层

新建一个自己的文件夹，将素材文件项目八：拓展项目 1.dwg 复制到所建文件夹中并打开。新建立一个名称为“尺寸线”的尺寸标注层，图层颜色为“绿色”。线型设置要求为：“粗实线”线型为“Continuous”、线宽为”0.5 mm”，“细实线”图层的线宽为”0.25mm”。

2．标注样式设置

新建样式名为“标准”的标注样式，文字高度为“5”，字体名为“仿宋”，字体颜色为“绿色”，箭头大小为“6”，尺寸界限超出尺寸线为“2.5”，起点偏移量为“0”，设置主单位为“整数”，调整为“文字或箭头（最佳效果）”，优化采用“手动放置文字”，其余参数均为默认设置。注意形位公差的标注。

3．文字样式设置

新建样式名为“文字”的文字样式，字体选用“仿宋”，字体样式为“常规”，其余参数均为默认设置。

4．精确标注尺寸

按图示的尺寸要求标注，并将所有标注编辑在尺寸线层上，完成后如图 8-50 所示。

5．保存文件

将完成的图形以“全部缩放”的形式显示，并以“项目八：拓展项目 1.dwg”为文件名保存在自己的文件夹。

二、图示效果

完成后图示效果如图 8-50 所示。

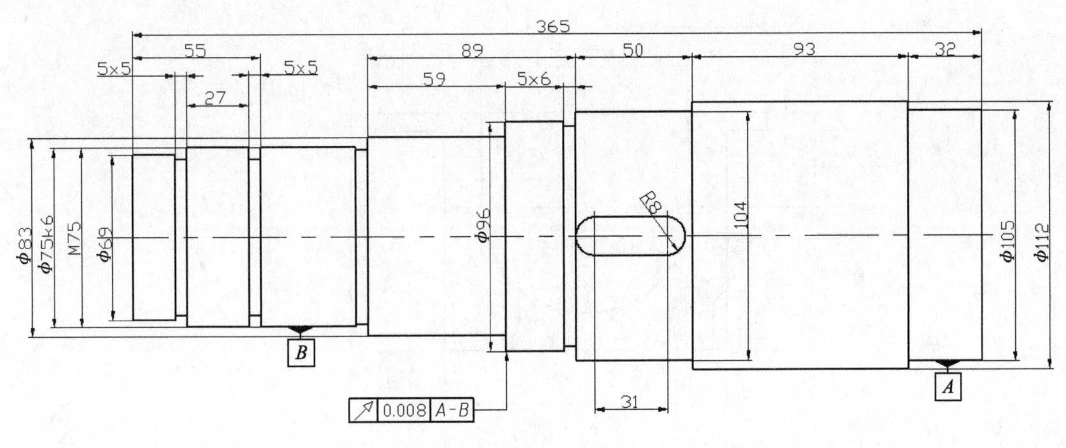

图 8-50　项目八图示（三）

项目拓展 2

一、基本要求

1．建立图层

新建一个自己的文件夹，将素材文件项目八：拓展项目 2.dwg 复制到所建文件夹中并打开。新建立一个名称为“DIM”的尺寸标注层，图层颜色为“绿色”。线型设置要求为：“粗实线”图层的线型为“Continuous”、线宽为”0.7 mm”，“细实线”图层的线宽为”0.35mm”。

2．标注样式设置

新建样式名为“标准”的标注样式，文字高度为“5”，字体名为“仿宋”，字体颜色为“绿色”，箭头大小为“3.5”，尺寸界限超出尺寸线为“3.0”，起点偏移量为“0”，设置主单位为“整数”，箭头样式采用“实心闭合”，文字位置偏移尺寸线为“2”，调整为“文字或箭头（最佳效果）”，优化采用“手动放置文字”，其余参数均为默认设置。注意形位公差的标注。

3．文字样式设置

新建样式名为“文字”的文字样式，字体选用“仿宋”，字体样式为“常规”，宽度比例“0.8”，其余参数均为默认设置。

4．精确标注尺寸

按图示的尺寸要求标注，并将所有标注编辑在“DIM”层上，完成后如图 8-51 所示。

5．保存文件

将完成的图形以“全部缩放”的形式显示，并以“项目八：拓展项目 2.dwg”为文件名保存在自己的文件夹。

二、图示效果

完成后图示效果如图 8-51 所示。

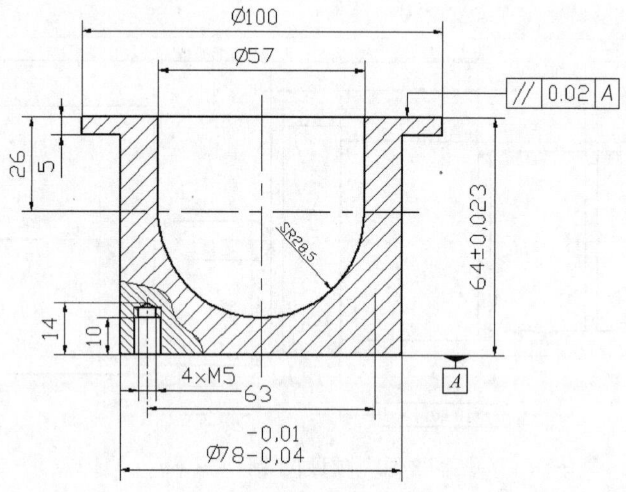

图 8-51　项目八图示（四）

本模块为机械制图篇。

零件图是表达单个零件的结构形状、尺寸大小、加工检验等方面的技术要求的图样，它是零件制造和检验的依据。由表示零件形状的一组图形（基本视图、向视图、局部视图、轴测图等）及表示零件大小的尺寸标注组成

技术要求：由表示零件加工精度的尺寸公差、形位公差；表示零件表面的粗糙程度、加工方法、纹理方向等的表面粗糙度以及表示零件图中未注或不能表示的尺寸、加工方法、检验方法的技术要求和标题栏组成。

模块二

机械制图

装配图是指导机器或部件装配的技术文件，主要反映机器或部件的工作原理、零件的相互位置、连接方式和装配关系。

在使用 AutoCAD 绘制零件图时，图样的规范性、尺寸标注的合理性及技术要求等一般均按照图纸上的内容进行，所以，利用该 AutoCAD 2007 软件绘图时，主要应绘图中合理调用绘图工具、图形编辑命令、尺寸标注等。

项目九 轴类零件图的绘制

本项目主要介绍轴类零件图的绘制方法。

项目目标

1．了解轴类零件图形的绘制特点，文字、尺寸标注方法。

2．掌握机械零件图绘制的方法。

相关知识

本项目将介绍绘图、图形编辑命令、样板图及尺寸标注。

轴类零件的结构特点：它通常由几段不同直径的同轴回转体组成。轴上常会出现键槽、退刀槽、越程槽、中心孔、销孔，以及轴肩、螺纹等结构。

从工程制图的学习中我们知道，轴类零件通常只需要绘制一个主视图，其余采用断面图或局部放大图来表达，对于剖切部分需要用填充命令绘制剖面符号。

主视图的投影主要是一些矩形组合，因此在绘制主视图时通常可以采用坐标输入（绘一半再采用镜像命令也可）、偏移或矩形移动等方法完成。

项目描述

按图 9-1 所示绘制零件图。

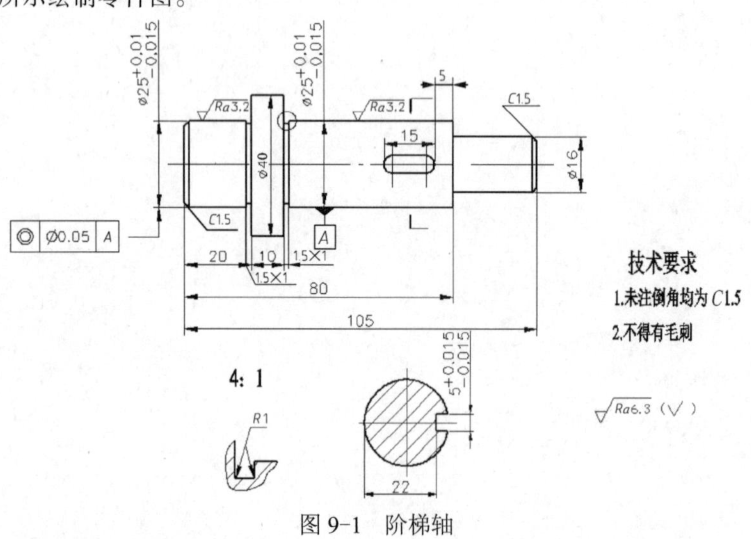

图 9-1　阶梯轴

1．绘制零件图

选择合适图纸模板，绘制图 9-1 中所示零件。

2．标注尺寸

按照图示尺寸进行标注。

3．保存文件

将完成的图形以“全部缩放”的形式显示，并以“项目九：示范项目.dwg”为文件名保存在自己的文件夹。

项目实施

打开 AutoCAD 软件，具体操作步骤如下：

1．作水平轴线

作水平轴线，要求总长为 105 mm，故作轴线 115 mm，具体操作步骤如下：

```
命令： _line 指定第一点：
指定下一点或 [放弃(U)]： <正交 开> 115
指定下一点或 [放弃(U)]： *取消*
```

2．作垂直轴线

过水平轴线左面 5 mm 处作垂直轴线（定位），具体步骤如下：

```
命令： _line 指定第一点：
指定下一点或 [放弃(U)]： 5 （在轴线左端定点，作为绘制轴左边的起点）
指定下一点或 [放弃(U)]：
指定下一点或 [闭合(C)/放弃(U)]： *取消*
```

3．利用水平轴线作偏移

将水平轴线分别向上、下作 12.5、20、和 8 的偏移；也可以只在一侧作偏移，通过镜像完成另一部分。

```
命令： _offset
当前设置： 删除源=否  图层=源  OFFSETGAPTYPE=0
指定偏移距离或 [通过(T)/删除(E)/图层(L)] <通过>：  12.5
选择要偏移的对象，或 [退出(E)/放弃(U)] <退出>：
指定要偏移的那一侧上的点，或 [退出(E)/多个(M)/放弃(U)] <退出>：
命令： _offset
当前设置： 删除源=否  图层=源  OFFSETGAPTYPE=0
指定偏移距离或 [通过(T)/删除(E)/图层(L)] <12.5000>：  20
选择要偏移的对象，或 [退出(E)/放弃(U)] <退出>：
指定要偏移的那一侧上的点，或 [退出(E)/多个(M)/放弃(U)] <退出>：
命令： _offset
当前设置： 删除源=否  图层=源  OFFSETGAPTYPE=0
指定偏移距离或 [通过(T)/删除(E)/图层(L)] <20.0000>：  8
选择要偏移的对象，或 [退出(E)/放弃(U)] <退出>：
指定要偏移的那一侧上的点，或 [退出(E)/多个(M)/放弃(U)] <退出>：
```

4．利用垂直轴线作偏移

分别偏移 20、30、80、105，如图 9-2 所示。

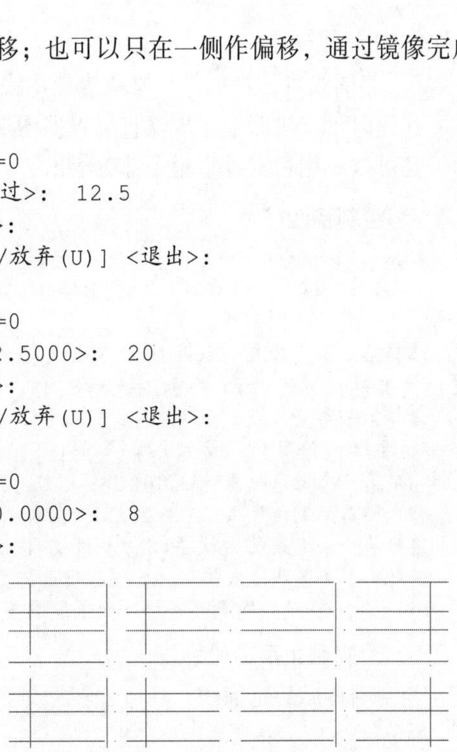

```
命令： _offset
当前设置： 删除源=否  图层=源  OFFSETGAPTYPE=0
指定偏移距离或 [通过(T)/删除(E)/图层(L)] <8.0000>：  20
```

图 9-2　水平、垂直线段的偏移

选择要偏移的对象，或 [退出(E)/放弃(U)] <退出>:
指定要偏移的那一侧上的点，或 [退出(E)/多个(M)/放弃(U)] <退出>: ……

5. 修剪线条

修剪成形，如图 9-3 所示。

命令: _trim
当前设置:投影=UCS，边=无
选择剪切边...
选择对象或 <全部选择>: 指定对角点: 找到 13 个
选择对象:
选择要修剪的对象，或按住 Shift 键选择要延伸的对象，或[栏选(F)/窗交(C)/投影(P)/边(E)/删除(R)/放弃(U)]: ……

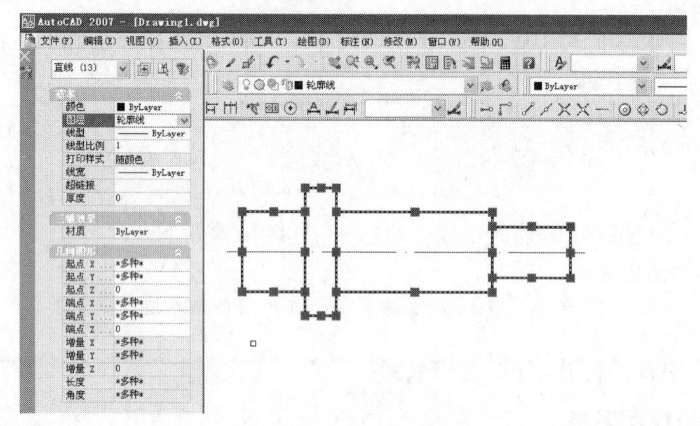

图 9-3 修剪成形

6. 将图线（除轴线外）修改为轮廓线

作图时可以按照上述步骤直接根据图形要求，先进行修剪，再将其改成轮廓线，如图 9-3 所示。还可以先用粗实线将轮廓部分绘出，再单击所有偏移的图线，删除即可，如图 9-4 所示。

7. 绘制倒角

命令: _chamfer
("修剪"模式) 当前倒角距离 1 = 0.0000，距离 2 = 0.0000
选择第一条直线或 [放弃(U)/多段线(P)/距离(D)/角度(A)/修剪(T)/方式(E)/多个(M)]: m
选择第一条直线或 [放弃(U)/多段线(P)/距离(D)/角度(A)/修剪(T)/方式(E)/多个(M)]: d
指定第一个倒角距离 <0.0000>: 1.5
指定第二个倒角距离 <1.5000>: 1.5

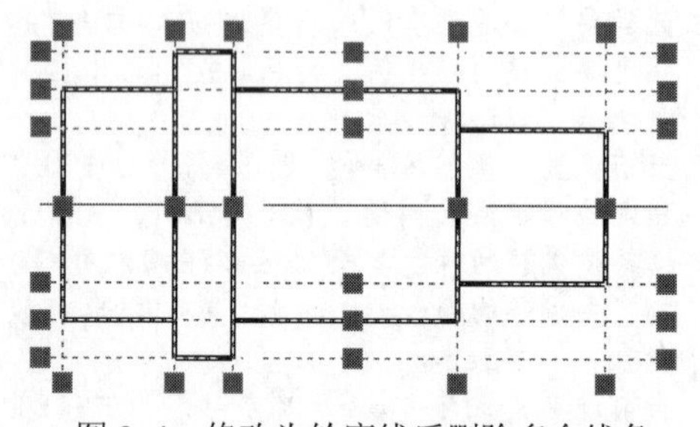

图 9-4 修改为轮廓线后删除多余线条

选择第一条直线或 [放弃(U)/多段线(P)/距离(D)/角度(A)/修剪(T)/方式(E)/多个(M)]:
选择第二条直线，或按住 Shift 键选择要应用角点的直线:
(因为 4 个角的倒角尺寸一样，故选取 *m* 多个，不用每一个角分别单击命令)

8. 绘制倒角后的轮廓线

绘制倒角后的轮廓线，具体步骤见命令提示。

命令: _line 指定第一点:
指定下一点或 [放弃(U)]:
指定下一点或 [放弃(U)]: *取消*

9．绘制两轴肩处越程槽

先将 Φ25 的线段分别向内偏移 1，再将 Φ40 的线段分别向两边作 1.5 的偏移，修剪即可。

```
命令: _offset
当前设置: 删除源=否  图层=源  OFFSETGAPTYPE=0
指定偏移距离或 [通过(T)/删除(E)/图层(L)] <1.0000>:  1
选择要偏移的对象，或 [退出(E)/放弃(U)] <退出>:
指定要偏移的那一侧上的点，或 [退出(E)/多个(M)/放弃(U)] <退出>:
选择要偏移的对象，或 [退出(E)/放弃(U)] <退出>:     ……
```

10．绘制视图上的键槽

在轴线上，定位键槽两端圆弧的中心，也可以将键槽所在轴段的垂直线作偏移；分别作 Φ5 的圆；作两圆的切线，用切线或象限点捕捉之后修剪即可。

```
命令: _line 指定第一点:(从中间 Φ25 的右端点向左偏移 8 定键槽轴心，并将该点向左偏移 10)
指定下一点或 [放弃(U)]: 8
指定下一点或 [放弃(U)]:
指定下一点或 [闭合(C)/放弃(U)]: *取消*
命令: _offset
当前设置: 删除源=否  图层=源  OFFSETGAPTYPE=0
指定偏移距离或 [通过(T)/删除(E)/图层(L)] <1.5000>:  10
选择要偏移的对象，或 [退出(E)/放弃(U)] <退出>:
指定要偏移的那一侧上的点，或 [退出(E)/多个(M)/放弃(U)] <退出>:
选择要偏移的对象，或 [退出(E)/放弃(U)] <退出>:
命令: _line 指定第一点:(作两圆公切线)
指定下一点或 [放弃(U)]:
指定下一点或 [放弃(U)]: *取消*
(修剪成形)
```

11．作越程槽的局部放大图

作越程槽的局部放大图，具体步骤见命令提示。

```
命令: _circle 指定圆的圆心或 [三点(3P)/两点(2P)/相切、相切、半径(T)]: <对象捕捉追踪
关> <对象捕捉 关>
指定圆的半径或 [直径(D)]:(在轴上用细实线作一个圆)
命令: _line 指定第一点:(按 4: 1 的比例画局部放大图线段)
命令: _fillet(倒圆角)
当前设置: 模式 = 修剪，半径 = 0.0000
选择第一个对象或 [放弃(U)/多段线(P)/半径(R)/修剪(T)/多个(M)]: m
选择第一个对象或 [放弃(U)/多段线(P)/半径(R)/修剪(T)/多个(M)]: r
指定圆角半径 <0.0000>: 0.5
选择第一个对象或 [放弃(U)/多段线(P)/半径(R)/修剪(T)/多个(M)]:
选择第二个对象，或按住 Shift 键选择要应用角点的对象:
选择第一个对象或 [放弃(U)/多段线(P)/半径(R)/修剪(T)/多个(M)]:
选择第二个对象，或按住 Shift 键选择要应用角点的对象:   *取消*
命令: _spline(用样条曲线绘制边界，细实线)
指定第一个点或 [对象(O)]:
指定下一点: <正交 关>
指定下一点或 [闭合(C)/拟合公差(F)] <起点切向>:     ……
```

12．绘制剖面线

单击绘图工具栏中的图标，或者在菜单栏的“绘图”下拉菜单中选择“图案填充（H）”命令，弹出“图案填充和渐变色”对话框，如图 9-5 所示。

图 9-5 “图案填充和渐变色”对话框

在“图案填充和渐变色”对话框的“图案填充”选项卡中，单击“图案”下拉菜单，选择“ANSI”-“ANSI31”命令，单击“确定”按钮，弹出“填充图案选项板”对话框，如图 9-6 所示。

其比例则根据所填充图案的大小选取。

单击“添加拾取点”按钮，选择局部放大图线框内部一个点，使图线呈现虚线，按【Enter】键，回到对话框，单击“确定”按钮即可，如图 9-7 所示。

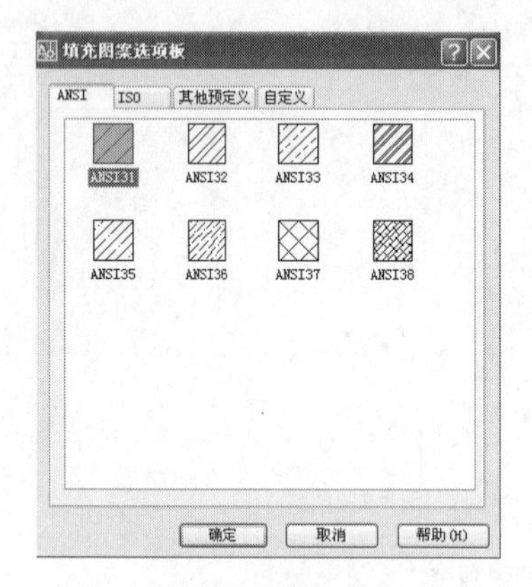

图 9-6 填充图案选项板

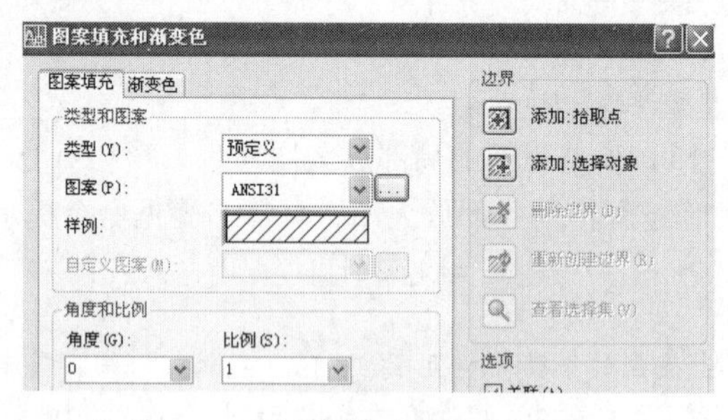

图 9-7 图案填充和渐变色对话框

13．绘制键槽断面图

绘制键槽断面图，具体步骤见命令提示。

命令：_line 指定第一点：(适当位置作定位轴线)

作 Φ25 圆，将水平轴线向上下分别偏 2.5，垂直轴线向右偏移 9，修剪并填充图案。

14．尺寸标注（基本尺寸标注略）

(1) 尺寸公差标注

打开“标注样式管理器”，单击修改按钮，弹出修改标注样式对话框，选择“主单位”，将单位格式设置为“小数”，精度设置为“0”，如果是直径尺寸，则在前缀栏输入“%%C”，若非直径尺寸则不需要键入，如图 9-8 所示。

选择“公差”，方式”选择“极限偏差”，“精度”选择“0.000”，上下偏差则根据图纸要求填写，“垂直位置”选择“中”即可，如图 9-9 所示。

图 9-8 “主单位”选项卡的设置

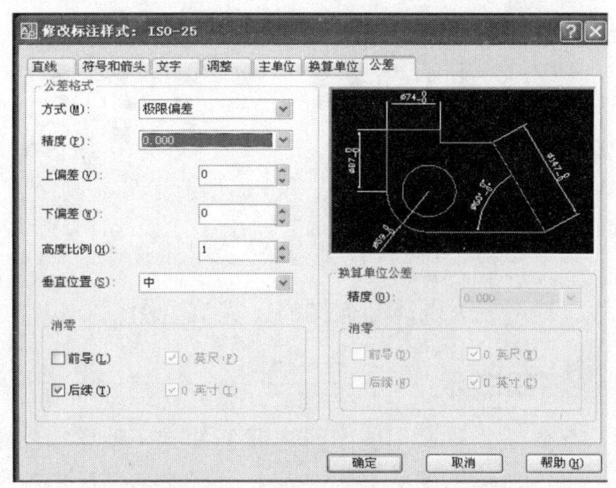

图 9-9 “公差”选项卡的设置

（2）表面粗糙度标注

将表面粗糙度符号做成图块，直接调入。

（3）形位公差的标注

根据图纸要求，作基准符号（如果有图块，可直接调用），单击“标注”菜单，选择“引线”，如图 9-10 所示，绘制引线如图 9-11 所示。再重新单击“标注”→“公差”，则出现“形位公差”的对话框，如图 9-12 所示，可根据实际情况进行选取，如图 9-13 所示。

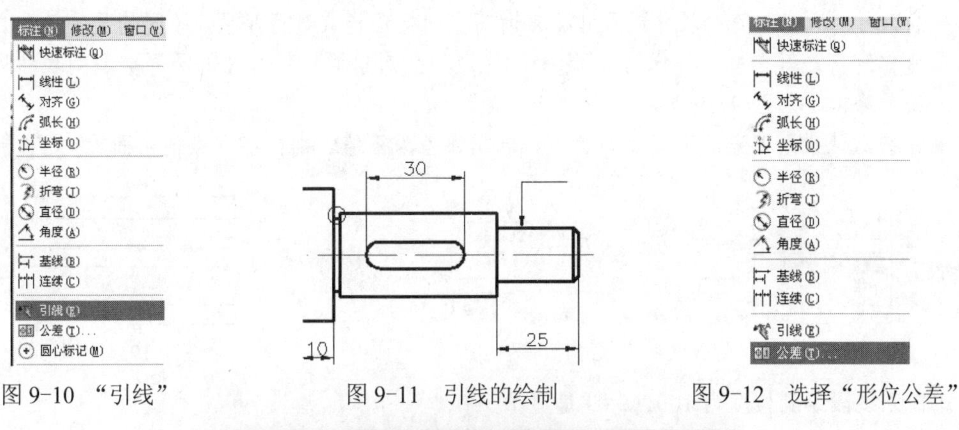

图 9-10 “引线”　　图 9-11 引线的绘制　　图 9-12 选择“形位公差”

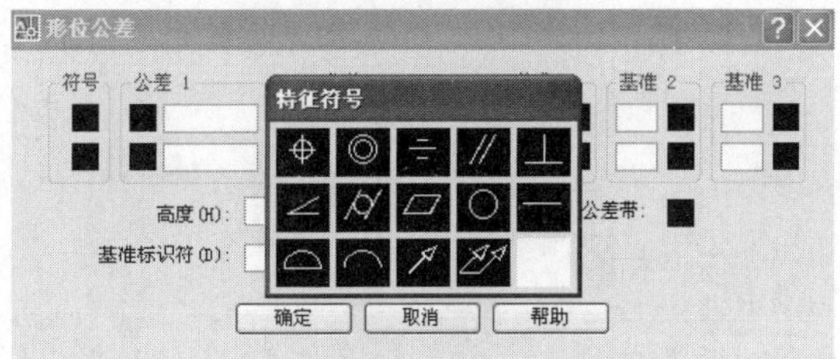

图 9-13 形位公差符号的选择

单击“形位公差”对话框中“符号”下方的黑色区域，弹出特征符号对话框，选择特征符号。在“公差 1”后面输入“Φ0.05”，在“基准 1”后面输入“A”，单击“确定”按钮，如图 9-14 所示。将公差框格移动到与引线相连的位置，如图 9-15 所示。

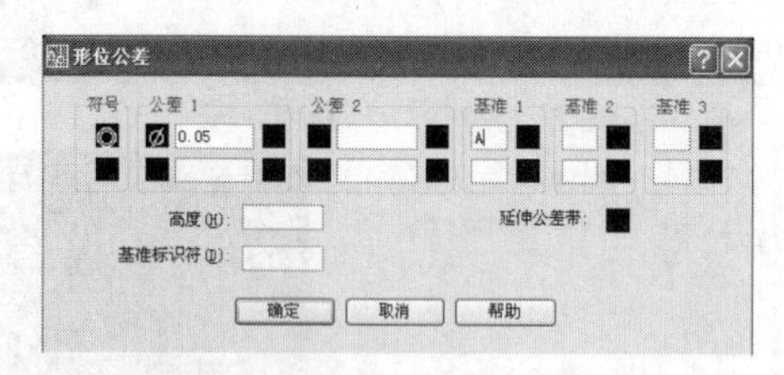

图 9-14　形位公差要求的选择

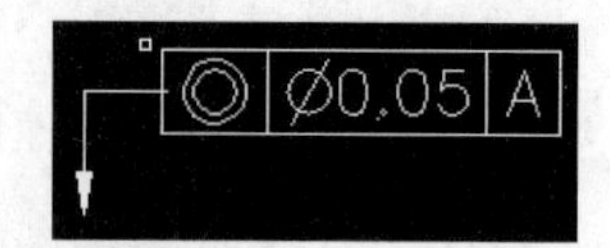

图 9-15　形位公差的表示

局部放大图、断面图略，完成全图。

特别提示

- 从工程制图的学习中我们知道，轴类零件通常只绘制一个主视图，其余采用断面图或局部放大图来表达，对于剖切部分需要用填充命令绘制剖面符号。主视图的投影主要是一些矩形组合，因此在绘制主视图时通常可以采用坐标输入（绘一半再采用镜像命令也可）、偏移或矩形移动等方法完成。
- 表面粗糙度符号和形位公差基准符号使用较多，所以，可以做成“图块”以便调用。
- 对尺寸数值或文字进行修改编辑，要注意修改对象，否则会出现“□”“？”等，如图 9-16 所示。
- 当图形需要放大或缩小，而尺寸数值不能随意变动时，就需要在“标注样式管理器”和“修改”→“缩放”中的比例进行修正，如图 9-17、图 9-18 所示。
- 标注线性尺寸、直径尺寸或尺寸公差时需要对标注样式进行修改，不同的尺寸类型之间变化时，最好选择“替代”，若选择“修改”会对前面已经标注的不同类型的尺寸进行统一修改，如图 9-19 所示。
- 系统默认极限偏差的下偏差为负值，若下偏差为正值，则需要在数值前面加“-”号。

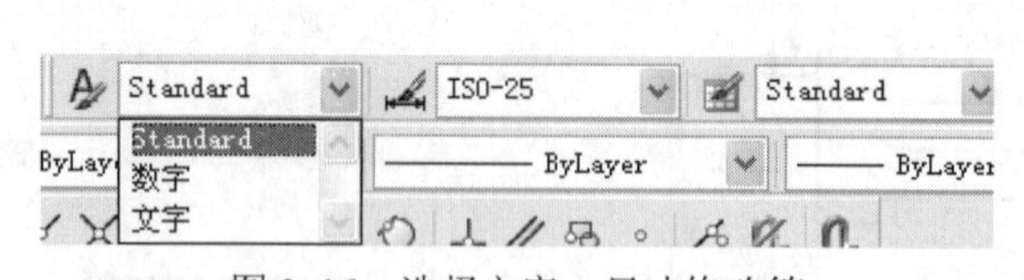

图 9-16　选择文字、尺寸修改等

100
50
100

图 9-17　图例

第一条线段绘制长度为 100，标注是显示 100；

第二条线段绘制长度为 50，进行了 2∶1 的放大，步骤是：

① 选择“修改”→“缩放”命令，

```
命令: _scale
选择对象: 找到 1 个
选择对象:（选中线段按【Enter】键）
指定基点:（指定某一端点按【Enter】键）
指定比例因子或 [复制(C)/参照(R)] <2.0000>:（按【Enter】键）
```

② 选择“标注样式管理器”→“修改或替代”，在“比例因子（E）”中修改比例为 0.5，即可。

第三条线段绘制 100 长度，进行 1∶2 的缩小，步骤是：

```
命令: _scale
选择对象: 找到 1 个
选择对象: （选中线段按【Enter】键）
```

指定基点：(指定某一端点按【Enter】键)

指定比例因子或 [复制(C)/参照(R)] <1.0000>:　0.5 (按【Enter】键)

选择“标注样式管理器”→“修改或替代”，在“比例因子（E）”中修改比例为 2 即可。

图 9-18　选择缩放命令

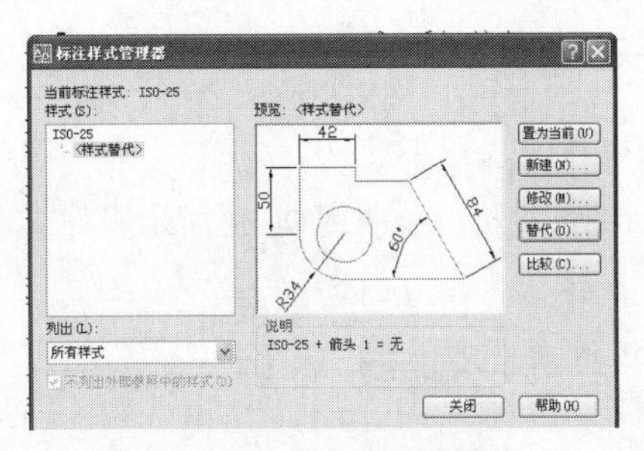

图 9-19　选择“修改或替代”命令

项目练习 1

一、基本要求

1．绘制零件图

选择合适图纸模板，绘制图 9-20 中所示零件。

2．标注尺寸

按照图 9-20 所示尺寸进行标注。

3．保存文件

将完成的图形以“全部缩放”的形式显示，并以“项目九：练习项目 1.dwg”为文件名保存在自己的文件夹。

二、图示效果

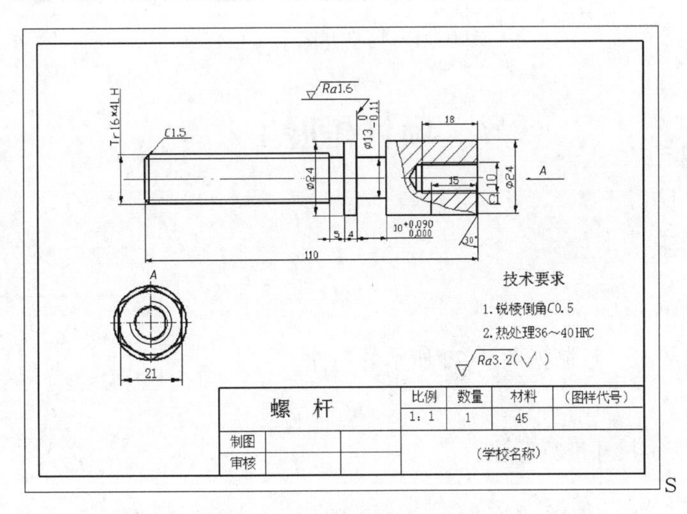

图 9-20　项目九图示（一）

项目练习 2

一、基本要求

1．绘制零件图

选择合适图纸模板，绘制图 9-21 所示零件。

2．标注尺寸

按照图 9-22 所示尺寸进行标注。

3．保存文件

将完成的图形以“全部缩放”的形式显示，并以“项目九：练习项目 2.dwg”为文件名保存在自己的文件夹。

二、图示效果

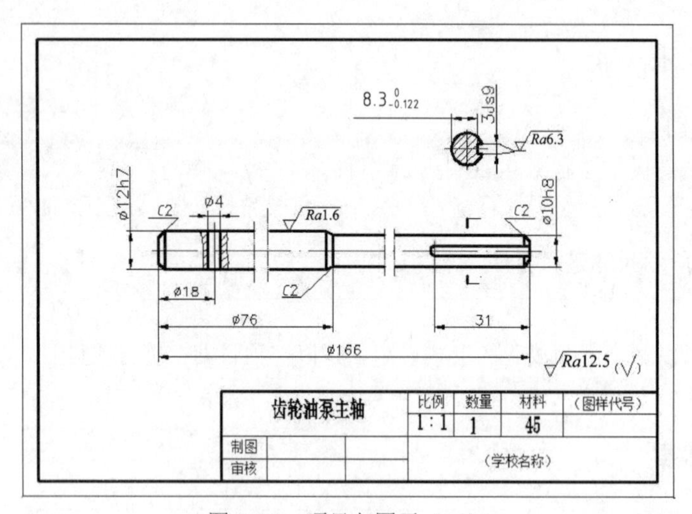

图 9-21　项目九图示（二）

项目拓展 1

一、基本要求

1．绘制零件图

选择合适图纸模板，绘制如图 9-22 所示的零件。

2．标注尺寸

按照图 9-22 所示尺寸进行标注。

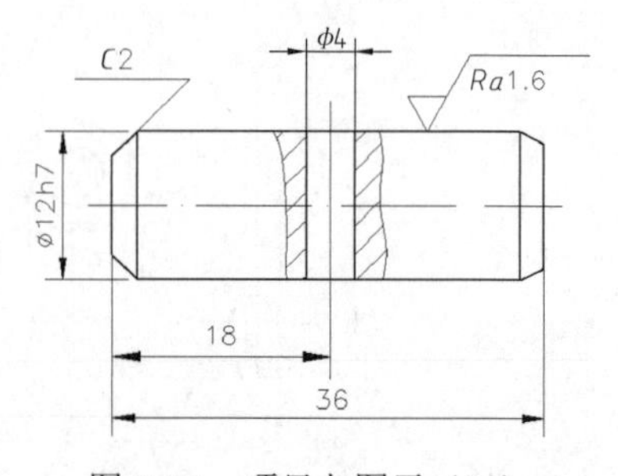

图 9-22　项目九图示（三）

3．保存文件

将完成的图形以“全部缩放”的形式显示，并以“项目九：拓展项目 1.dwg”为文件名保存在自己的文件夹。

二、图示效果

项目拓展 2

一、基本要求

1．绘制零件图

选择合适图纸模板，绘制如图 9-23 所示零件（名称：螺旋杆，比例 1 : 1，材料 45）。

2．标注尺寸

按照图 9-23 所示尺寸进行标注。

3．保存文件

将完成的图形以“全部缩放”的形式显示，并以“项目九：拓展项目 2.dwg”为文件名保存在自己的文件夹。

二、图示效果

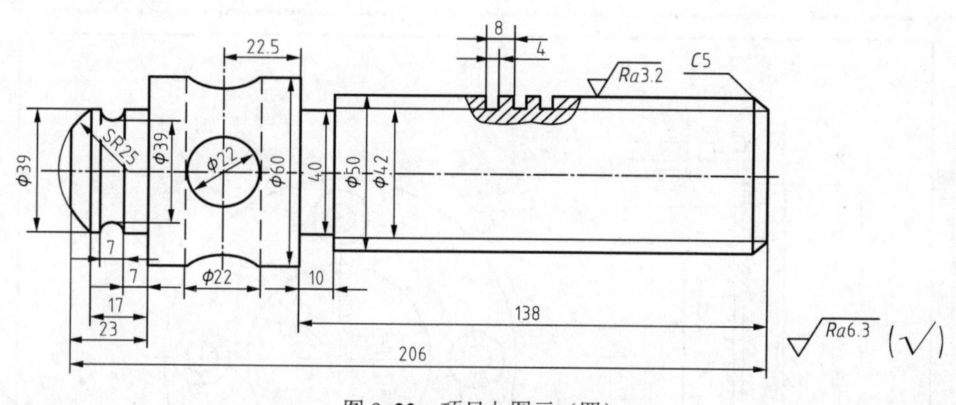

图 9-23　项目九图示（四）

项目十 盘盖类零件图的绘制

本项目主要介绍盘盖类零件图的绘制方法。

项目目标

1．了解盘盖类零件图形的绘制特点，文字、尺寸标注方法。
2．掌握机械零件图的绘制方法。

相关知识

图、图形编辑命令（偏移、镜像等）、样板图及尺寸标注。

项目描述

按图 10-1 所示绘制零件图。

1．绘制零件图

选择合适图纸模板，绘制图 10-1 所示零件。

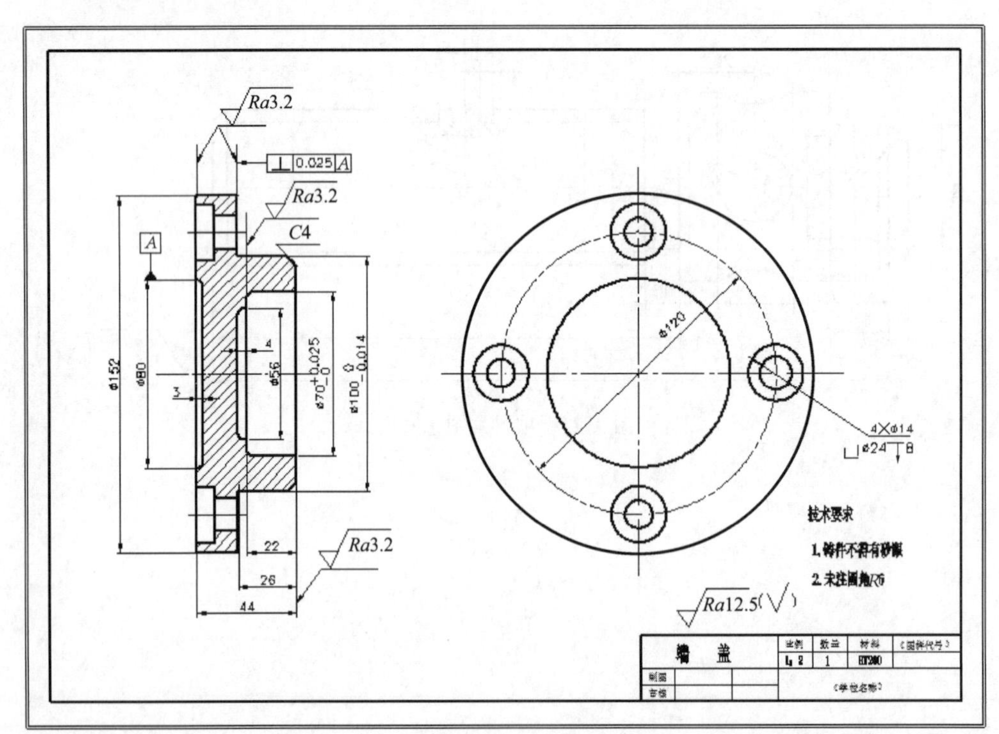

图 10-1　端盖

2．标注尺寸

按照图 10-1 所示尺寸进行标注。

3．保存文件

将完成的图形以“全部缩放”的形式显示，并以“项目十：示范项目.dwg”为文件名保存在自己的文件夹。

项目实施

1．作定位轴线

作定位轴线时注意保持图形与边框的基本位置，考虑留有尺寸标注和注写技术要求的位置，如图 10-2 所示。

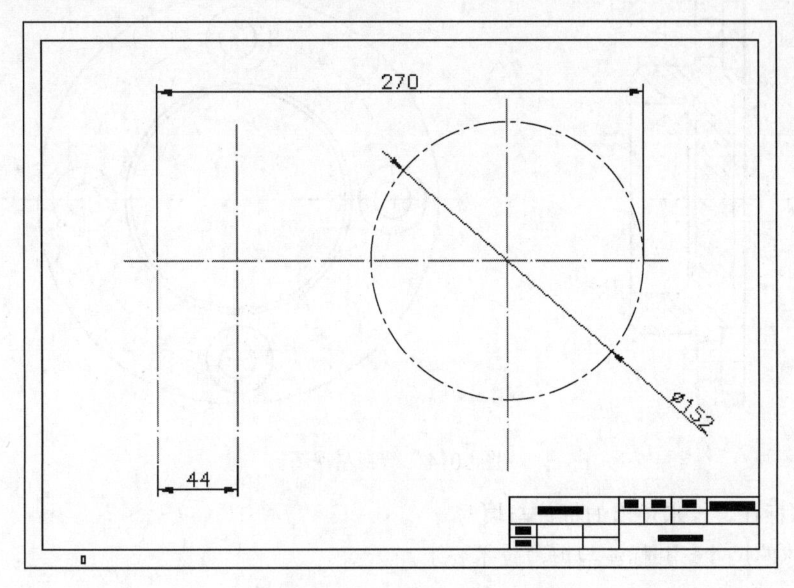

图 10-2　绘制定位轴线

2．作主视图（见图 10-3）

（1）将右端面垂直轴线向左偏移 22、26、28、36、41。

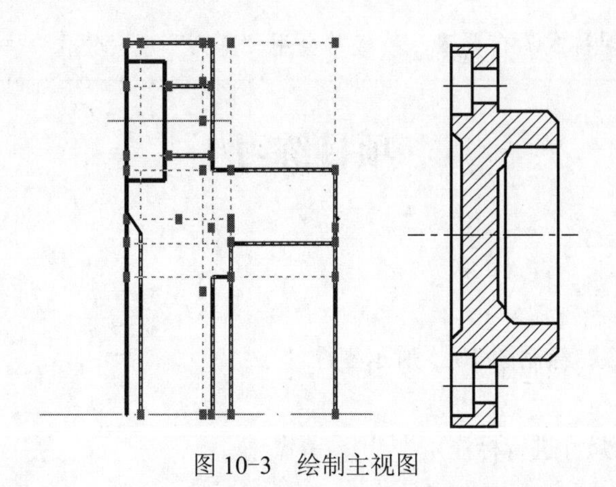

图 10-3　绘制主视图

（2）将水平轴线向上偏移 28、35、40、50、60、76。

（3）用轮廓线绘出外轮廓表面。

（4）绘制上半部阶梯孔，将轴线分别向上下偏移 7、12，左端面垂直先向右偏移 8，用轮廓线绘出外轮廓表面。

（5）将偏移的线段删除、镜像；并进行倒圆、倒角、填充。

3．绘制左视图（见图 10-4）

（1）分别绘制 Φ80、Φ152、Φ120（点画线）4 个圆；

（2）在 Φ120 的轴线上作 Φ14、Φ24 两个同心圆，并阵列（也可以复制），得到四个均布的同心圆；完成全图。

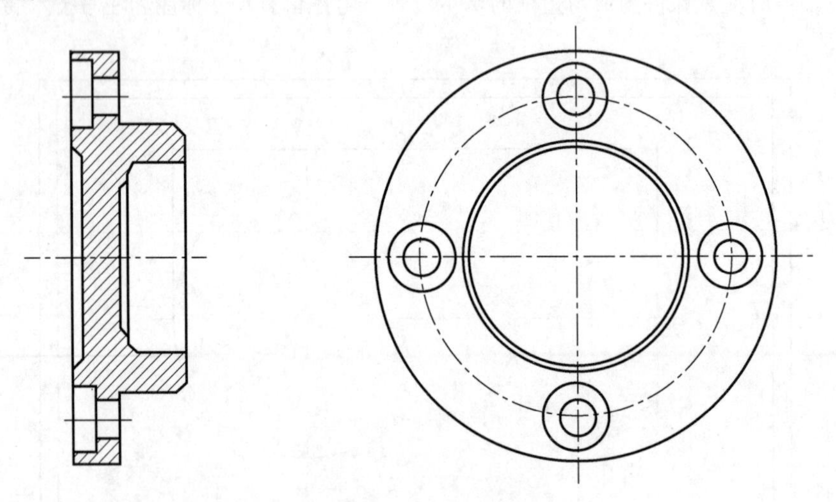

图 10-4　绘制左视图

4．尺寸标注，技术要求的标注与填写

标注具体的尺寸，并标注与填写技术要求。

5．填写标题栏

填写标题栏中相应的内容。

特别提示

- 此类零件存在对称或均布要素，故经常会用“阵列”或“镜像”命令。

项目练习 1

一、基本要求

1．绘制零件图

选择合适图纸模板，绘制图 10-5 所示零件。

2．标注尺寸

按照图 10-5 所示尺寸进行标注。

3．保存文件

将完成的图形以“全部缩放”的形式显示，并以“项目十：练习项目 1.dwg”为文件名保存在自己的文件夹。

二、图示效果

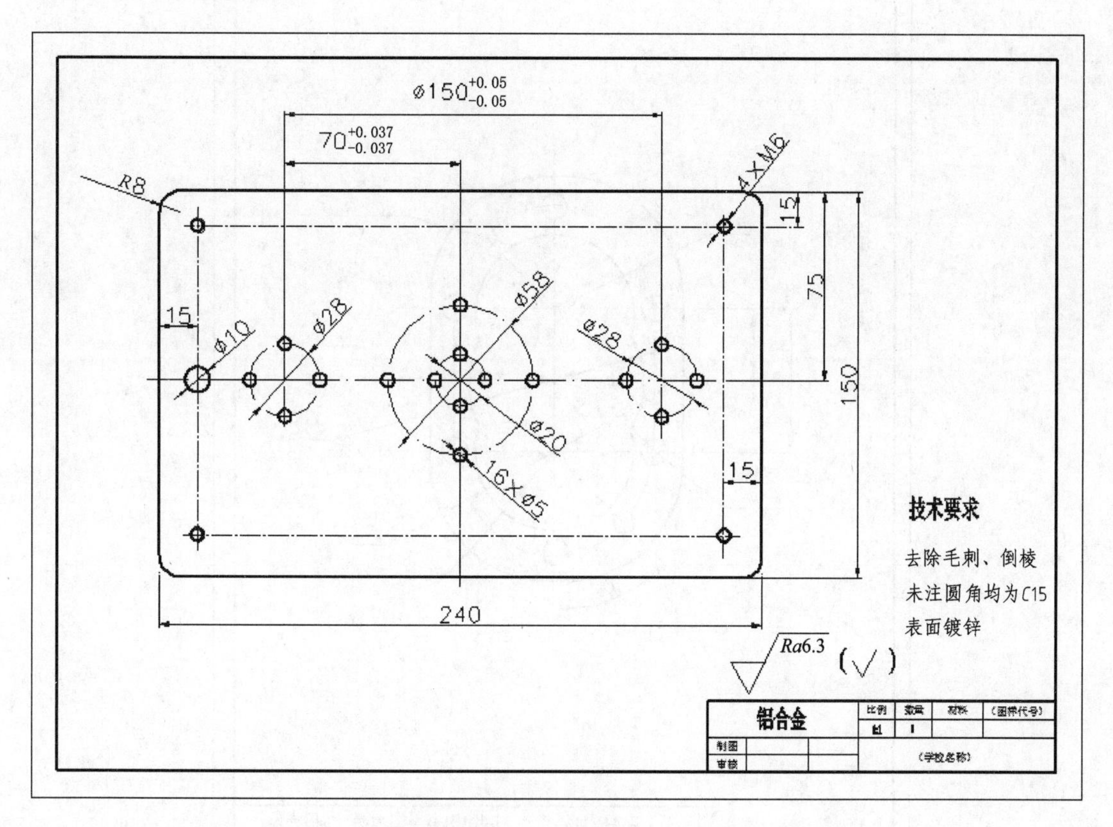

图 10-5　项目十图示（一）

项目练习 2

一、基本要求

1．绘制零件图

选择合适图纸模板，绘制图 10-6 所示零件。

2．标注尺寸

按照图 10-6 所示尺寸进行标注。

3．保存文件

将完成的图形以“全部缩放”的形式显示，并以“项目十：练习项目 2.dwg”为文件名保存在自己的文件夹。

二、图示效果

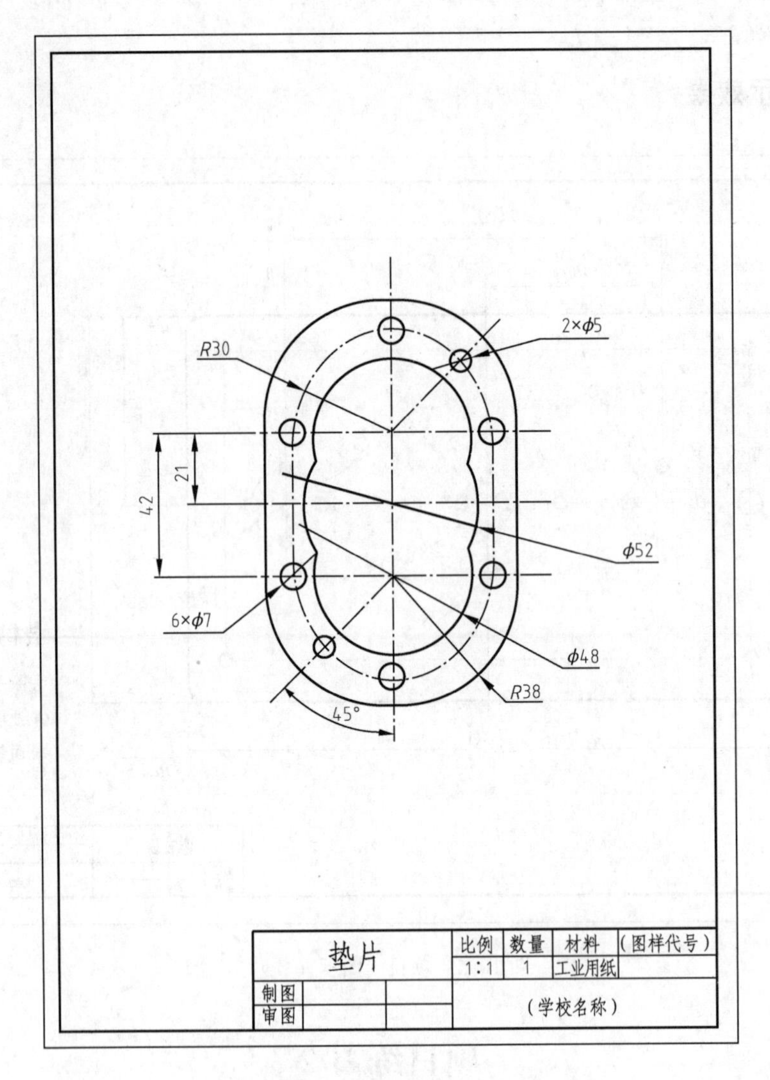

图 10-6　项目十图示（一）

项目拓展 1

一、基本要求

1．绘制零件图

选择合适图纸模板，绘制图 10-7 所示零件。

2．标注尺寸

按照图 10-17 所示尺寸进行标注。

3．保存文件

将完成的图形以“全部缩放”的形式显示，并以“项目十：拓展项目 1.dwt”为文件名保存在自己的文件夹。

二、图示效果

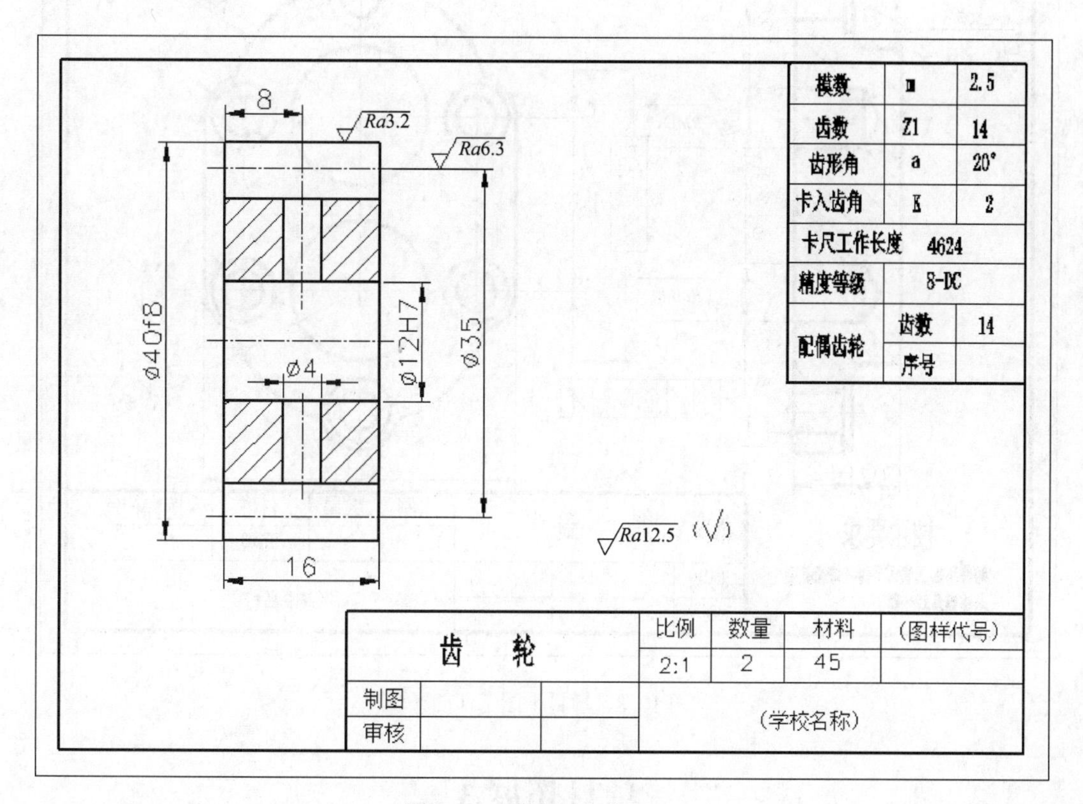

图 10-7　项目十图示（三）

项目拓展 2

一、基本要求

1．绘制零件图

选择合适图纸模板，绘制图 10-8 所示零件。

2．标注尺寸

按照图 10-8 所示尺寸进行标注。

3．保存文件

将完成的图形以“全部缩放”的形式显示，并以“项目十：拓展项目 2.dwt”为文件名保存在自己的文件夹。

二、图示效果

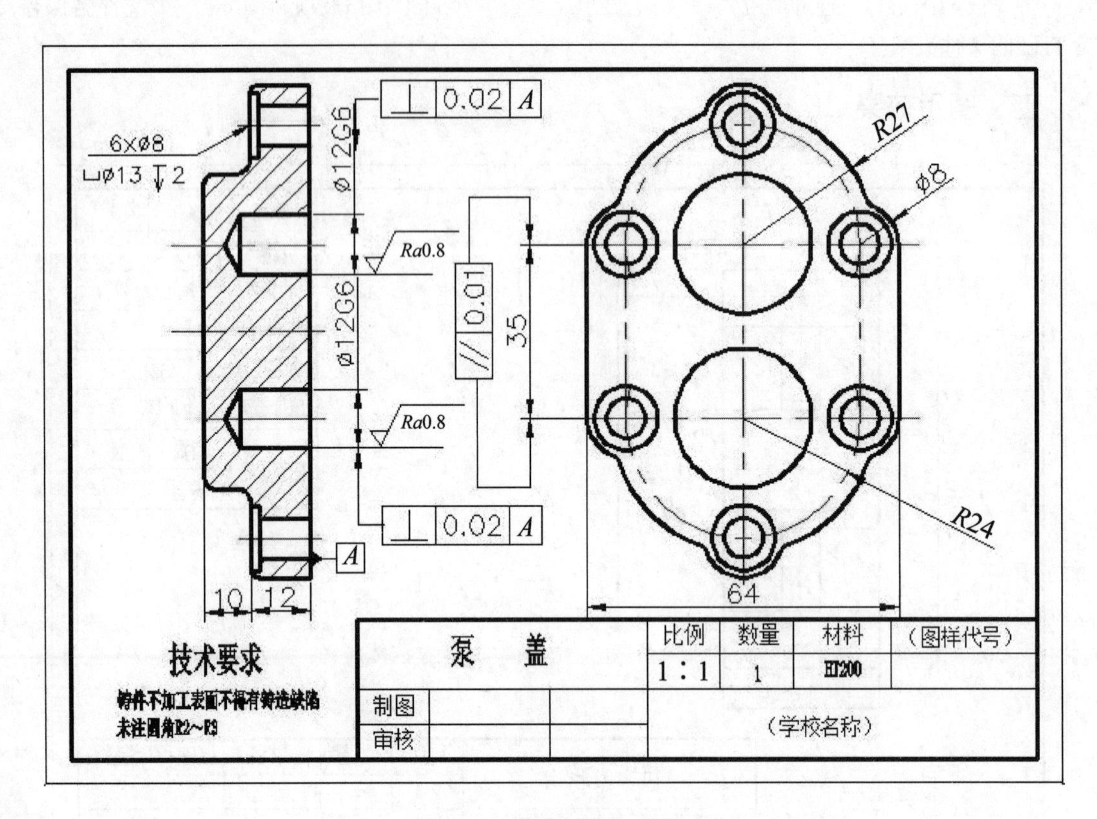

图 10-8 项目十图示（四）

项目拓展 3

一、基本要求

1．绘制零件图

选择合适图纸模板，绘制图 10-9 所示零件。

2．标注尺寸

按照图 10-9 所示尺寸进行标注。

3．保存文件

将完成的图形以“全部缩放”的形式显示，并以“项目十：拓展项目 3.dwt”为文件名保存在自己的文件夹。

二、图示效果

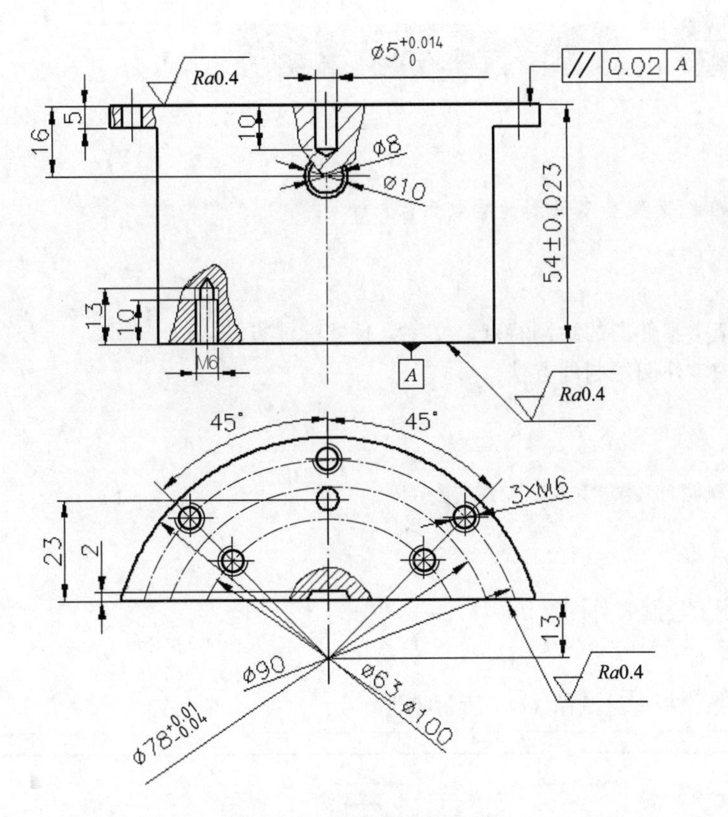

图 10-9　项目十图示（五）

项目十一 叉架类零件图绘制

本项目主要介绍叉架类零件图的绘制方法。

项目目标

1．了解叉架类零件图的绘制特点，文字、尺寸标注方法。

2．掌握机械零件图绘制的方法。

相关知识

绘图、图形编辑命令、样板图及尺寸标注。

项目描述

按图 11–1 所示绘制零件图。

1．绘制零件图

选择合适图纸模板，绘制图 11–1 所示零件。

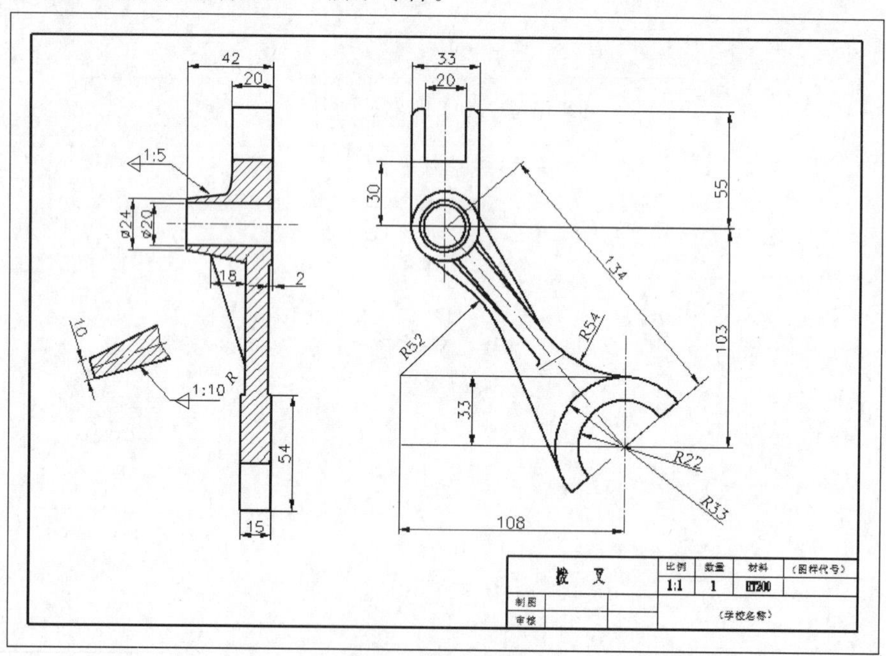

图 11–1 拨叉

2．标注尺寸

按照图 11–1 所示尺寸进行标注。

3．保存文件

将完成的图形以“全部缩放”的形式显示，并以“项目十一：示范项目.dwt”为文件名保存在自己的文件夹。

项目实施

1．绘制主视图

（1）轴线定位，如图 11-2 所示。

（2）将线段 1 向左偏移 2、13、15、20、42。将水平轴线 2 向上偏移 30、55，向下偏移 19、80、112、134；分别向上下偏移 12。

（3）绘制主视图轮廓线，将线段 3、4 按锥度 1∶5 修改（22/5 = 4.4），将垂直线向上、下作 4.4 的高度，并连线。对主视图进行修剪、成形，如图 11-3 所示。

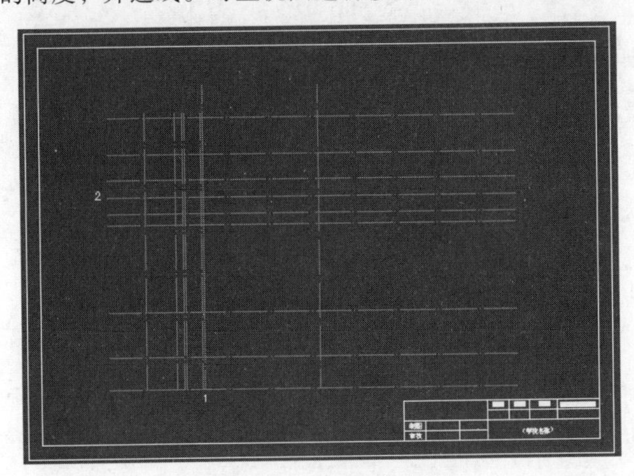

图 11-2　绘制偏移线段

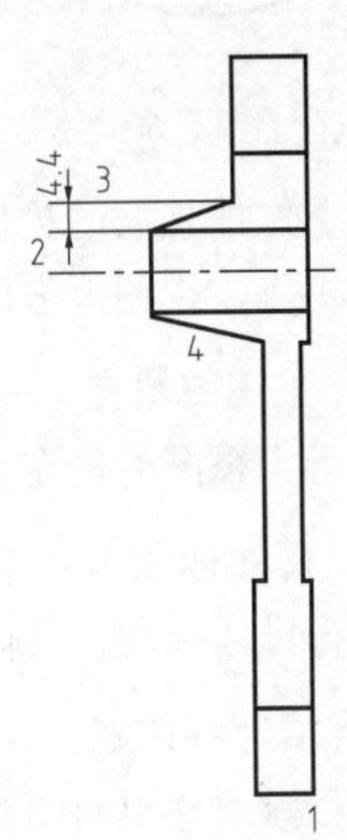

图 11-3　绘制主视图

2．绘制左视图

（1）将水平轴线向下偏 103，垂直轴线向右偏移 87，如图 11-4 所示。

（2）绘制 Φ20、Φ24、Φ22、Φ33 四个圆，以及由主视图连线和垂直轴线相交点处绘制的圆，并将下方的同心圆进行修剪，如图 11-5 所示。

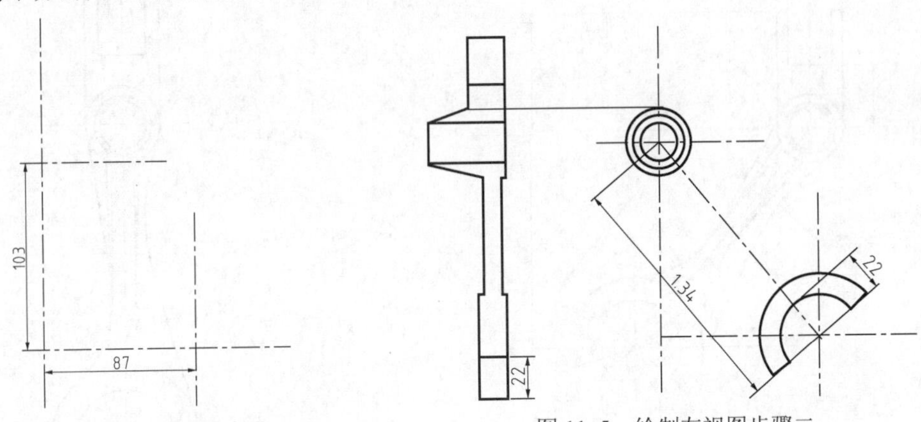

图 11-4　绘制左视图步骤一　　图 11-5　绘制左视图步骤二

（3）将线段 5 向上偏移 33，将线段 6 向左偏移 108，以此交点为圆心，绘制 R54 圆和上下两圆弧作切线并修剪，如图 11-6 所示。

（4）作加强筋（因为 $R54$ 是中间线段，与 $R33$ 和加强筋相切，故要先做加强筋），如图 11-6 所示。

（5）作 $R52$ 的圆与之相切，作 $R52$ 圆与上方外圆的切线并修剪，如图 11-7 所示。

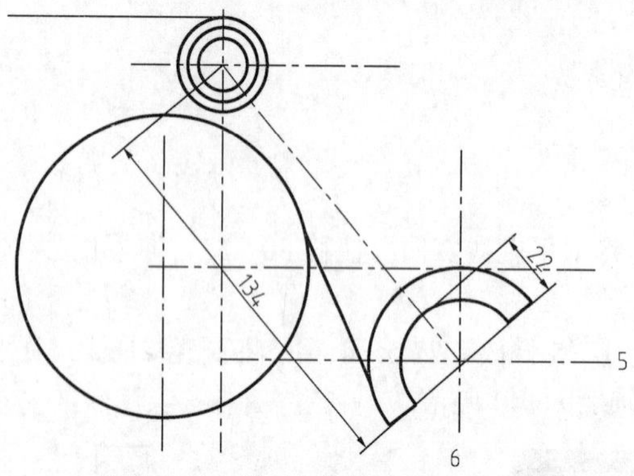

图 11-6　绘制左视图步骤三、四

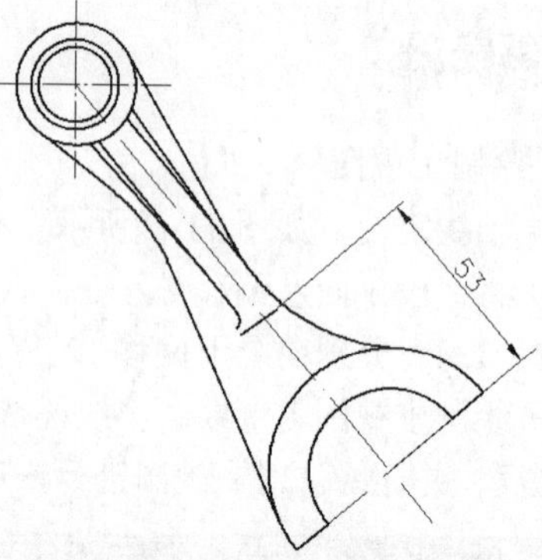

图 11-7　绘制左视图步骤五、六

（6）作加强筋的拔模斜度线 9（表面拔模斜度为 1：10 画出）。

（7）作左视图上方图形，如图 11-8 所示。

3．主视图填充

进行主视图的填充，具体步骤略。

4．尺寸标注

进行尺寸标注，具体步骤略。

5．填写标题栏

填写标题栏中的相关内容，具体步骤略。

特别提示

- 左视图可以在不倾斜的状态下绘制，然后将通过 $\Phi20$ 的圆心作为旋转轴心，将下部图形旋转到指定位置即可，可使作图更方便，如图 11-9 所示。

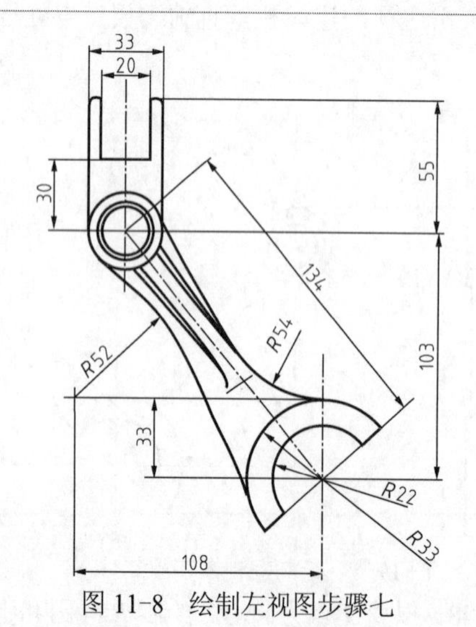

图 11-8　绘制左视图步骤七

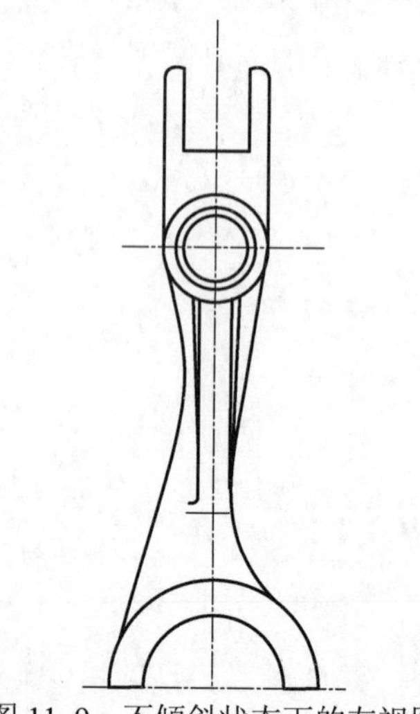

图 11-9　不倾斜状态下的左视图

项 目 练 习

一、项目要求

1．绘制零件图

选择合适图纸模板，绘制图 11-10 所示零件。

2．标注尺寸

按照图 11-10 所示尺寸进行标注。

3．保存文件

将完成的图形以“全部缩放”的形式显示，并以“项目十一：练习项目.dwg”为文件名保存在自己的文件夹。

二、图示效果

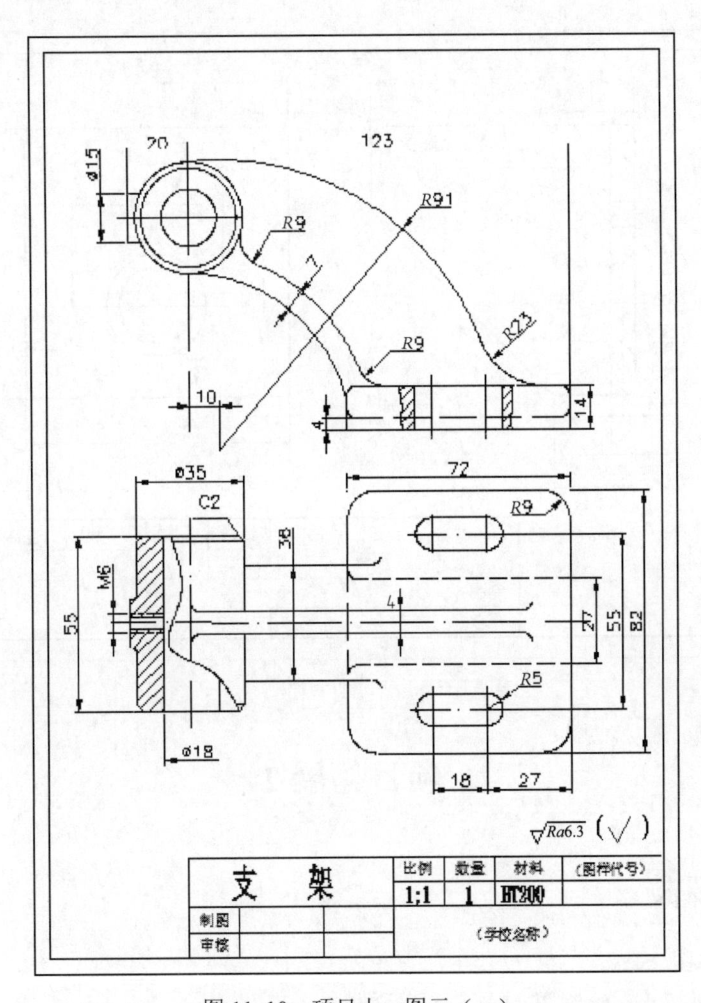

图 11-10　项目十一图示（一）

项目拓展 1

一、基本要求

1．绘制零件图

选择合适图纸模板，绘制图 11-11 所示零件。

2．标注尺寸

按照图 11-11 示尺寸进行标注。

3．保存文件

将完成的图形以“全部缩放”的形式显示，并以“项目十一：拓展项目 1.dwg”为文件名保存在自己的文件夹。

二、图示要求

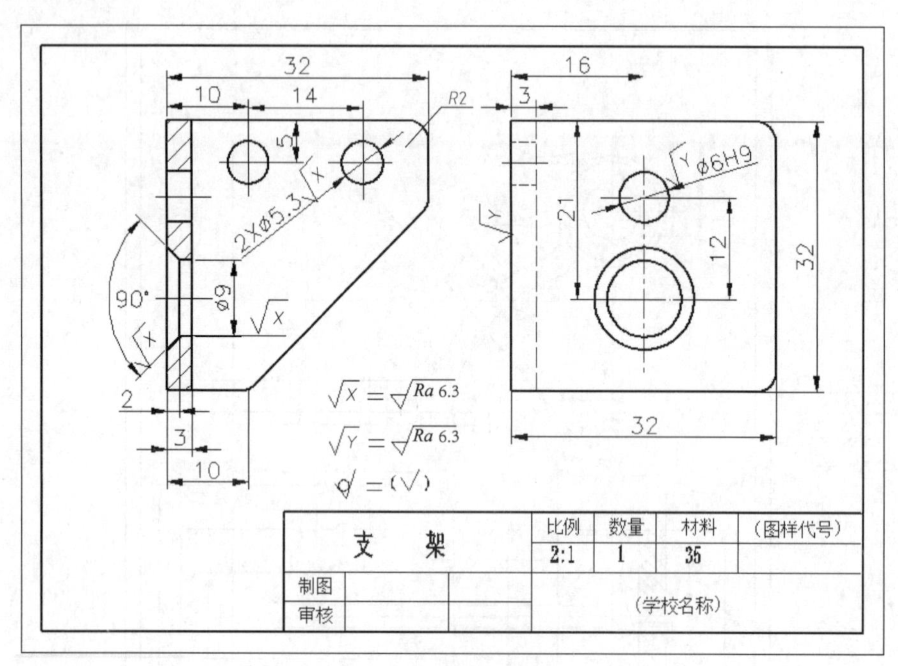

图 11-11　项目十一图示（二）

项目拓展 2

一、基本要求

1．绘制零件图

选择合适图纸模板，绘制图 11-12 所示零件。

2．标注尺寸

按照图 11-12 所示尺寸进行标注。

3．保存文件

将完成的图形以“全部缩放”的形式显示，并以“项目十一：拓展项目 2.dwg”为文件名保存在自己的文件夹。

二、图示效果

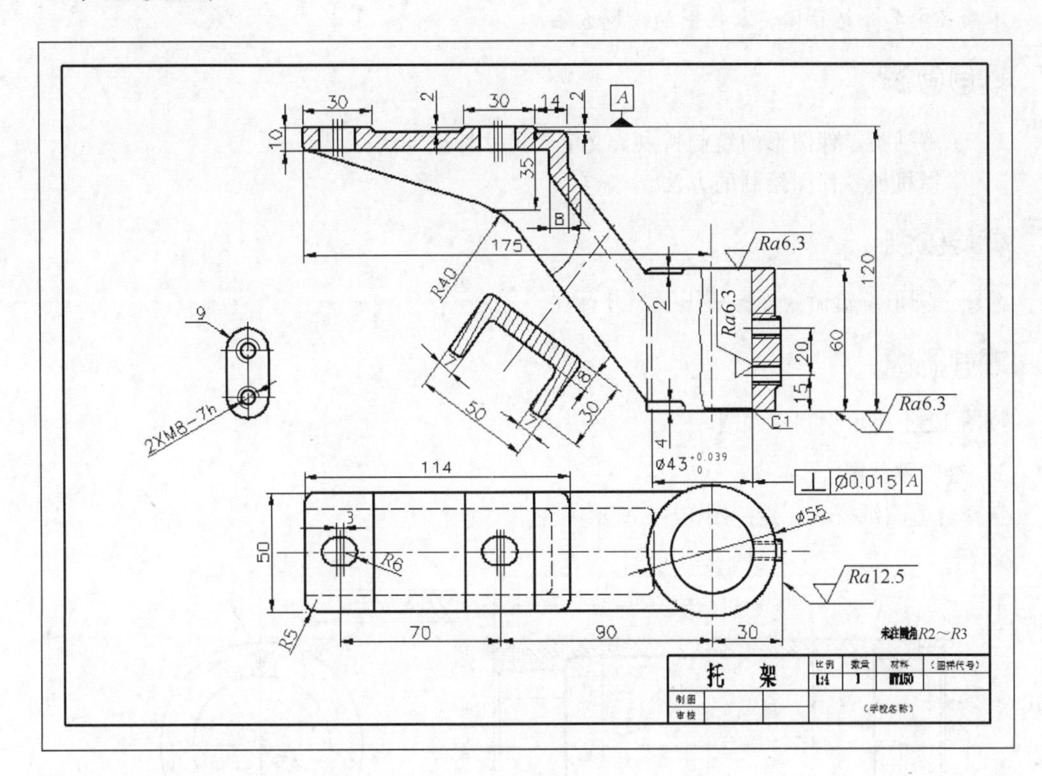

图 11-12　项目十一图示（三）

项目十二 箱体类零件图的绘制

本项目主要介绍箱体类零件图的绘制方法。

项目目标

1．了解轴类零件图形的绘制特点，文字、尺寸标注方法。
2．掌握机械零件图绘制的方法。

相关知识

绘图、图形编辑命令、样板图及尺寸标注。

项目描述

按图 12–1 所示绘制零件图。

1．绘制零件图

选择合适图纸模板，绘制图 12–1 所示零件。

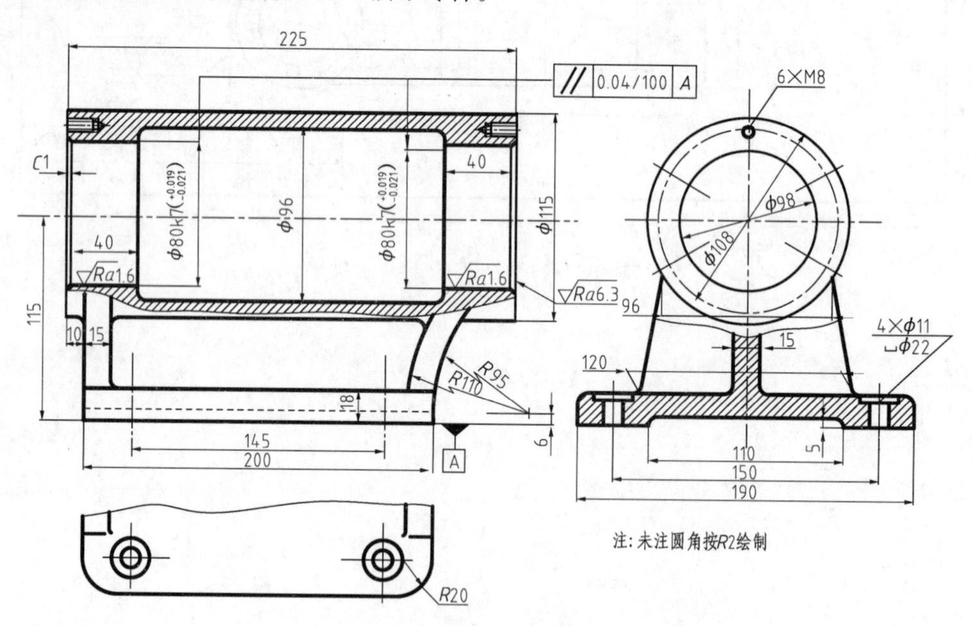

图 12–1　铣刀头底座

2．标注尺寸

按照图 12–1 所示尺寸进行标注。

3．保存文件

将完成的图形以“全部缩放”的形式显示，并以“项目十二：示范项目.dwg”为文件名保存在自己的文件夹。

项目实施

1．调用样板图开始绘新图

（1）打开正交、对象捕捉、极轴追踪功能，并设置0层为当前层，用直线(LINE)、偏移(OFFSET)命令绘制基准线，如图12-2所示。

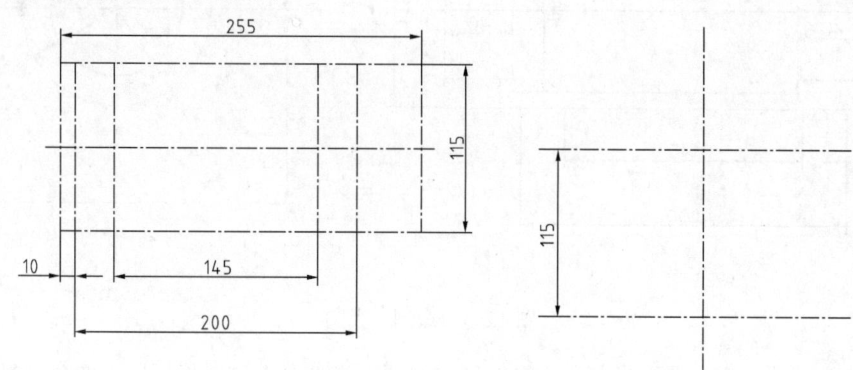

图12-2　绘基准线

（2）绘主视图、左视图上半部分。用偏移(OFFSET)、修剪(TRIM)命令绘制主视图。先将主视图左右两端线分别向内偏移40，再将轴线分别向上下偏移40和48；

```
命令: _offset
当前设置: 删除源=否  图层=源  OFFSETGAPTYPE=0
指定偏移距离或 [通过(T)/删除(E)/图层(L)] <145.0000>:  40
选择要偏移的对象, 或 [退出(E)/放弃(U)] <退出>:
指定要偏移的那一侧上的点, 或 [退出(E)/多个(M)/放弃(U)] <退出>:
选择要偏移的对象, 或 [退出(E)/放弃(U)] <退出>:
指定要偏移的那一侧上的点, 或 [退出(E)/多个(M)/放弃(U)] <退出>:
选择要偏移的对象, 或 [退出(E)/放弃(U)] <退出>:  *取消*
命令: _offset
当前设置: 删除源=否  图层=源  OFFSETGAPTYPE=0
指定偏移距离或 [通过(T)/删除(E)/图层(L)] <40.0000>:  40
选择要偏移的对象, 或 [退出(E)/放弃(U)] <退出>:
指定要偏移的那一侧上的点, 或 [退出(E)/多个(M)/放弃(U)] <退出>:
选择要偏移的对象, 或 [退出(E)/放弃(U)] <退出>:
指定要偏移的那一侧上的点, 或 [退出(E)/多个(M)/放弃(U)] <退出>:
命令: _offset
当前设置: 删除源=否  图层=源  OFFSETGAPTYPE=0
指定偏移距离或 [通过(T)/删除(E)/图层(L)] <96.0000>:  48
选择要偏移的对象, 或 [退出(E)/放弃(U)] <退出>:
指定要偏移的那一侧上的点, 或 [退出(E)/多个(M)/放弃(U)] <退出>:
选择要偏移的对象, 或 [退出(E)/放弃(U)] <退出>:
指定要偏移的那一侧上的点, 或 [退出(E)/多个(M)/放弃(U)] <退出>:
```

选择要偏移的对象，或 [退出(E)/放弃(U)] <退出>: *取消

修剪成形

绘制主视图。用画圆命令(CIRCLE)绘ϕ115、ϕ80 圆。对称图形可只画一半，另一半用镜像命令(MIRROR)复制，结果如图 12-3 所示。

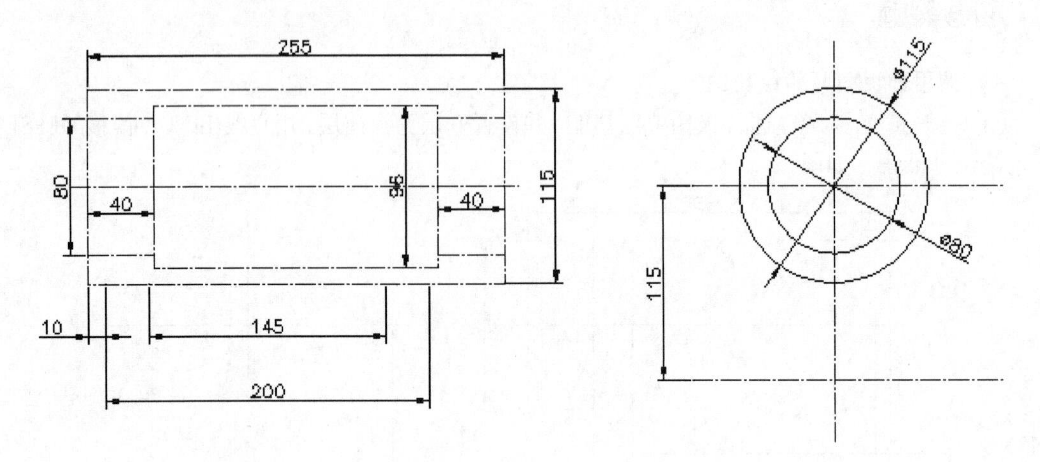

图 12-3　绘制主视图

（3）绘主视图、左视图下半部分。先绘制左视图下半部分左侧图形，用镜像命令复制出右侧图形。然后绘制主视图下半部分图形，注意投影关系，如图 12-4 所示。

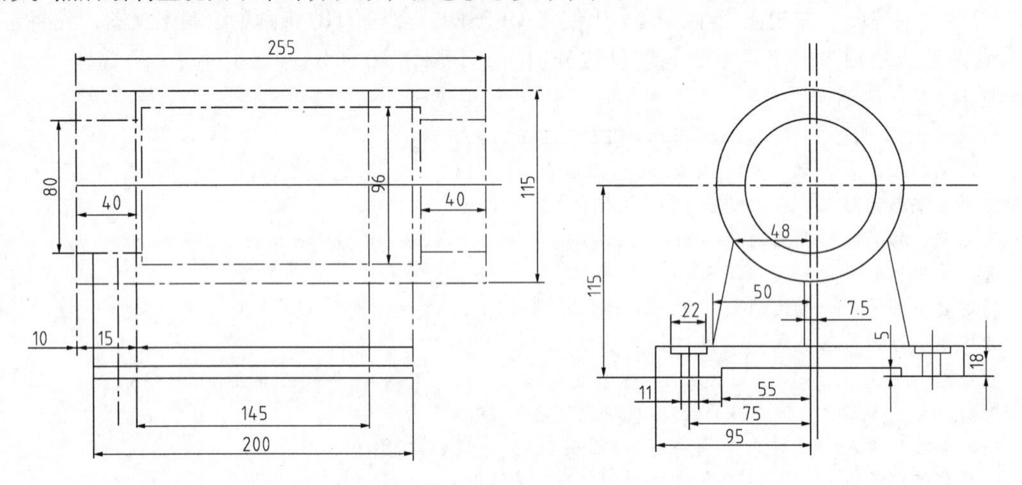

图 12-4　主视图、左视图下半部分

（4）作辅助线 *AB*，以 *A* 点为圆心，以 *R*95 为半径作辅助圆，确定圆心 *O*。以 *O* 点为圆心，绘 *R*110、*R*95 两圆弧，如图 12-5 所示。

（5）绘 M8 螺纹孔。在中心线图层，用环形阵列绘制左视图螺纹孔中心线，如图 12-6 所示。

（6）绘制倒角、绘波浪线。用倒角命令(CHAMFER)绘主视图两端倒角，用圆角命令(FILLET)绘制各处圆角。用样条曲线绘制波浪线，结果如图 12-7 所示。

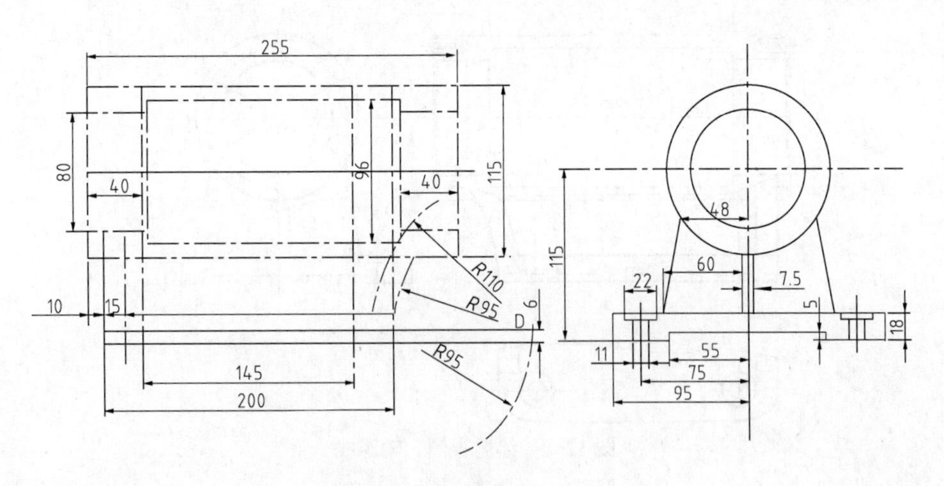

图 12-5 绘 *R*95、*R*110 圆弧

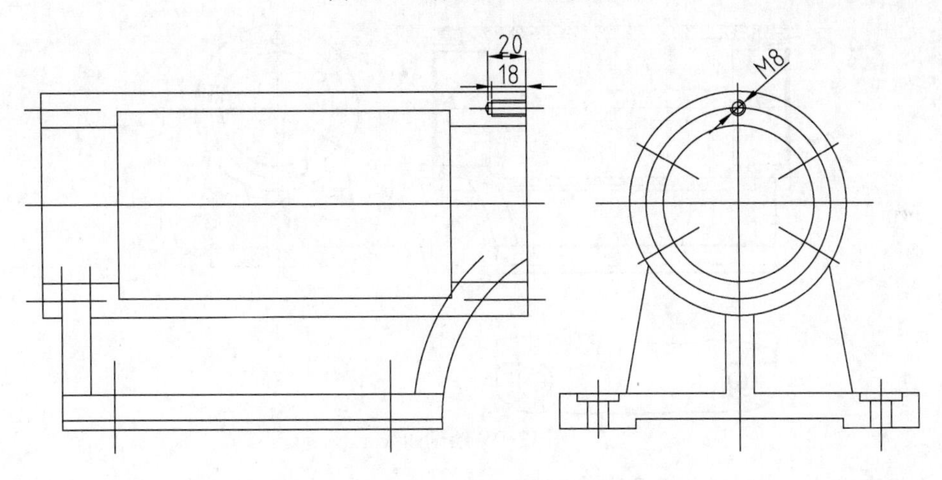

图 12-6 M8 螺纹孔

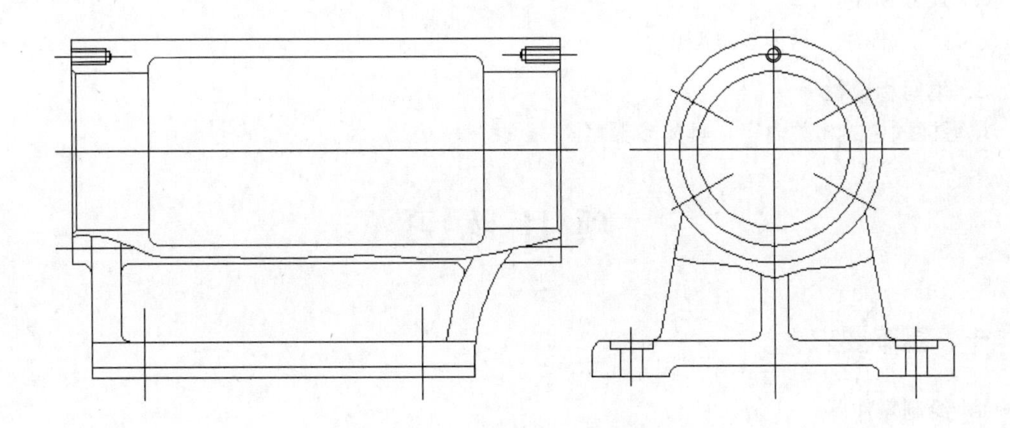

图 12-7 倒角、绘波浪线

（7）绘俯视图并根据制图标准修改图中线型。绘俯视图并将图中线型分别更改为粗实线、细实线、中心线和虚线，如图 12-8 所示。

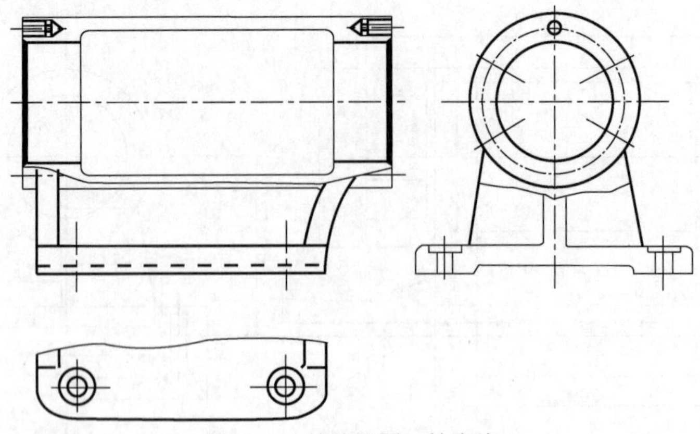

图 12-8　绘俯视图、轮廓线

（8）用剖面线命令(HATCH)绘剖面线，结果如图 12-9 所示。

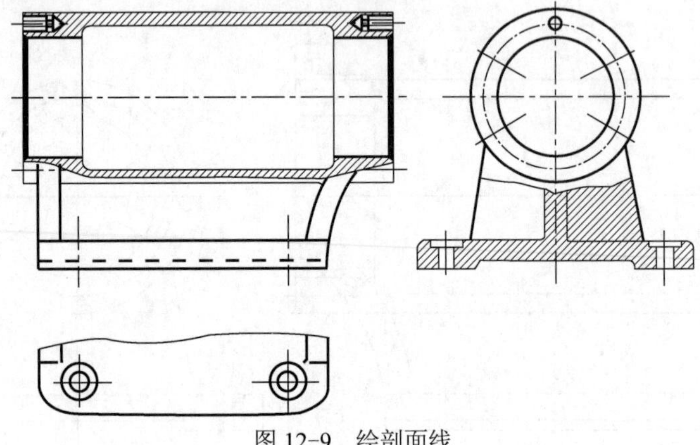

图 12-9　绘剖面线

（9）标注尺寸、书写标题栏及技术要求。

2．尺寸标注

进行尺寸标注，具体步骤略。

3．填写标题栏

填写标题栏的相关内容，具体步骤略。

项 目 练 习

一、基本要求

1．绘制零件图

选择合适图纸模板，绘制图 12-10 所示零件。

2．标注尺寸

按照图 12-10 所示尺寸进行标注。

3．保存文件

将完成的图形以“全部缩放”的形式显示，并以“项目十二：练习项目.dwg”为文件名保存在自己的文件夹。

二、图示效果

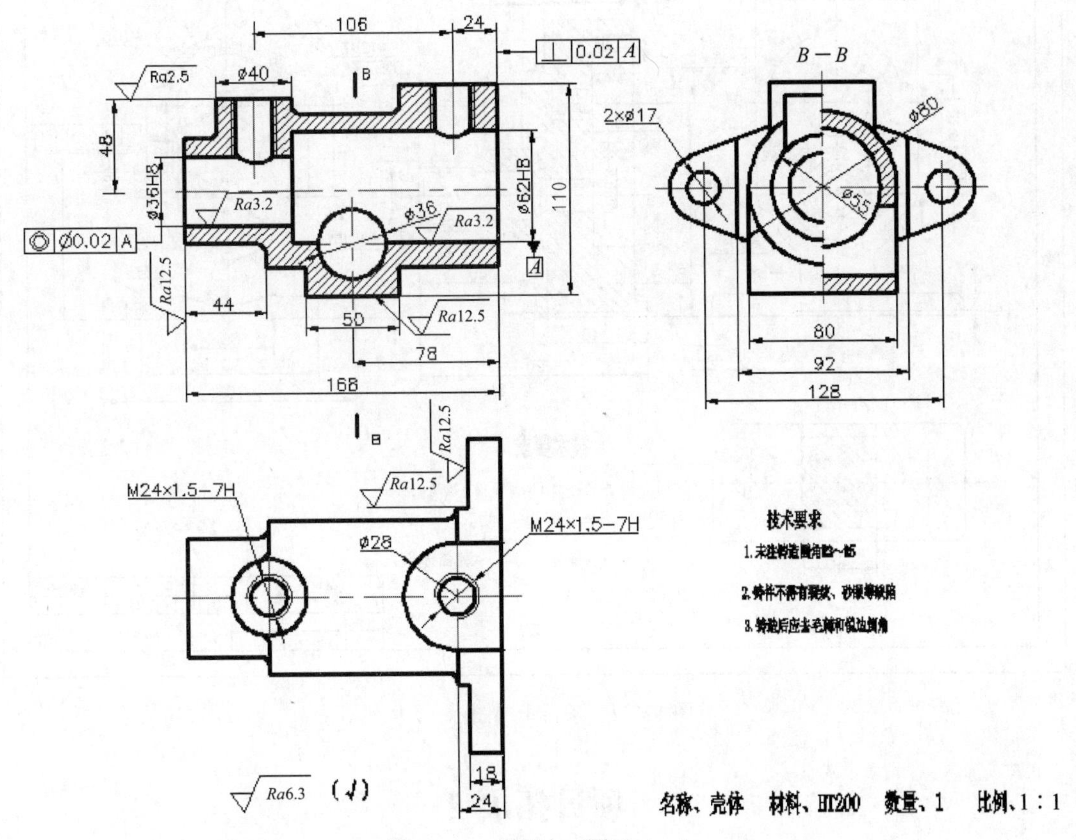

图 12-10　项目十二图示（一）

项目拓展 1

一、基本要求

1．绘制零件图

选择合适图纸模板，绘制图 12-11 所示零件。

2．标注尺寸

按照图 12-11 所示尺寸进行标注。

3．保存文件

将完成的图形以“全部缩放”的形式显示，并以“项目十二：拓展项目 1.dwg”为文件名保存在自己的文件夹。

二、图示效果

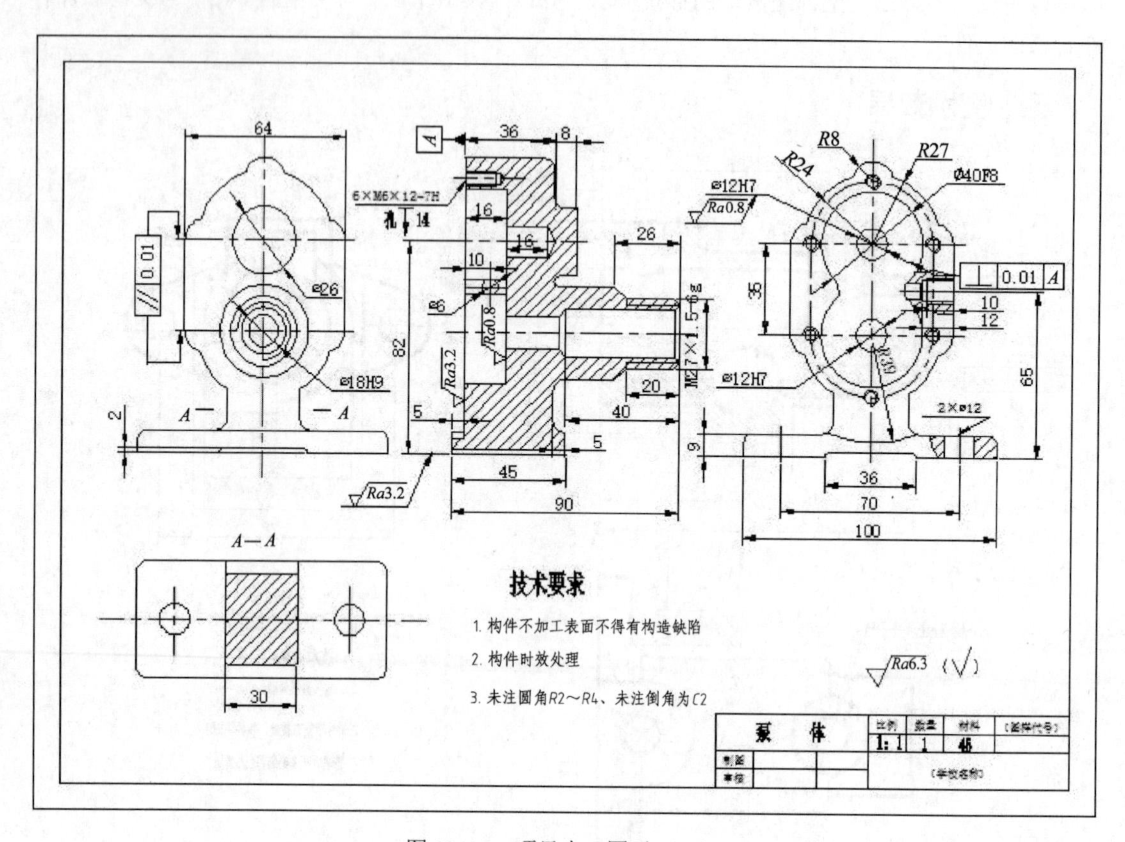

图 12-11　项目十二图示（二）

项目拓展 2

一、基本要求

1．绘制零件图

选择合适图纸模板，绘制图 12-12 所示零件。

2．标注尺寸

按照图 12-12 所示尺寸进行标注。

3．保存文件

将完成的图形以“全部缩放”的形式显示，并以“项目十二：拓展项目 2.dwg”为文件名保存在自己的文件夹。

二、图示效果

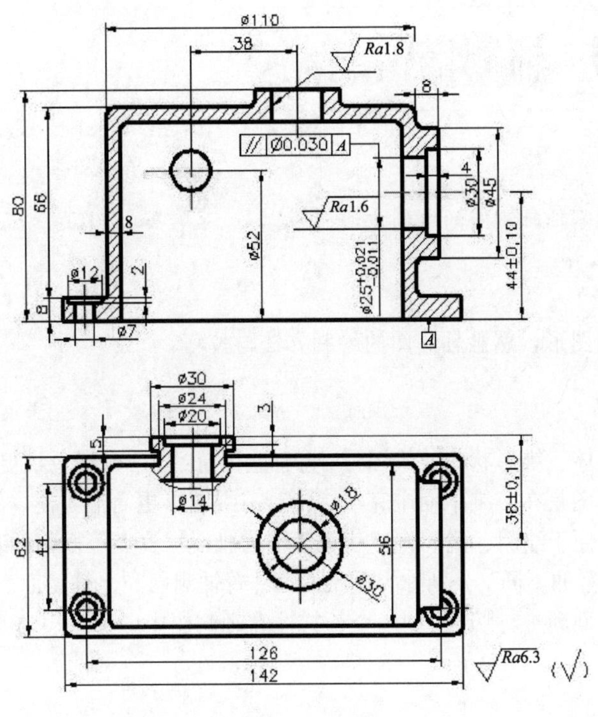

图 12-12　项目十二图示（三）

项目十三 轴测图的绘制

本项目主要介绍零件轴测图的绘制方法。

项目目标

通过绘制轴测图图形，熟悉轴测图的绘制方法与技巧。

相关知识

轴测图是反映物体三维形状的二维图形，它有立体感，能帮人们更快更清楚地认识产品结构。绘制一个零件的轴测图是在二维平面中完成，相对三维图形更简洁方便。一个实体的轴测投影只有三个可见面，为了便于绘图，我们将这三个面作为画线、找点等操作的基准平面，并称它们为轴测平面，根据其位置的不同，分别称为左轴测面、右轴测面和上轴测面。当激活轴测模式之后，就可以分别在这三个面间进行切换。如一个长方体在轴测图中的可见边与水平线夹角分别是 30°、90°和 120°。

一、基本设置

1．新建图形

创建一张新图，选择默认设置。

2．设置对象捕捉

绘制轴测图时，经常会用到“端点”“中点”“角点”“圆心”和“象限点”等，打开“草图设置”对话框，选择“对象捕捉”选项卡进行设置。

3．设置极轴追踪

设置极轴追踪中的角度增量为 30°，这样才能从已知对象开始沿 30°、90° 或 150° 方向追踪。

4．设置图层

图层根据绘制图样所需要的线型设置。

5．设置捕捉类型和样式

（1）方法一：“工具”→“草图设置”“捕捉”和“栅格”→捕捉类型：等轴测捕捉，如图 13-1 所示。

（2）方法二：在命令提示符下输入：snap→“样式：s”→“等轴测：i”→“输入垂直间距：1”→激活完成。

图 13-1　捕捉和栅格对话框

```
命令: snap
指定捕捉间距或 [开(ON)/关(OFF)/纵横向间距(A)/样式(S)/类型(T)] <10.0000>: s
输入捕捉栅格类型 [标准(S)/等轴测(I)] <S>: i
指定垂直间距 <10.0000>: 1
```

6．绘制轴测图

绘制轴测图时，要在不同的等轴测面绘制图形，其切换方法是用【F5】或【Ctrl+E】依次切换上、右、左三个面。

二、在轴测投影模式下画直线和椭圆

直线的画法如下。

（1）输入坐标点的画法：

与 X 轴平行长度为 50 的线，极坐标角度应输入 30°，如@50<30。

与 Y 轴平行长度为 50 的线，极坐标角度应输入 150°，如@50<150。

与 Z 轴平行长度为 50 的线，极坐标角度应输入 90°，如@50<90。

所有不与轴测轴平行的线，则必须先找出直线上的两个点，然后连线。

（2）也可以打开正交状态进行画线，即可以通过正交在水平与垂直间进行切换而绘制出来。

【实训 13-1】立方体的绘制

在激活轴测状态下，打开正交，绘制的一个长度为 50 的正方体图形。

- 激活轴测→启动正交，当前面为右面图形。
- 直线工具→定第一点 1→水平方向移动 10 到点 2→垂直方向移动 10 到点 4→水平反方向移动 10 到点 3→C 闭合。
- 按【F5】：切换至上面→指定顶边一角点 1→X 方向移动 10 到点 5→Y 方向移动 10 到点 6→X 方向移动 10→C 闭合。
- 【F5】：切换到左面→指定底边右角点 3→水平方向移动 10 到点 7→向上垂直方向移动 10→按【Enter】键，如图 13-2 所示。

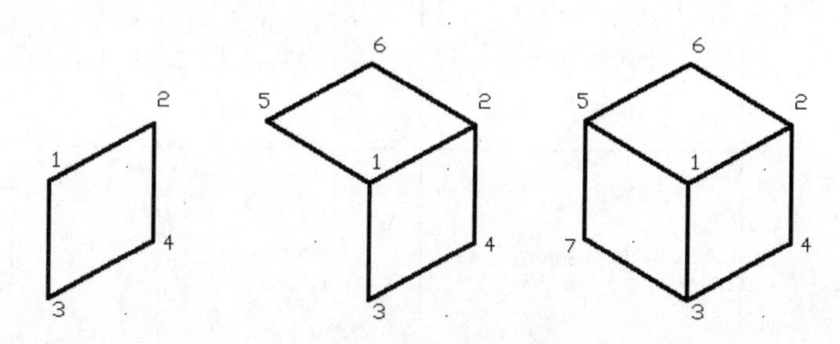

图 13-2　立方体的绘制

【实训 13-2】圆的画法

圆的轴测投影是椭圆，当圆位于不同的轴测面时，投影得到的椭圆长、短轴的位置是不相同的。

操作方法：激活轴测→选定画圆投影面→椭圆工具→等轴测圆：i→指定圆心→指定半径→按【Enter】键。

如在正六体面上表面作椭圆：

```
命令: <等轴测平面 上>
```

```
命令: _ellipse
指定椭圆轴的端点或 [圆弧(A)/中心点(C)/等轴测圆(I)]: i
指定等轴测圆的圆心:
指定等轴测圆的半径或 [直径(D)]: 25
```

其他方位的椭圆自己绘制，完成后如图 13-3 所示。

图 13-3　绘制立方体各面上的圆

三、轴测图中的文字及尺寸

为了使用某个轴测面中的文本看起来像是在该轴测面内，必须根据各轴测面的位置特点将文字或尺寸倾斜某个角度值，以使它们的外观与轴测图协调起来，否则立体感不强。

如图 13-4 和图 13-5 所示的标注方法是错误的，正确的标注方法见表 13-1 所示。

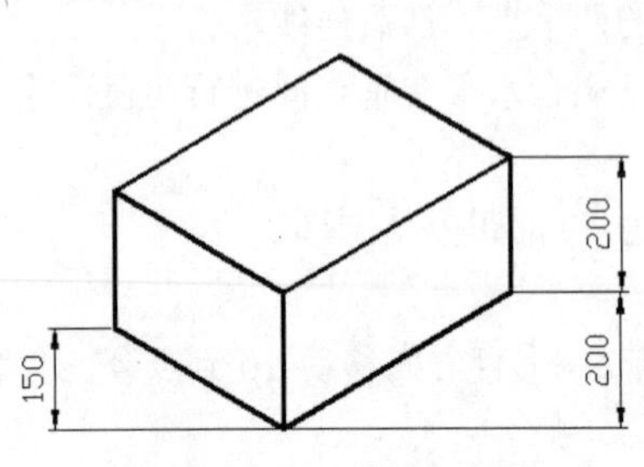

图 13-4　用“线性”标注

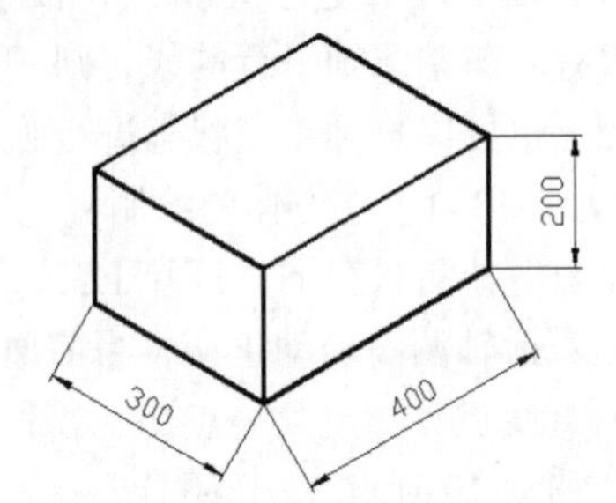

图 13-5　用“对齐”标注

表 13-1　轴测图标注图示表

标　注	标注样式	倾斜角度	效　果
长　度	倾斜-30°	-30°	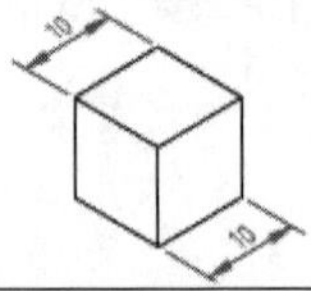
	倾斜 30°	90°	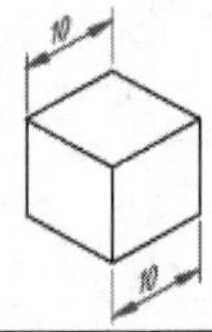
宽　度	倾斜负 30°	90°	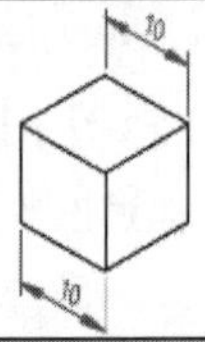
	倾斜 30°	30°	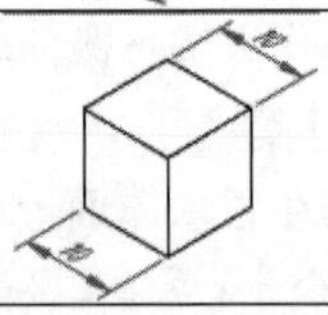

续表

标　注	标注样式	倾斜角度	效　果
高　度	倾斜 30°	–30°	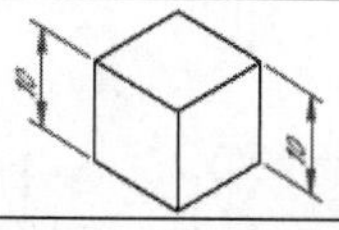
	倾斜–30°	30°	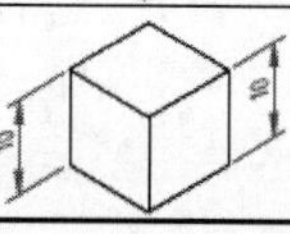

1．在轴测面上各文本的倾斜

（1）在左轴测面上，文本需采用–30°倾斜角，同时旋转–30°角。

（2）在右轴测面上，文本需采用 30°倾斜角，同时旋转 30°角。

（3）在上轴测面上，平行于 *X* 轴时，文本需采用–30°倾斜角，旋转角为 30°；平行于 *Y* 轴时需采用 30°倾斜角，旋转角为–30。

文字的倾斜角与文字的旋转角是不同的两个概念，前者在水平方向左倾（在–90°～0 间）或右倾（0～90°间），后者是以文字起点为原点进行 0～360°间的旋转，也就是在文字所在的轴测面内旋转。

2．文字倾斜角度设置

格式→文字样式→倾斜角度→应用/关闭（分别新建两个倾斜角为 30°和–30°的文字样式）。

3．标注尺寸

为了让某个轴测面内的尺寸标注看起来像是在这个轴测面中，就需要将尺寸线、尺寸界线倾斜某一个角度，以使它们与相应的轴测面平行。同时，标注文本也必须设置成倾斜某一角度的形式，才能使用文本的外观具有立体感。

（1）绘制一个长 400，宽 300、高 200 的长方体。

（2）用“标注”→“倾斜”菜单命令，选中 400 的尺寸，捕捉长方体的端点为基点，给出倾斜的方向，如图 13–6（a）所示。

（3）确定后，尺寸界线发生了倾斜，符合了标注要求，但尺寸数字还是不正确。此时应该把尺寸数字旋转–30°（选中 400 尺寸，将其置于–30° 的文字样式中），如图 13–6（b）。同样用“标注”→“倾斜”菜单命令，给出倾斜方向，得到如图 13–6（c）

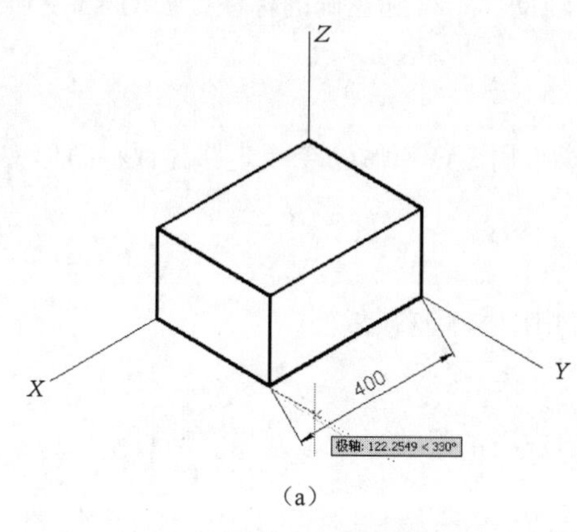

（a）

图 13–6　标注步骤图示

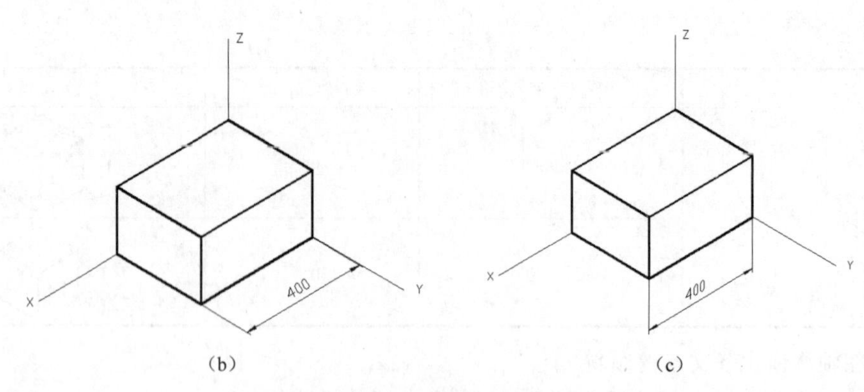

（b） （c）

图 13-6 标注步骤图示（续）

（4）用相同“倾斜”和“旋转”的方法，得到宽度和高度方向的正确标注。

4．圆的尺寸标注

圆的轴测图为椭圆，在 CAD 绘图界面上不能直接进行标注，需要先做一个辅助圆，对这个辅助圆进行标注，再通过“修改”命令，对其尺寸进行修改。

（1）绘制一个带有椭圆的图形，如图 13-7 所示。

（2）以椭圆的中心为圆心，适当长为半径（此时不需要很标准，只要与椭圆有交点就行），画一个圆，与椭圆相交于 *A* 点，如图 13-8 所示。

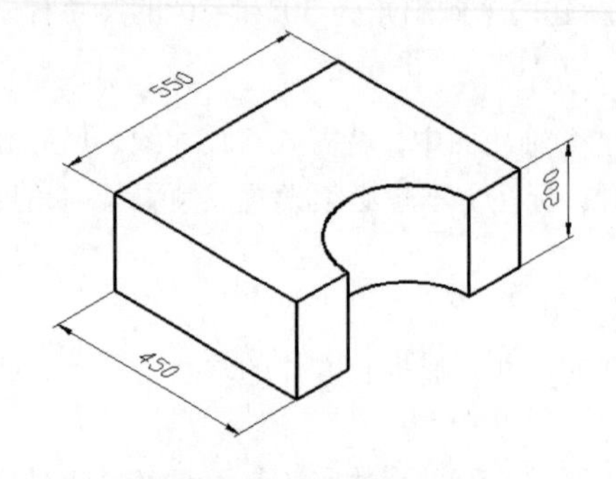

图 13-7 带有椭圆的轴测图

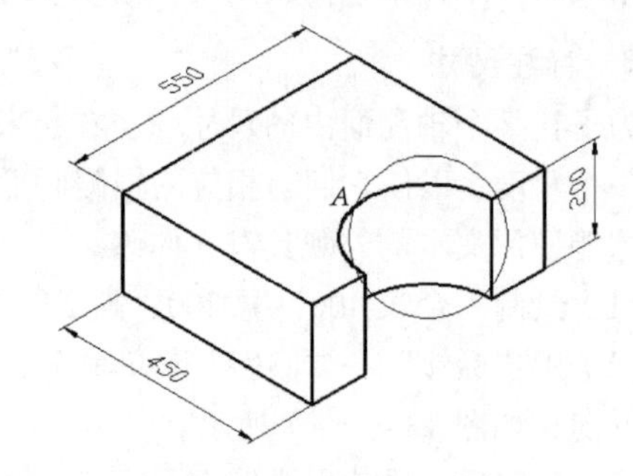

图 13-8 绘制辅助圆

（3）通过椭圆的圆心，标注圆的半径，箭头尽量靠近 *A* 点，用修改编辑命令将尺寸 *R*162.9，改为 *R*150，并删除标记 *A* 和辅助圆，得到正确的标注，如图 13-9 所示。

项目描述

按图 13-10 所示绘图完毕，用 SAVEAS 命令指定路径保存图形文件，文件名为“项目十三：示范项目.dwg”。

1．绘制轴测图

选择合适图纸模板，绘制图 13-1 所示零件。

2．保存文件

将完成的图形以“全部缩放”的形式显示，并以“项目十三：示范项目.dwg”为文件名保存在自己的文件夹。

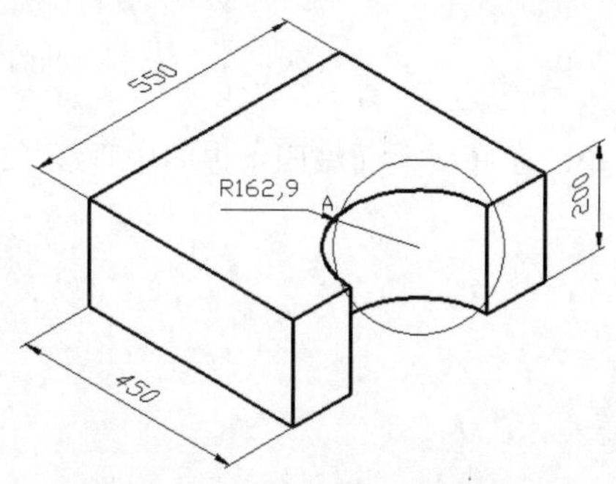

图 13-9　完成圆的尺寸标注

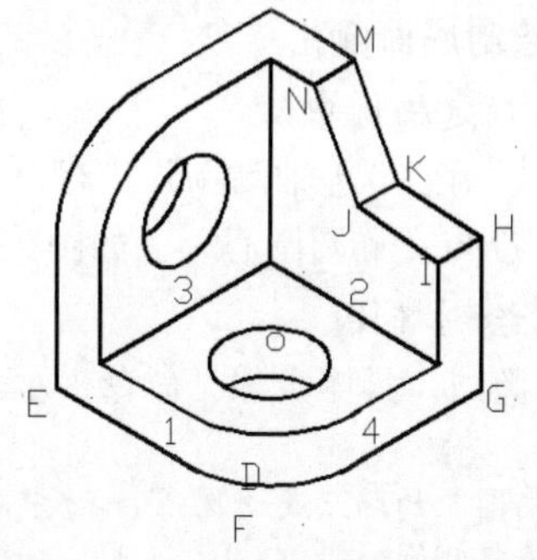

图 13-10　完轴测图示范项目图示

项目实施

1. 新建绘图界面

新建一个绘图界面，并进行必要的设置。

2. 绘制上表面

按【F5】键，将光标切换至“等轴测上”状态，调用直线命令，打开“正交”，在屏幕上任意选择一点，作为绘图的起点。分别绘制 *A*、*B*、*C*、*D* 4 点，如图 13-11 所示。

```
命令: _line 指定第一点:
指定下一点或 [放弃(U)]: 50
指定下一点或 [放弃(U)]: 50
指定下一点或 [闭合(C)/放弃(U)]: 50
指定下一点或 [闭合(C)/放弃(U)]: c
```

3. 绘制底板左侧面（*ADEF*）和右面（*DCFG*）

分别绘制底板左侧面（*ADEF*）和右面（*DCFG*），如图 13-12 所示。

```
命令:_line 指定第一点:
指定下一点或 [放弃(U)]:  <正交 开> 10
指定下一点或 [放弃(U)]:  <等轴测平面 左> 50
指定下一点或 [闭合(C)/放弃(U)]: c
命令: _line 指定第一点:
指定下一点或 [放弃(U)]:  <等轴测平面 上> 50
指定下一点或 [放弃(U)]:  <等轴测平面 右>
指定下一点或 [闭合(C)/放弃(U)]:
```

4. 绘制右侧、后侧立板并进行修剪

分别绘制右侧、后侧立板并进行修剪，如图 13-13 所示。

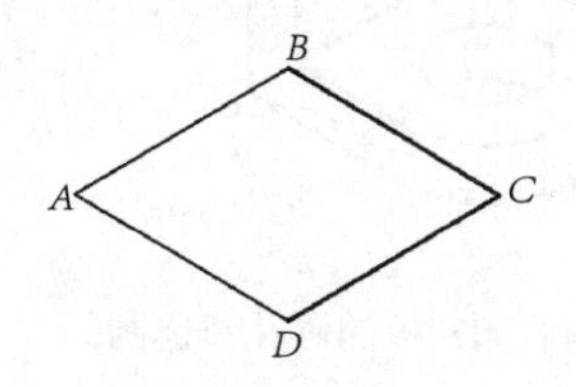

图 13-11　绘制底板上表面

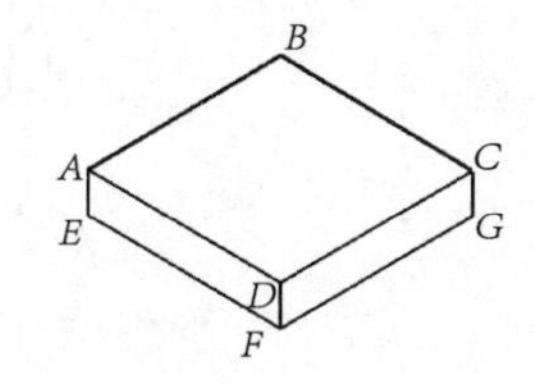

图 13-12　绘制底板左面和右面

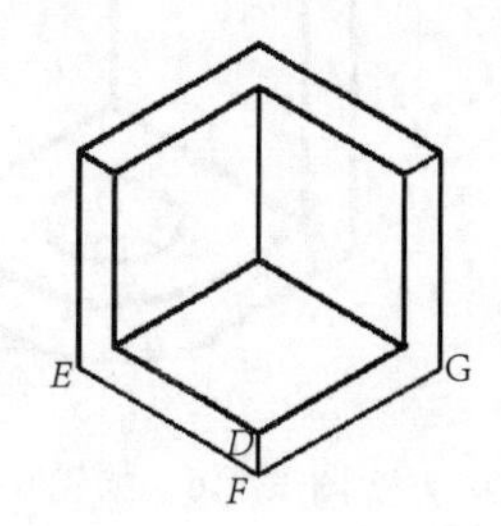

图 13-13　绘制右侧、后侧立板

5．绘制底面圆孔

（1）确定椭圆中心

将光标调至“等轴测上”状态，调用“直线”命令，在底板上面做四条边的中垂线 12、34，并相交于 *O* 点（椭圆圆心），如图 13-14 所示。

（2）绘制椭圆

绘制椭圆，具体步骤见命令提示。

```
命令: _ellipse
指定椭圆轴的端点或 [圆弧(A)/中心点(C)/等轴测圆(I)]: i
指定等轴测圆的圆心:(O点)
指定等轴测圆的半径或 [直径(D)]: 20
```

（3）绘制下底面椭圆

将 *O* 点向下绘制竖直线长度为 10，作为下底面椭圆的圆心，然后调用椭圆命令，绘制椭圆（也可以利用复制命令，将上表面的椭圆在下底面复制），如图 13-14 所示。

（4）修改图形

删除确定中心的辅助直线，再进行修剪，如图 13-15 所示。

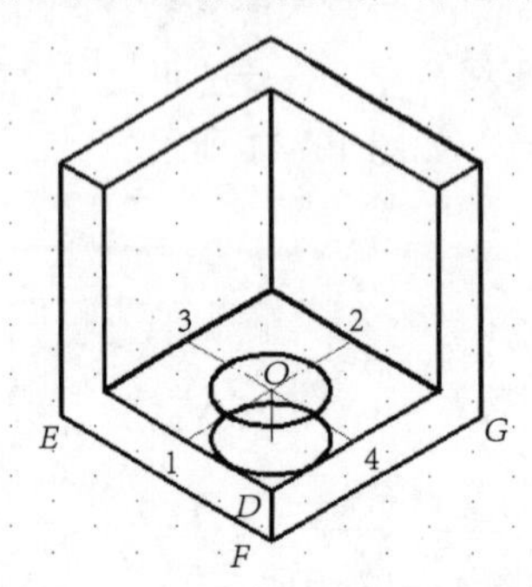

图 13-14　绘制底板上下表面椭圆

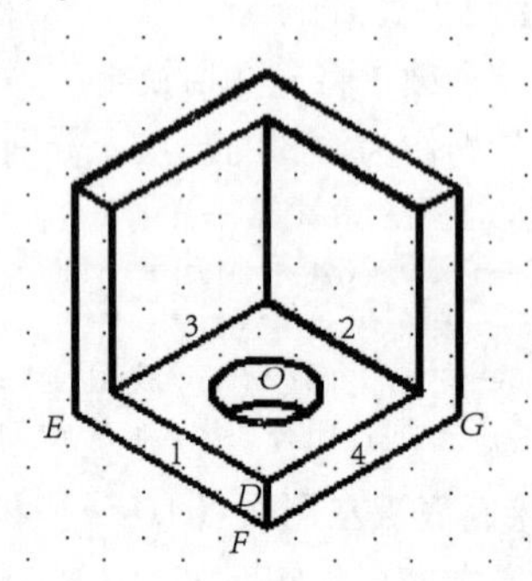

图 13-15　修剪完成底板圆孔

6．绘制底板圆角

调用椭圆命令，以 Φ20 圆的圆心为圆心，绘制 *R*20 的椭圆，并向下复制、修剪，如图 13-16 所示。

7．绘制后侧立板的圆孔和倒圆角

绘制后侧立板的圆孔和倒圆角，方法同前，如图 13-17 所示。

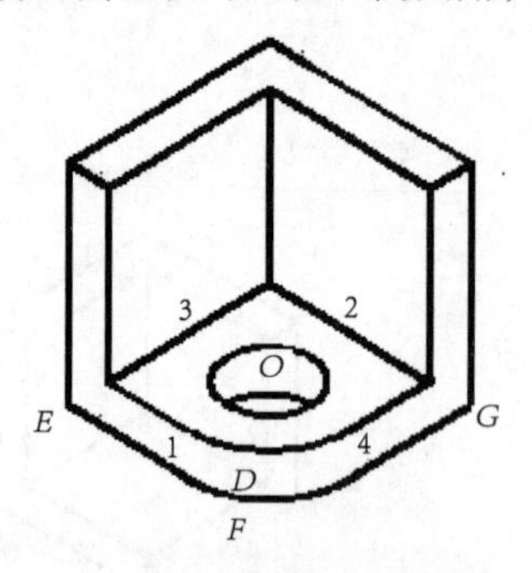

图 13-16　绘制底板圆角

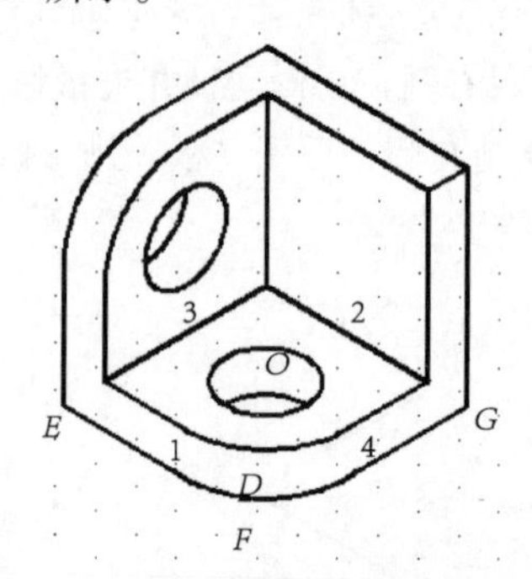

图 13-17　绘制后侧立板的圆孔和倒圆

8．绘制右侧立板结构

绘制右侧立板结构（用坐标输入尺寸，注意调整光标），具体见命令提示。

```
命令: _line 指定第一点:(绘制 M、N 点)
指定下一点或 [放弃(U)]: 20
指定下一点或 [放弃(U)]:  <等轴测平面 上> 10
指定下一点或 [闭合(C)/放弃(U)]: *取消*
命令: _line 指定第一点:(绘制 I、H点)
指定下一点或 [放弃(U)]:  <等轴测平面 右> 20
指定下一点或 [放弃(U)]: 10
指定下一点或 [闭合(C)/放弃(U)]: *取消*
```

利用 I、H 点作直线至 J、K 点，如图 13-18 所示。

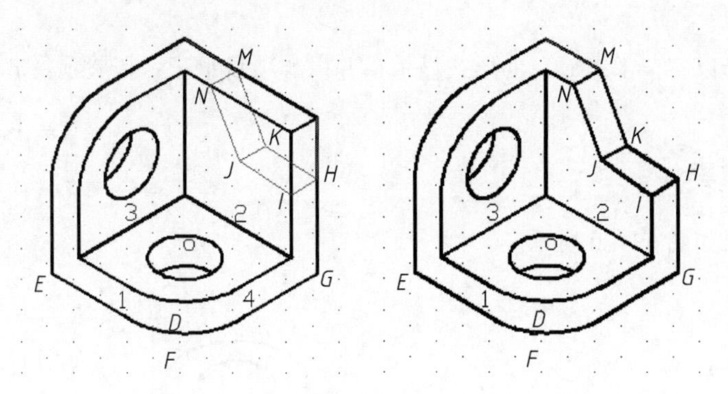

图 13-18　绘制右侧立板结构

项 目 练 习

一、基本要求

1．绘制轴侧图

选择合适的图纸模板，绘制图 13-19 所示零件轴测图。

2．标注尺寸

按照图示尺寸进行标注。

3．保存文件

将完成的图形以“全部缩放”的形式显示，并以“项目十三：练习项目.dwg”为文件名保存在自己的文件夹。

二、图示效果

最终图示效果如图 13-19 所示。

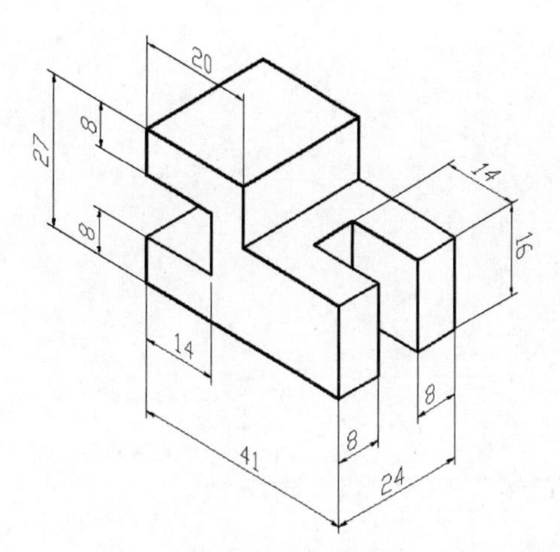

图 13-19　项目十三图示（一）

项目拓展

一、基本要求

1．绘制轴侧图

选择合适图纸模板，绘制图 13-20 所示零件轴测图。

2．标注尺寸

按照图示尺寸进行标注。

3．保存文件

将完成的图形以“全部缩放”的形式显示，并以“项目十三：拓展项目.dwg”为文件名保存在自己的文件夹。

二、图示效果

最终图示效果如图 13-20 所示。

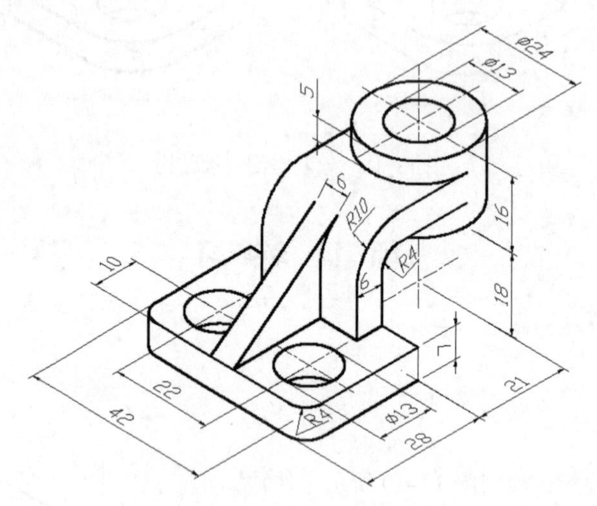

图 13-20　项目十三图示（二）

项目十四 装配图的绘制

本项目主要介绍装配图的绘制方法。

项目目标

通过绘制图形，熟悉轴测图的绘制方法与技巧。

相关知识

在现代机械设计中，从设计的角度出发，一般是先绘制装配图，然后拆画零件图并进行零件设计；如果是对已有的部件或机器测绘，则是先绘制装配示意图，再绘制零件图，最后根据零件图绘制装配图。

在使用 CAD 绘制装配图的时候，通常是先绘制零件图，然后创建图块，使用插入块命令，将所绘制的零件图拼装成装配图，再根据装配关系利用编辑修改命令完成装配图。其特点是速度快、精度高、修改方便，大大提高了工作效率。

项目描述

本项目以齿轮油泵为例，说明在 AutoCAD 中如何绘制装配图。

齿轮油泵是机器中用来输送润滑油的一个部件，它依靠一对齿轮的高速旋转运动输送润滑油，如图 14-1 所示。

当一对齿轮在泵体内作高速啮合传动时，啮合区内一边空间的压力降低而产生局部真空，油池内的润滑油在大气压的作用下进入油泵低压区内的吸油口，随着齿轮的转动，齿槽中的润滑油不断地从进油口一边被带到压油口一边压出，并输送到其中需要润滑的地方，如图 14-2 所示。

图 14-1　齿轮油泵

1．绘制零件图

选择合适图纸模板，绘制齿轮油泵各零件图，并分别保存成图块。

2．绘制装配图

将各零件图组合成装配图。

3．保存文件

将完成的图形以“全部缩放”的形式显示，并以“项目十四：示范项目项目.dwg”为文件名保存在自己的文件夹。

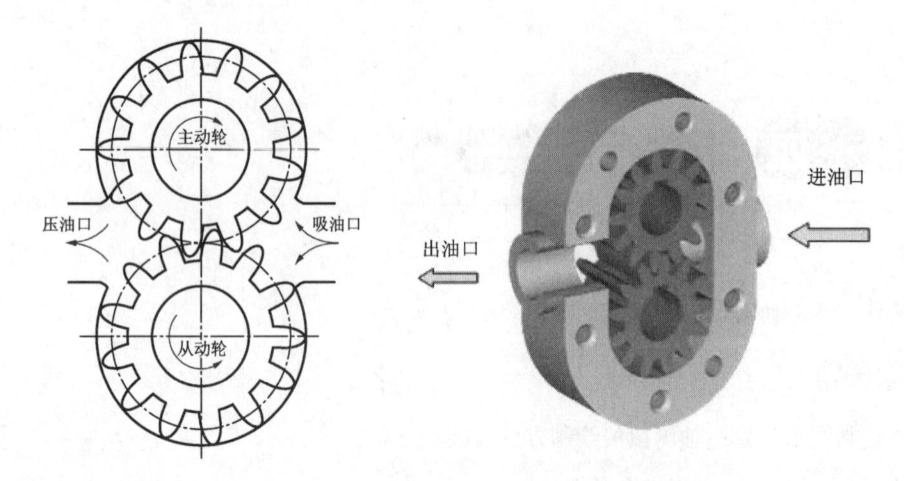

图 14-2　齿轮油泵工作原理

项目实施

1. 绘制零件图

本教材所选用的齿轮油泵共由 11 个零件组成（见表 14-1）。其中螺钉、圆柱销为标准件，填料、垫片也是标准件，其规格和标准号均可在设计手册中查到，所以不必绘制零件图。

另有 4 个零件，在平时练习中已经绘制零件图，也可以不绘制（见表 14-1）。还有 3 个零件需要绘制零件图。

表 14-1　齿轮油泵零件一览表

序　号	名　称	数　量	材　料	备　注	已绘制的零件图
1	齿轮	2	40Cr		项目 10、拓展项目 1
2	主动齿轮轴	1	45		项目 9、练习项目 2
3	泵盖	1	HT200		项目 10、拓展项目 2
4	圆柱销 4×20	2	35	GB/T119.1—2000	查阅国标
5	传动齿轮轴	1	45		见图 14-3
6	螺钉 M6×16	6	Q235A	GB/T70—2000	查阅国标
7	密封垫片	1	红纸板		
8	泵体	1	HT200		项目 12、拓展项目 1
9	填料		石棉绳		
10	压盖	1	45		见图 14-4
11	压紧螺母	1	45		见图 14-5

2. 将已绘制的零件图定义块

利用创建图块的命令（WBLOCK）依次定义为块，供装配图绘制时调用。为保证绘制装配图时各个零件之间的相互位置和装配关系，在创建图块时，要注意选择好插入基准点。

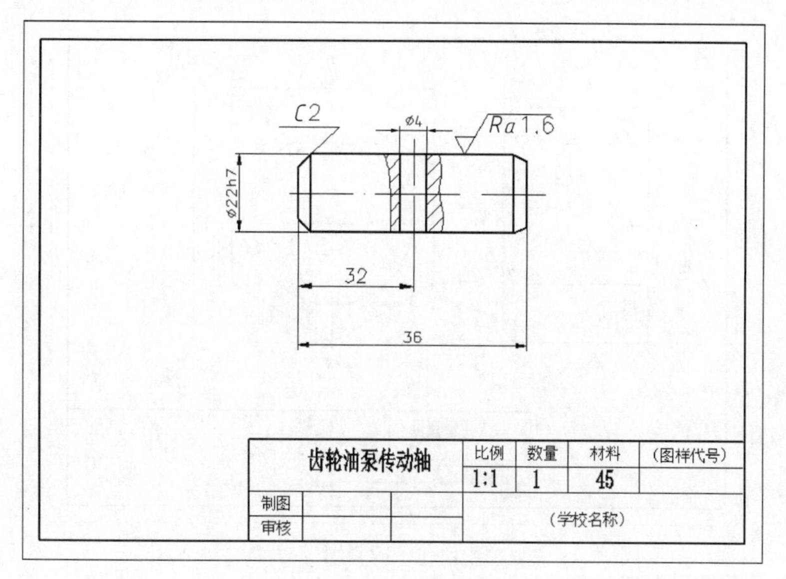

图 14-3　齿轮油泵传动轴

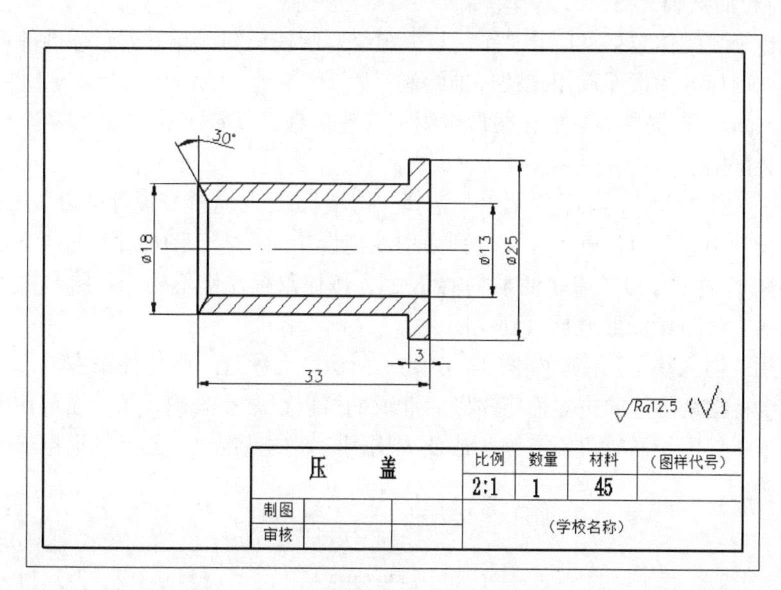

图 14-4　压盖

3．绘制装配图的注意事项

（1）在绘图界面上选定绘制装配图的基点，以保证绘制的图形基本居于绘图边框的中间位置。

（2）要注意插入的顺序。如在绘制油泵的装配图时，先定位主动齿轮轴，在此基础上分别插入齿轮、传动齿轮轴、泵体、泵盖、压紧螺母、压盖，最后完成螺母、圆柱销及填料等。

（3）插入零件时，有些线段在装配图中会造成零件间相互遮挡，应该修剪掉。

（4）尺寸标注应按照装配图的尺寸要求进行标注，原来零件图上所作的尺寸标注基本上要删除掉。也可将图形与尺寸分层放置，插入零件图时将其尺寸冻结。

（5）注意剖面线的方向，根据装配图的规定，相邻两零件的剖面线使用不同的方向。若是相邻两了零件装配后，其方向一致，则需要进行修改。

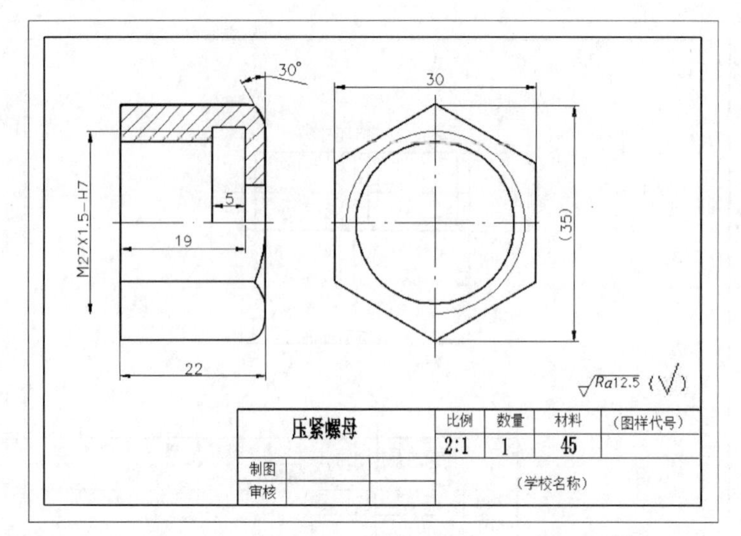

图 14-5 压紧螺母

4．绘制齿轮油泵装配图

齿轮油泵整个装配体包括 11 个零件，其中螺纹、圆柱销和填料等属于标准件可根据规格、型号从用户建立的标准图形库调用或按标准绘制。

下面利用 AutoCAD 提供的集成化图形组织和管理工具，以装配示意图为参考，用“拼装法”绘制齿轮油泵装配图。

（1）选择“工具”按钮，在下拉菜单中选择“选项板”，再选择“设计中心”，如图 14-6（a）所示。出现“设计中心”对话框，在文件列表中找到齿轮油泵零件图的储存位置，在“内容区”选择要插入的图形文件，如“齿轮油泵主轴.dwg”，按住鼠标左键不松，将图形拖入绘图区的空白处，释放鼠标左键，该图形便插入到绘图区。

还可以利用“插入块”功能，如图 14-6（b）所示。名称选“齿轮油泵主轴”，第一个图形的“插入点”要视在绘图区的位置而定（以后插入的可以以基点来确认），“缩放比例”要根据所绘制的零件图（零件图绘制时可能有缩小或放大比例绘制的情况），“旋转”根据该零件在装配图中的安放位置确定。

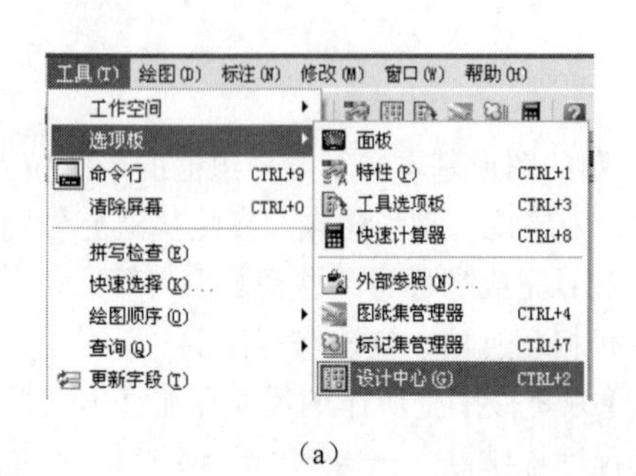

（a）

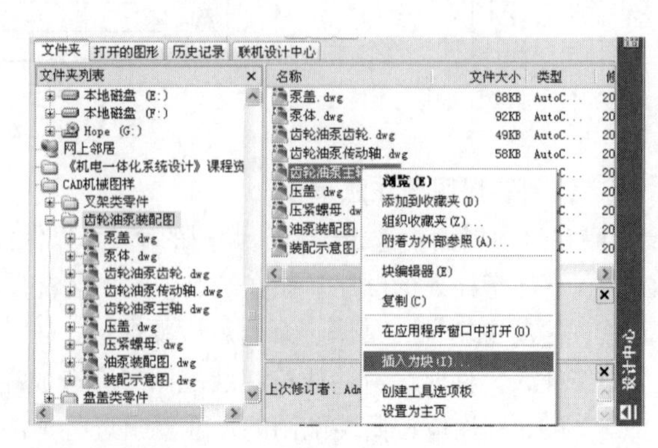

（b）

图 14-6 插入主轴

注意，要选择“分解”是为了利用“擦除”或“修剪”命令删除或修剪多余线条，完成后如图 14-7 所示。

（2）按上述步骤插入齿轮。注意插入的基点，并作必要的修剪，如图 14-8 所示。

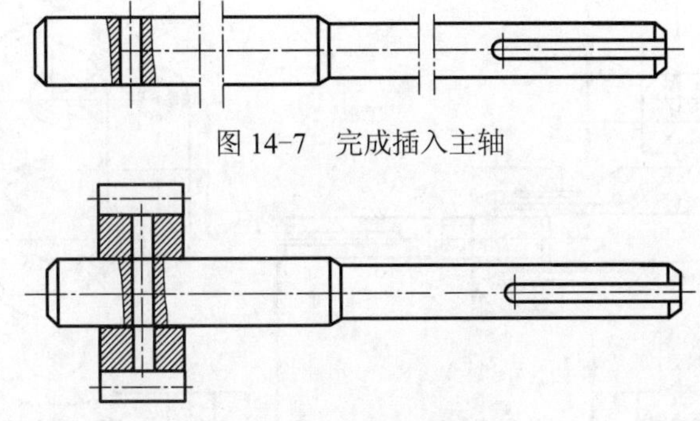

图 14-7　完成插入主轴

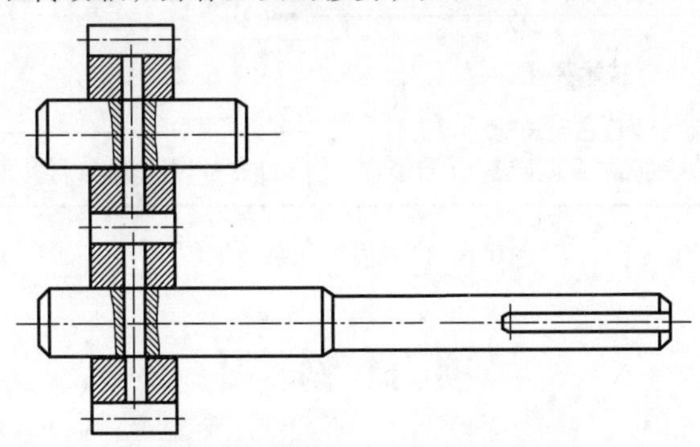

图 14-8　完成插入齿轮

（3）插入另一齿轮和传动轴，并作必要的修剪，如图 14-9 所示。

图 14-9　完成插入另一齿轮和传动轴

（4）依次插入其他零件，并作必要的修剪。直至完成全图，如图 14-10 和图 14-11 所示。

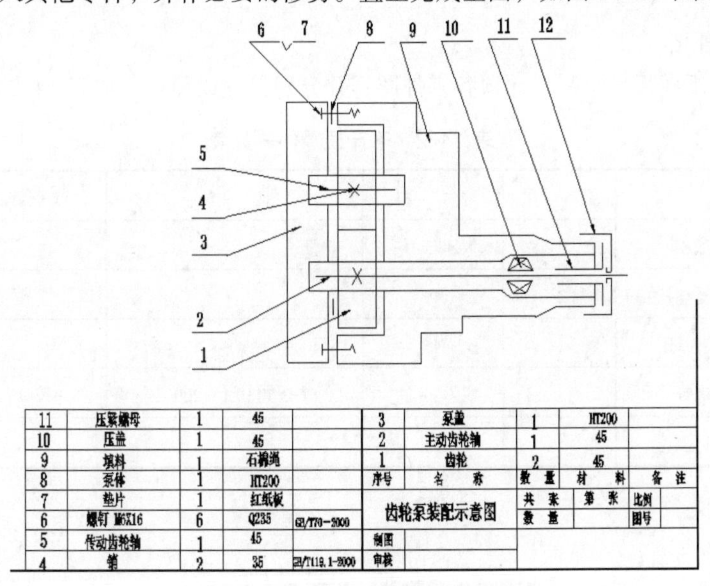

11	压紧螺母	1	45		3	泵盖	1	HT200	
10	压盖	1	45		2	主动齿轮轴	1	45	
9	填料	1	石棉绳		1	齿轮	2	45	
8	泵体	1	HT200		序号	名　称	数　量	材　料	备　注
7	垫片	1	红纸板		齿轮泵装配示意图		共　张	第　张	比例
6	螺钉 M6X16	6	Q235	GB/T70-2000			数　量		图号
5	传动齿轮轴	1	45		制图				
4	销	2	35	GB/T119.1-2000	审核				

图 14-10　齿轮油泵装配示意图

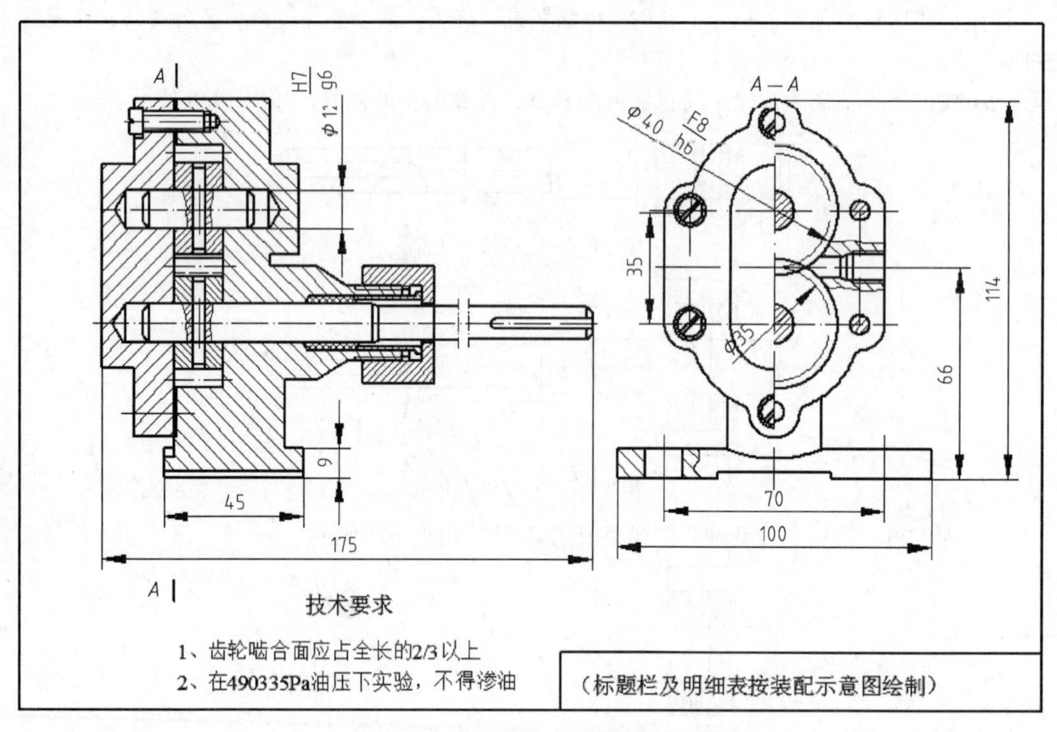

图 14-11 齿轮油泵装配图

项 目 练 习

一、基本要求

1. 绘制零件图

选择合适图纸模板，绘制千斤顶各零件图，并分别保存成图块，如表 14-2 所示。

表 14-2 千斤顶零件一览表

序 号	名 称	数 量	材 料	备 注	已绘制的零件图
1	底座	1	HT300		见图 14-12
2	起重螺杆	1	45		见图 14-13
3	旋转杆	1	45		见图 14-14
4	螺钉	1	30	GB/T119.1—2000	见图 14-15
5	顶盖	1	45		见图 14-16

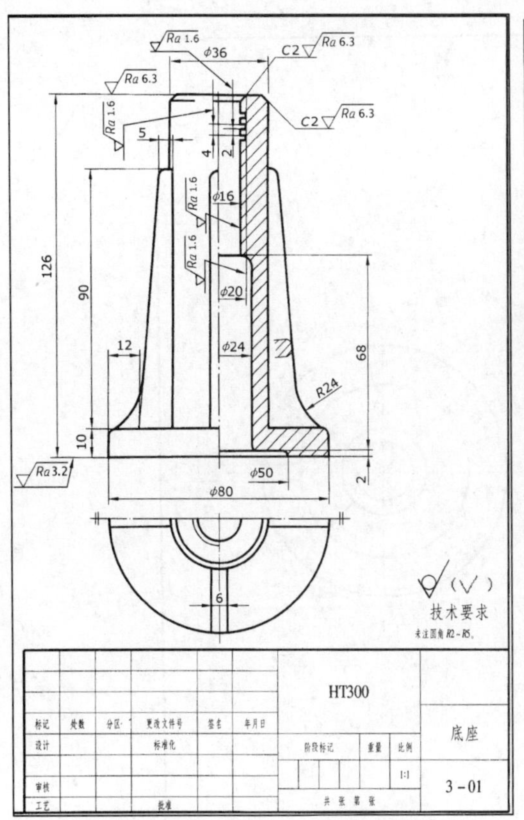

图 14-12　千斤顶底座

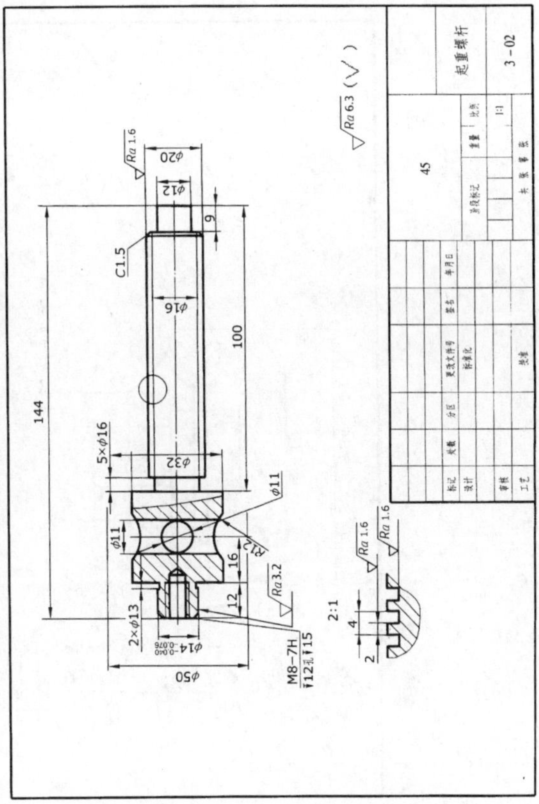

图 14-13　千斤顶起重螺杆

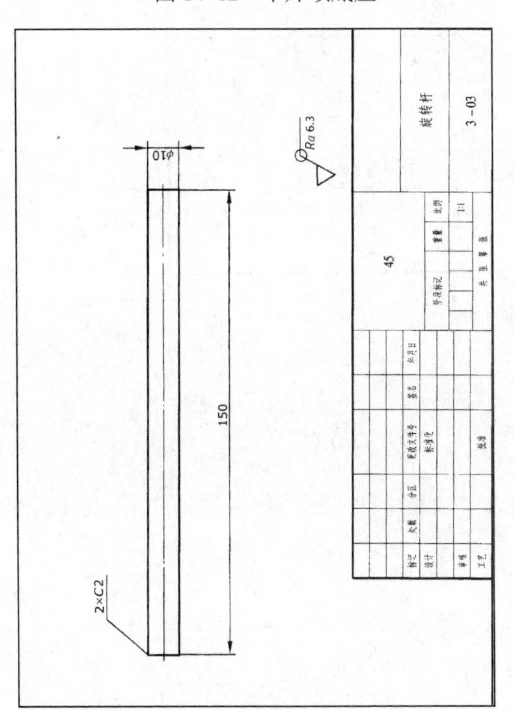

图 14-14　千斤顶旋转杆

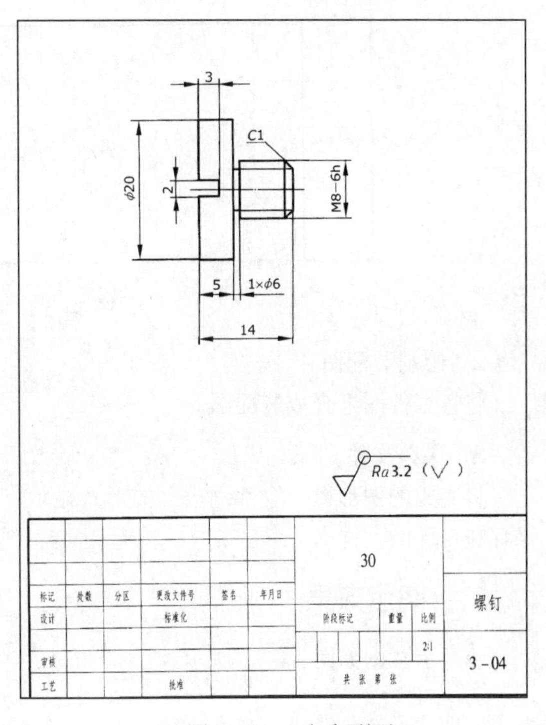

图 14-15　千斤顶螺钉

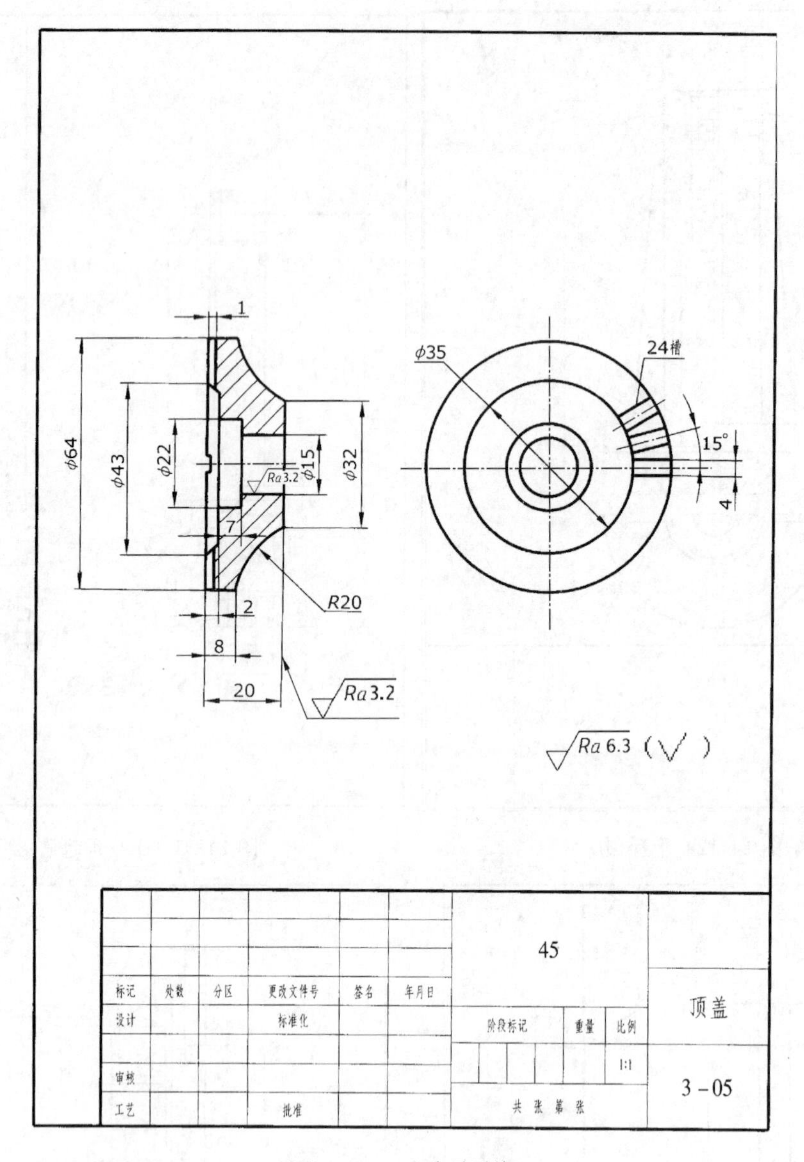

图 14-16　千斤顶顶盖

2．绘制装配图

将各零件图组合成装配图。

3．保存文件

将完成的图形以“全部缩放”的形式显示，并以“项目十四：示范项目项目.dwt”为文件名保存在自己的文件夹。

二、图示效果

装配示意图如图 14-17 所示。

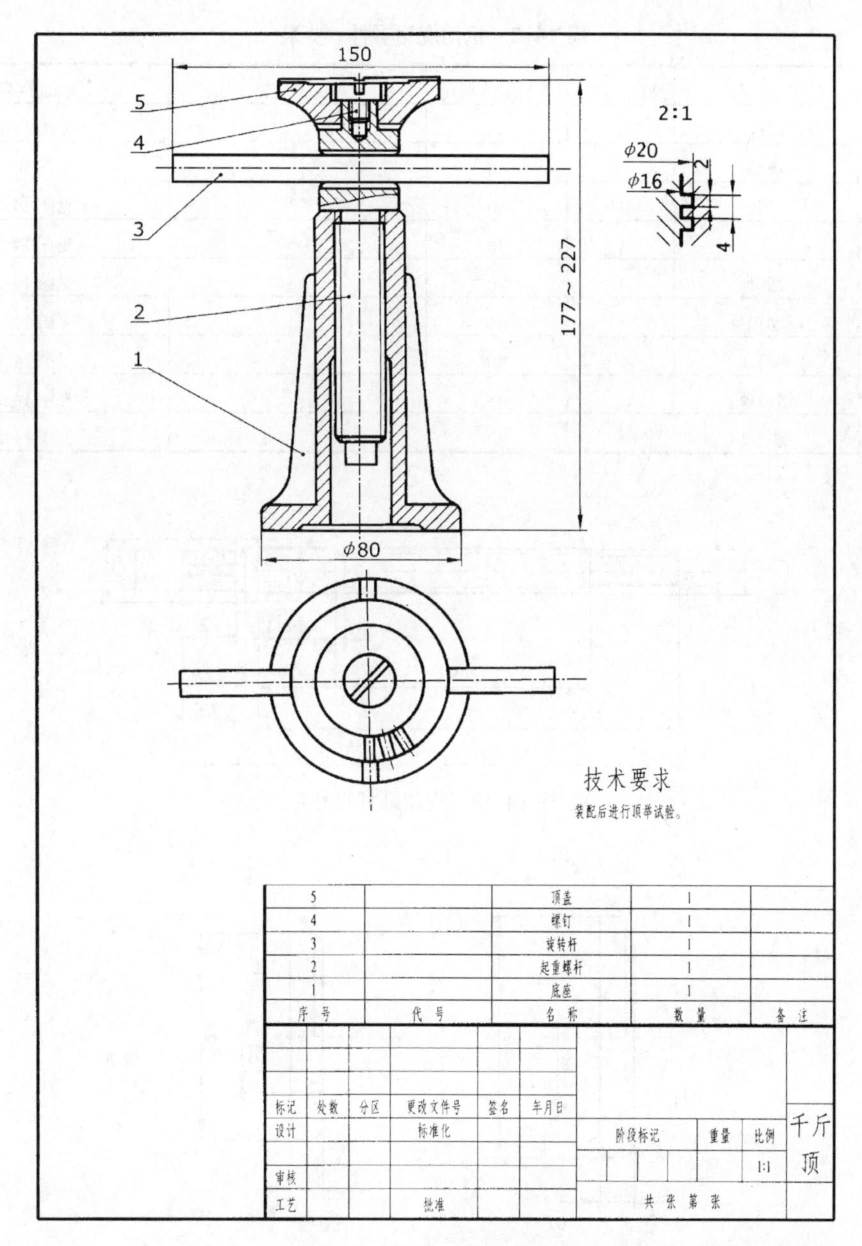

图 14-17 千斤顶装配示意图

项 目 拓 展

一、基本要求

1. 绘制零件图

选择合适图纸模板，绘制千斤顶各零件图，并分别保存成图块，如表 14-3 所示。

表 14-3 机用虎钳零件一览表

序　号	名　称	数　量	材　料	备　注	已绘制的零件图
1	螺杆	1	45		见图 14-18
2	垫圈	1	30		见图 14-19
3	销	1	30		见图 14-20
4	环	1	30		见图 14-21
5	螺母	1	30		见图 14-22
6	活动钳身	1	45		见图 14-23
7	螺钉 1	1	30		见图 14-24
8	钳口板	2	45		见图 14-25
9	螺钉 2	4	30		见图 14-26

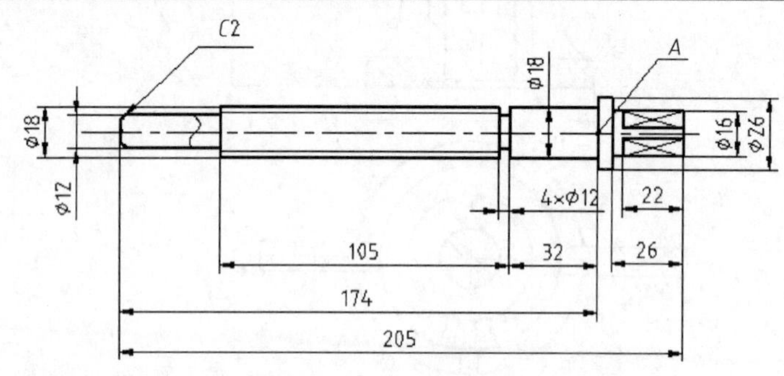

图 14-18　虎钳螺杆尺寸

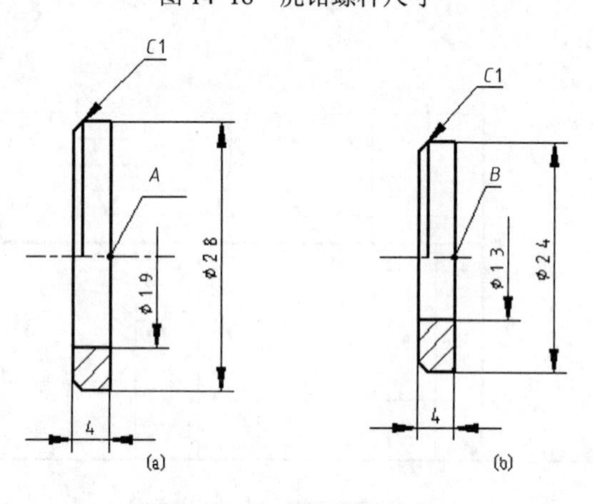

图 14-19　虎钳垫圈尺寸

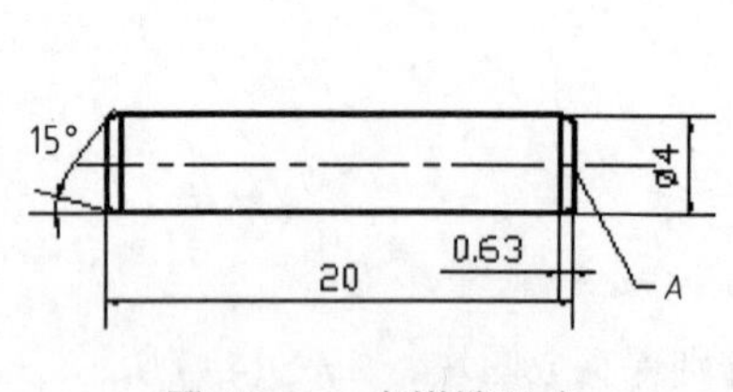

图 14-20　虎钳销尺寸

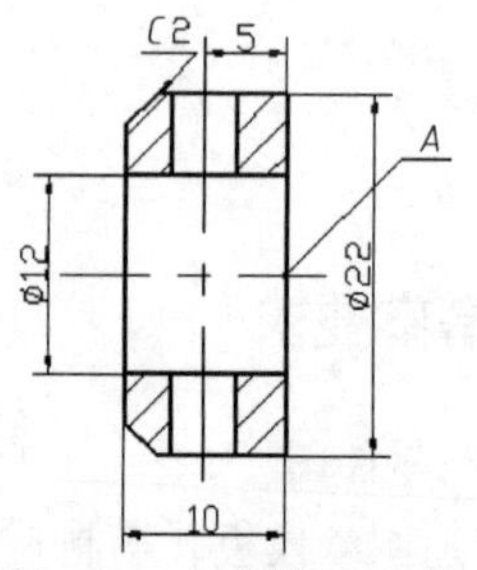

图 14-21　虎钳环尺寸

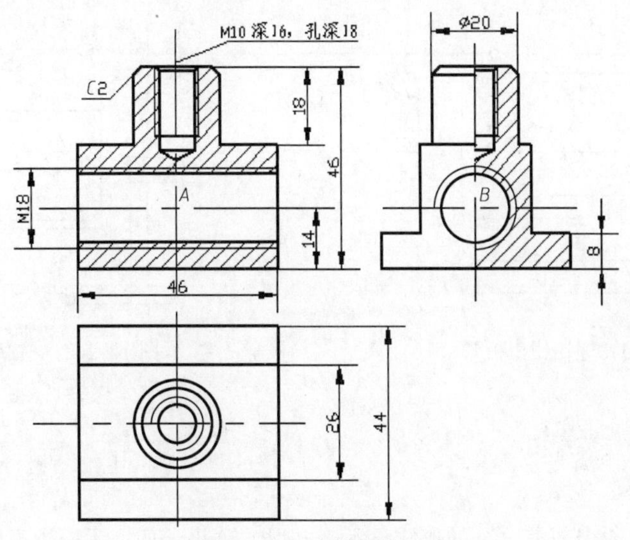

图 14-22 虎钳螺母尺寸

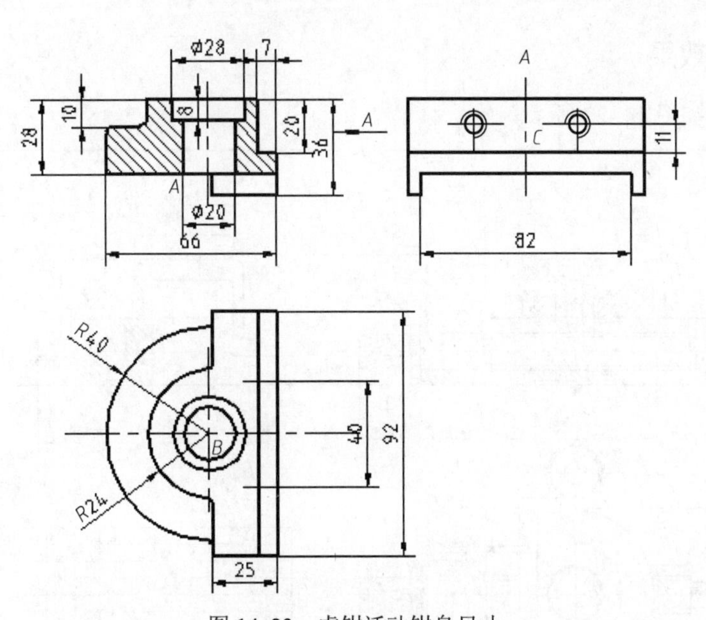

图 14-23 虎钳活动钳身尺寸

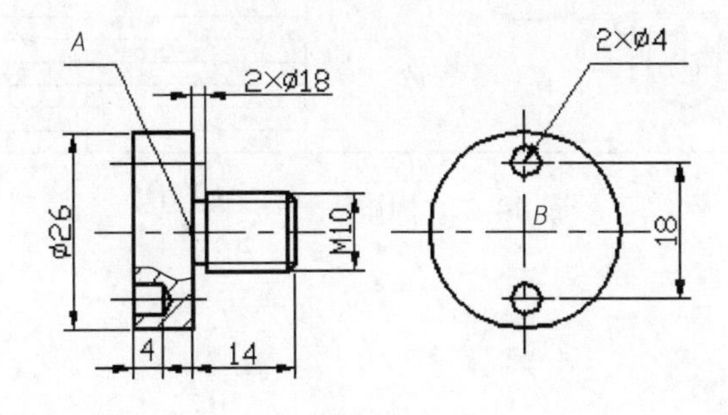

图 14-24 虎钳螺钉 1 尺寸

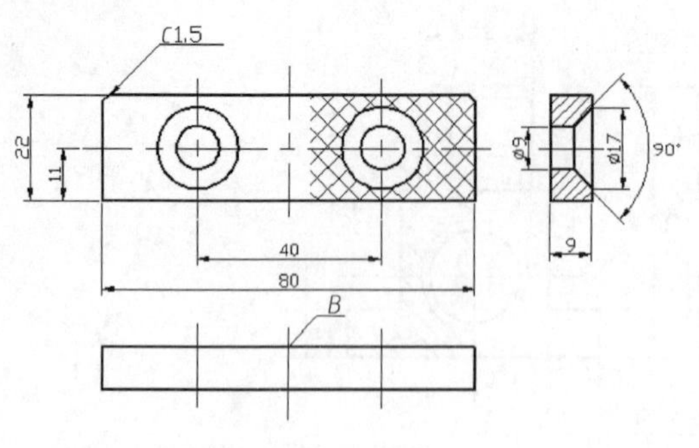

图 14-25　虎钳钳口板尺寸

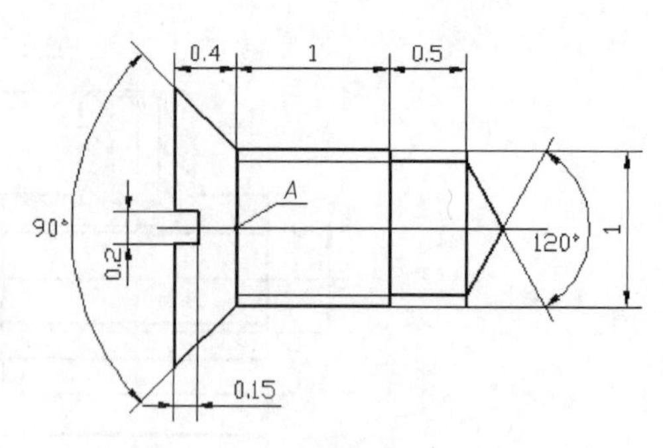

图 14-26　虎钳螺钉 2 尺寸

2．绘制装配图

将各零件图组合成装配图。

3．保存文件

将完成的图形以“全部缩放”的形式显示，并以“项目十四：示范项目项目.dwt”为文件名保存在自己的文件夹。

二、图示效果

装配示意图如图 14-27 所示。

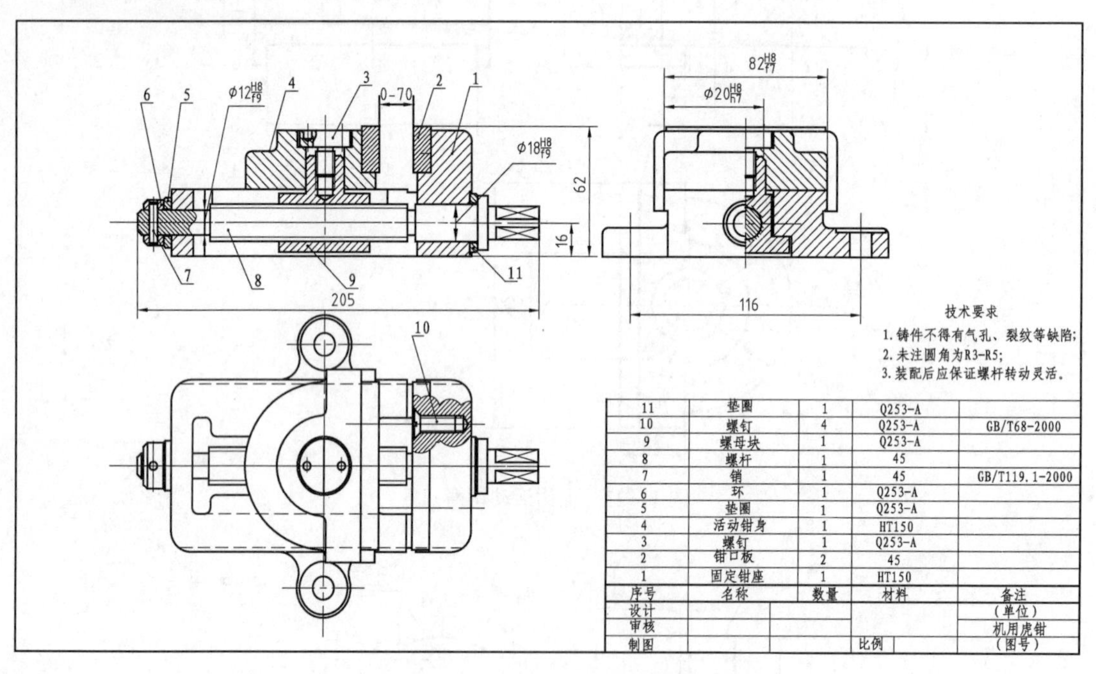

图 14-27　虎钳装配示意图

本模块为三维绘图篇。

三维实体，也就是立体。绘制三维实体，需调用的主要工具有：建模、实体编辑、视图等，分别解决三维实体的绘制、编辑、显示等问题。

AutoCAD 2007 提供了强大的三维造型功能，可以方便地进行三维实体造型，对三维实体进行编辑，并对三维实体着色、渲染，从而生成更加逼真的显示效果。

整个模块详细介绍了 AutoCAD 2007 的三维建模工作界面以及实体造型和编辑的操作技巧。

模块三

三维绘图

项目十五 三维实体建模

AutoCAD 除具有强大的二维绘图功能外，还具备基本的三维造型能力。若物体并无复杂的外表曲面及多变的空间结构关系，则使用 AutoCAD 可以很方便地建立物体的三维模型。本章我们将介绍 AutoCAD 三维实体建模的基本知识。

项目目标

1．熟悉 AutoCAD 三维建模工作界面，熟悉用户坐标系 UCS 的使用方法。

2．掌握 AutoCAD 三维建模的操作方法。

3．掌握 AutoCAD 三维实体编辑命令的使用方法。

相关知识

一、三维建模环境概述

1．工作界面

AutoCAD 2007 新增了三维建模工作界面。选择“工具”→“工作空间”→“三维建模”命令，或在“工作空间”工具栏的下拉列表中选择“三维建模”选项，即可切换工作空间到“三维建模”界面，如图 15-1 所示。

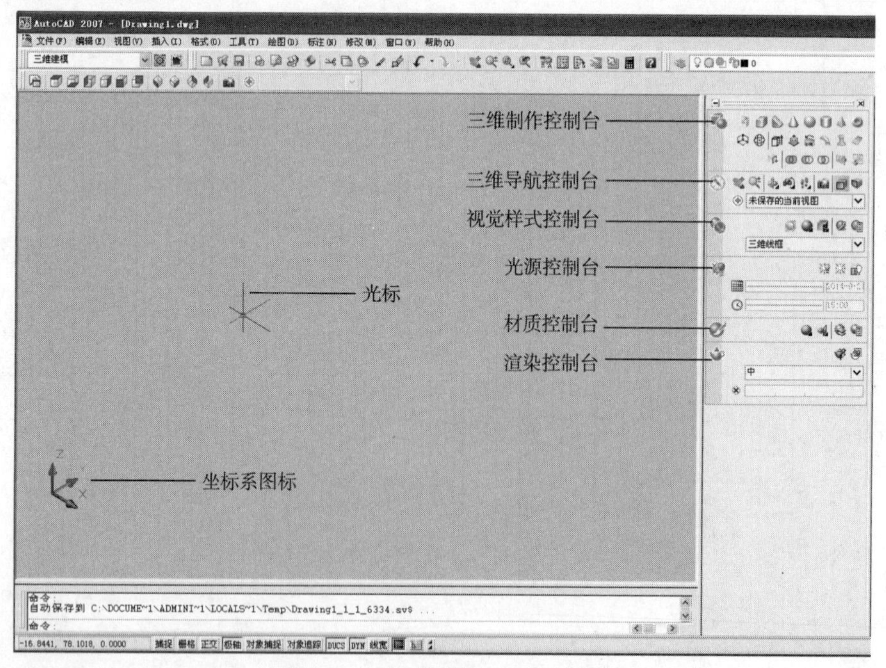

图 15-1 “三维建模”工作界面

特别提示

- 坐标系图标：坐标系图标显示成三维图标，默认显示在当前坐标系的坐标原点位置。
- 光标：光标上显示出 *Z* 轴，即三维光标。
- 栅格：如果启用了栅格显示功能，屏幕背景将使用位于当前坐标系的 *XY* 面上的栅格线代替栅格点。
- 控制台：控制台用于执行 AutoCAD 2007 的常用三维操作。与二维绘图一样，用户可以通过工具栏或菜单执行 AutoCAD 2007 的三维命令，但利用控制台也能够执行 AutoCAD 2007 的大部分三维操作。

控制台上有三维制作、三维导航、视觉样式、光源、材质及渲染 6 个控制台。各控制台上有用于启动相应操作的按钮或下拉列表。

2．显示模式

用户可以控制三维模型的显示模式，即视觉样式。

（1）二维线框

二维线框是指将三维模型通过表示模型边界的直线和曲线，以二维形式显示，如图 15-2 所示。

（2）三维线框

三维线框是指将三维模型以三维线框模式显示，如图 15-3 所示。

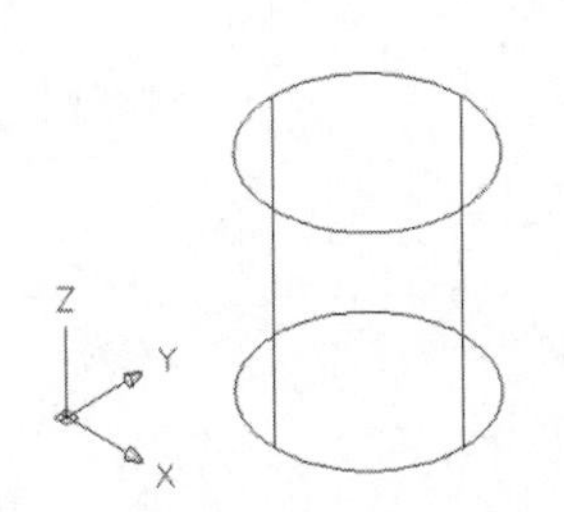

图 15-2　二维线框

图 15-3　三维线框

（3）三维隐藏

三维隐藏又称为消隐，是指将三维模型以三维线框模式显示，但不显示隐藏线，如图 15-4 所示。

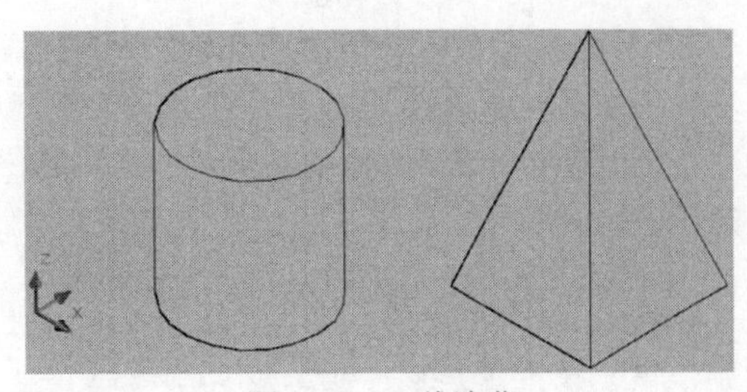

图 15-4　三维隐藏

（4）真实

真实视觉样式是指将模型实体着色，并显示出三维线框，如图 15-5 所示。

（5）概念

概念视觉样式是指将三维模型以概念形式显示，如图 15-6 所示。

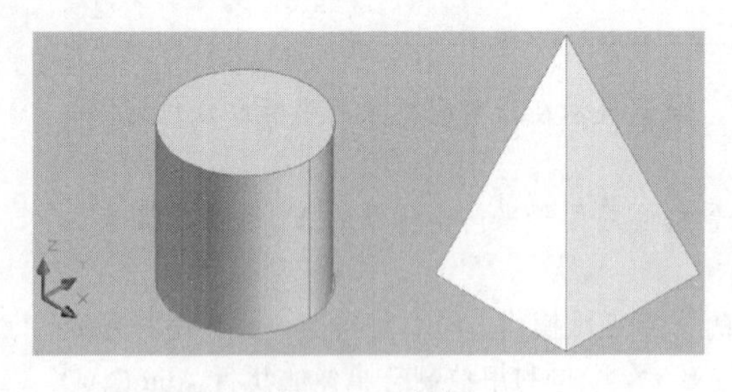

图 15-5 真实　　　　图 15-6 概念

3．三维坐标系统

AutoCAD 本身提供了一个坐标系，即世界坐标系(World Coordinate System，WCS)。世界坐标系又叫通用坐标系或绝对坐标系，其原点以及各坐标轴的方向固定不变。在二维图形中，WCS 已能够满足绘图的要求。

为便于绘制三维图形，AutoCAD 2007 还允许用户定义自己的坐标系，即用户坐标系(User Coordinate System，UCS)。

图 15-7 表示的是两种坐标系下的图标。图中“X”或“Y”的箭头方向表示当前坐标轴 *X* 轴或 *Y* 轴的正方向，*Z* 轴正方向用右手定则判定。

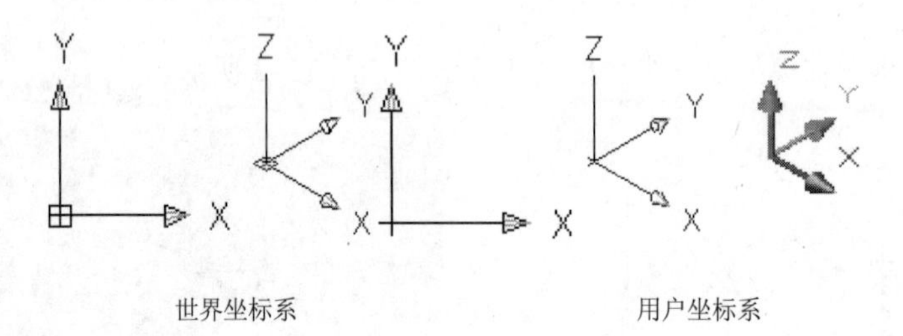

图 15-7 表示坐标系的图标

下面介绍定义 UCS 时的几种常用方法。

（1）根据 3 点创建 UCS

根据 3 点创建 UCS 是指根据 UCS 的新原点和 UCS 的 *X* 轴及 *Y* 轴的正方向来创建新 UCS。

UCS 工具栏：单击按钮。

下拉菜单：“工具”→“新建 UCS”→“三点”。

（2）通过改变原坐标系的原点位置创建新 UCS

可以通过将原坐标系随其原点平移到某一位置的方式来创建新 UCS。由此方法得到的新 UCS 的各坐标轴方向与原 UCS 的坐标轴方向一致。

UCS 工具栏：单击按钮。

下拉菜单：“工具”→“新建 UCS” →“原点”。

（3）将原坐标系绕某一坐标轴旋转指定的角度创建新 UCS

可以将原坐标系绕其某一坐标轴旋转一定的角度来创建新 UCS。

UCS 工具栏：单击(X)按钮、(Y)按钮、(Z)按钮。

下拉菜单：“工具”→“新建 UCS”→“X(或 Y、Z)”。

（4）返回到前一个 UCS 设置

UCS 工具栏：单击按钮。

下拉菜单："工具"→"新建 UCS"→"上一个"。

（5）创建 *XY* 面与计算机屏幕平行的 UCS

UCS 工具栏：单击按钮。

下拉菜单："工具"→"新建 UCS"→"视图"。

三维绘图时，当需要在当前视图进行标注文字等操作时，一般应先创建这样的 UCS。

（6）恢复到 WCS

UCS 工具栏：单击按钮。

下拉菜单："工具"→"新建 UCS"→"世界"。

二、创建基本三维实体

1．三维几何模型分类

在 AutoCAD 中，用户可以创建 3 种类型的三维模型：线框模型、表面模型及实体模型。这 3 种模型在计算机上的显示方式是相同的，即以线架结构显示出来，但用户可用特定命令使表面模型及实体模型的真实性表现出来。

（1）线框模型(Wireframe Model)

线框模型是一种轮廓模型，它是用线（3D 空间的直线及曲线）表达三维立体，不包含面及体的信息。不能使该模型消隐或着色。又由于其不含有体的数据，用户也不能得到对象的质量、重心、体积、惯性矩等物理特性，从而不能进行布尔运算。

（2）表面模型（Surface Model）

表面模型是用物体的表面表示物体。表面模型具有面及三维立体边界信息。表面不透明，能遮挡光线，因而表面模型可以被渲染及消隐。对于计算机辅助加工，用户还可以根据零件的表面模型形成完整的加工信息。但是不能进行布尔运算。

（3）实体模型

实体模型具有线、表面、体的全部信息。对于此类模型，可以区分对象的内部及外部，可以对它进行打孔、切槽和添加材料等布尔运算，并可对实体装配进行干涉检查，分析模型的质量特性，如质心、体积和惯性矩。对于计算机辅助加工，用户还可利用实体模型的数据生成数控加工代码，进行数控刀具轨迹仿真加工等。

在 AutoCAD 2007 中，创建三维实体的功能得到了加强，系统不仅增加了新的基本三维实体，而且还可以动态绘制三维实体。本书主要以实体模型为例向读者进行介绍。

2．绘制多段体

多段体是 AutoCAD 2007 中新增加的一个基本实体对象，它由具有宽度和高度的轮廓图形组成，在建模过程中可以用于创建墙体。

三维制作控制台：单击按钮。

下拉菜单："绘图"→"建模"→"多段体"。

命令窗口：Polysolid↙。

命令行出现提示信息：

指定起点或 [对象(O)/高度(H)/宽度(W)/对正(J)] <对象>:（指定多段体的起点）

指定下一个点或 [圆弧(A)/放弃(U)]:（指定多段体的下一点）

指定下一个点或 [圆弧(A)/放弃(U)]:（按【Enter】键结束命令）

特别提示

各命令选项功能

- 对象(O)：选择此命令选项，指定将二维图形转换成多段体。
- 高度(H)：选择此命令选项，为绘制的多段体设置高度。
- 宽度(W)：选择此命令选项，为绘制的多段体设置宽度。
- 对正(J)：选择此命令选项，为绘制的多段体设置对齐方式，系统默认为居中对齐，还可以根据需要设置为左对齐或右对齐。

如图 15-8 所示为绘制的多段体。

3．绘制长方体

三维制作控制台：单击按钮。
下拉菜单："绘图" → "建模" → "长方体"。
命令窗口：box↙。

命令窗口会出现提示信息：

指定第一个角点或 [中心(C)]：(指定长方体底面的第一个角点)指定其他角点或 [立方体(C)/长度(L)]：(指定长方体底面的第二个角点)指定高度或 [两点(2P)]：(输入长方体的高)

特别提示

各命令选项功能

- 中心点(C)：选择此命令选项，使用指定的中心点创建长方体。
- 立方体(C)：选择此命令选项，创建一个长、宽、高相同的长方体。
- 长度(L)：选择此命令选项，按照指定长、宽、高创建长方体。
- 两点(2P)：选择此命令选项，指定两点确定长方体的高。

如图 15-9 所示为绘制的长方体。

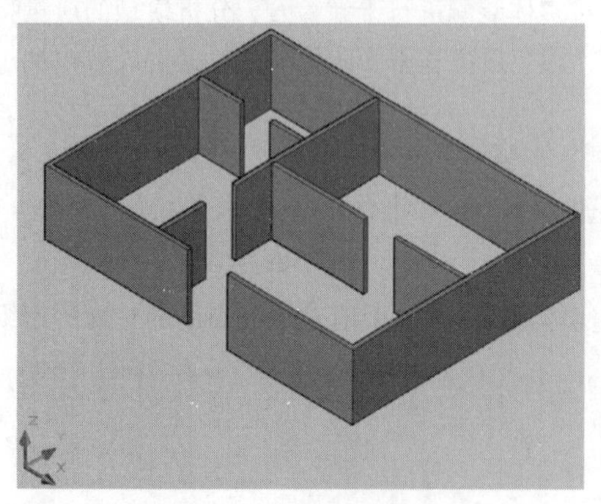

图 15-8　绘制的多段体

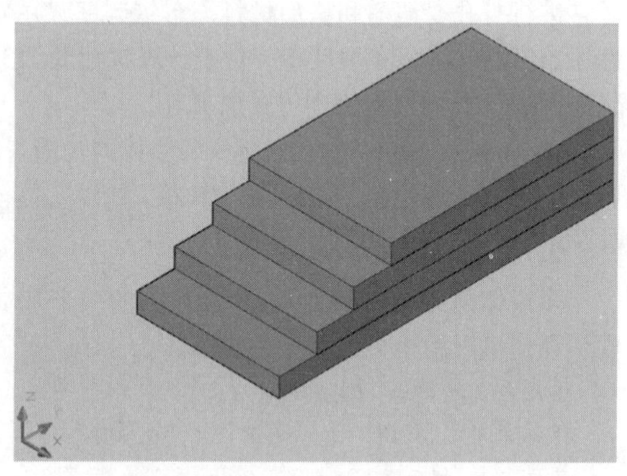

图 15-9　绘制的长方体

4．绘制楔体

三维制作控制台：单击按钮。
下拉菜单："绘图" → "建模" → "楔体"。
命令窗口：wedge↙。

命令窗口会出现提示信息：

指定第一个角点或 [中心(C)]：(指定楔体底面的第一个角点)
指定其他角点或 [立方体(C)/长度(L)]：(指定楔体底面的第二个角点)
指定高度或 [两点(2P)] <25.0000>：(输入楔体的高度)

特别提示

各命令选项功能

- 中心点(C)：选择此命令选项，使用指定中心点创建楔体。
- 立方体(C)：选择此命令选项，创建等边楔体。
- 长度(L)：选择此命令选项，创建指定长度、宽度和高度值的楔体。
- 两点(2P)：选择此命令选项，通过指定两点来确定楔体的高度。

图 15-10 所示为绘制的楔体。

5．绘制圆柱体

三维制作控制台：单击按钮。
下拉菜单："绘图"→"建模"→"圆柱体"。
命令窗口：cylinder↙。

命令窗口会出现提示信息：

指定底面的中心点或[三点(3P)/两点(2P)/相切、相切、半径(T)/椭圆(E)]：(指定圆柱体底面中心点)
指定底面半径或 [直径(D)] <100.0000>：(输入圆柱体底面半径)
指定高度或 [两点(2P)/轴端点(A)] <100.0000>：(输入圆柱体高度)

特别提示

各命令选项功能

- 三点(3P)：选择此命令选项，通过指定 3 点来确定圆柱体的底面。
- 两点(2P)：选择此命令选项，通过指定 2 点来确定圆柱体的底面。
- 相切、相切、半径(T)：选择此命令选项，通过指定圆柱体底面的两个切点和半径来确定圆柱体的底面。
- 椭圆(E)：选择此命令选项，创建椭圆柱体。
- 直径(D)：选择此命令选项，通过输入直径确定圆柱体的底面。
- 两点(2P)：选择此命令选项，通过两点来确定圆柱体的高。
- 轴端点(A)：选择此命令选项，指定圆柱体轴的端点位置。

图 15-11 所示为绘制的圆柱体。

6．绘制圆锥体

三维制作控制台：单击按钮。
下拉菜单："绘图"→"建模"→"圆锥体"。
命令窗口：cone↙。

命令窗口会出现提示信息：

指定底面的中心点或 [三点(3P)/两点(2P)/相切、相切、半径(T)/椭圆(E)]：(指定圆锥体底面的中心点)
指定底面半径或 [直径(D)] <50.0000>：(输入圆锥体底面的半径)
指定高度或 [两点(2P)/轴端点(A)/顶面半径(T)] <50.0000>：(输入圆锥体的高度)

图 15-10　绘制的楔体

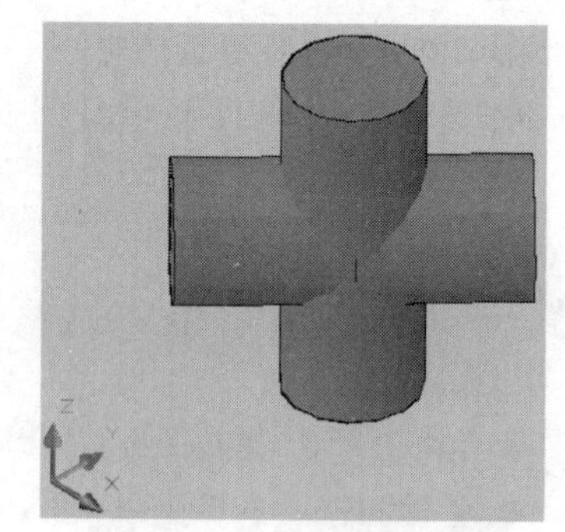

图 15-11　绘制的圆柱体

特别提示

各命令选项功能

- 三点(3P)：选择此命令选项，通过指定 3 点来确定圆锥体的底面。
- 两点(2P)：选择此命令选项，通过指定 2 点来确定圆锥体的底面，2 点的连线为圆锥体底面圆的直径。
- 相切、相切、半径(T)：选择此命令选项，通过指定圆锥体底面圆的两个切点和半径来确定圆锥体的底面。
- 椭圆(E)：选择此命令选项，创建椭圆锥体。
- 直径(D)：选择此命令选项，通过输入直径确定圆锥体的底面。
- 两点(2P)：选择此命令选项，通过指定两点来确定圆锥体的高。
- 轴端点(A)：选择此命令选项，指定圆锥体轴的端点位置。
- 顶面半径(T)：选择此命令选项，输入圆锥体顶面圆的半径。

图 15-12 所示为绘制的圆锥体。图 15-13 所示为绘制的球体。

7．绘制球体

三维制作控制台：单击按钮。
下拉菜单："绘图" → "建模" → "球体"。
命令窗口：sphere↙。

命令窗口会出现提示信息：

指定中心点或 [三点(3P)/两点(2P)/相切、相切、半径(T)]：(指定球体的球心)
指定半径或 [直径(D)]：(输入球体的半径或直径)

特别提示

各命令选项功能

- 三点(3P)：选择此命令选项，通过指定 3 点来确定球体的大小和位置。
- 两点(2P)：选择此命令选项，通过指定 2 点来确定球体的大小和位置，2 点的端点为球体一条直径的端点。
- 相切、相切、半径(T)：选择此命令选项，通过指定球体表面的两个切点和半径来确定球体的大小和位置。
- 直径(D)：选择此命令选项，通过指定球体的直径来确定球体的大小。

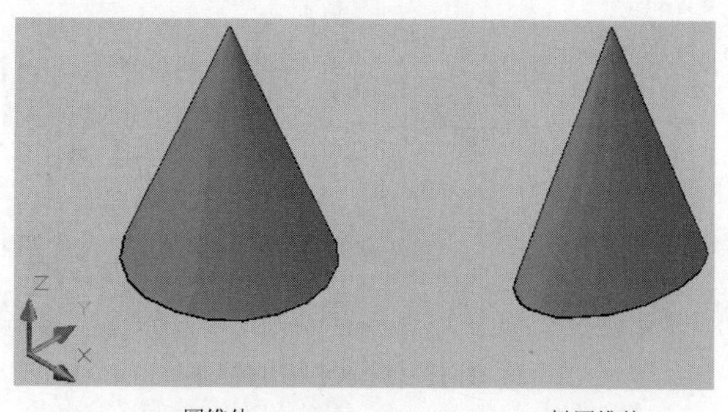

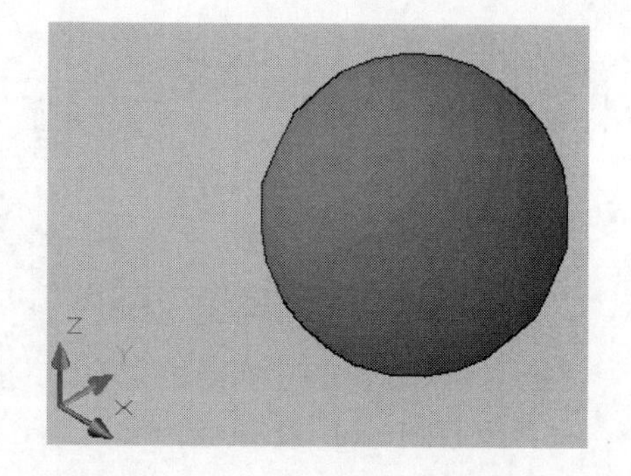

圆锥体　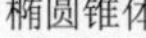 椭圆锥体

图 15-12　绘制的圆柱体　　图 15-13　绘制的球体

8．绘制圆环体

三维制作控制台：单击按钮。

下拉菜单："绘图" → "建模" → "圆环体"。

命令窗口：torus↙。

命令窗口会出现提示信息：

指定中心点或 [三点(3P)/两点(2P)/相切、相切、半径(T)]：(指定圆环体的中心)

指定半径或 [直径(D)] <100.0000>：(输入圆环体的半径或直径)

指定圆管半径或 [两点(2P)/直径(D)]：(输入圆管的半径或直径)

图 15-14 所示为绘制的圆环体。

9．绘制棱锥体

三维制作控制台：单击按钮。

下拉菜单："绘图" → "建模" → "棱锥面"。

命令窗口：pyramid↙。

命令窗口会出现提示信息：

4 个侧面　外切(系统提示)

指定底面的中心点或 [边(E)/侧面(S)]：(指定棱锥体底面的中心点)

指定底面半径或 [内接(I)] <50.0000>：(输入棱锥体底面的半径)

指定高度或 [两点(2P)/轴端点(A)/顶面半径(T)] <100.0000>：(输入棱锥面的高度)

特别提示

各命令选项功能

- 边(E)：选择此命令选项，通过指定棱锥体底面的边长来确定棱锥体的底面。
- 侧面(S)：选择此命令选项，确定棱锥体的侧面数。
- 内接(I)：选择此命令选项，指定棱锥体底面内接于棱锥面的底面半径。
- 选择此命令选项，通过两点来确定棱锥体的高。
- 轴端点(A)：选择此命令选项，指定棱锥体轴的端点位置。
- 顶面半径(T)：选择此命令选项，指定棱锥体的顶面半径，并创建棱锥台。

图 15-15 所示为绘制的棱锥面。

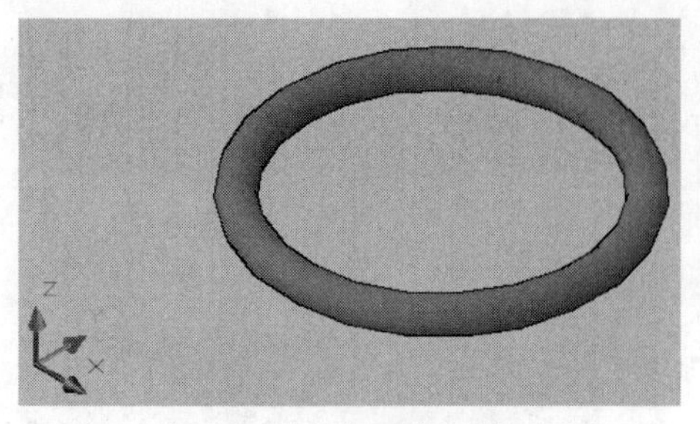

图 15-14　绘制的圆环体

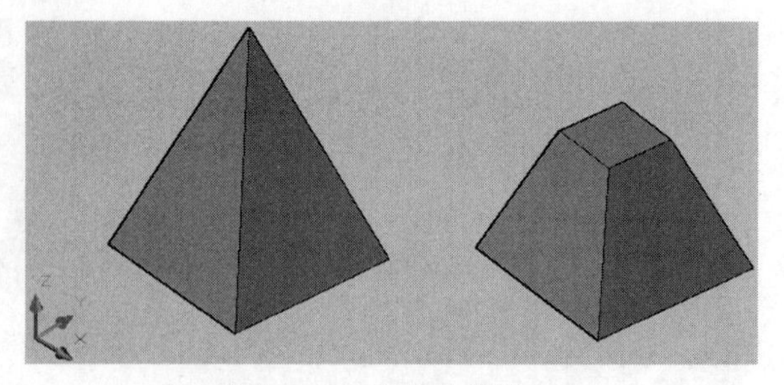

图 15-15　绘制的棱锥体

三、通过二维图形创建三维实体

在 AutoCAD 中,通过拉伸二维轮廓曲线或者将二维曲线沿指定轴旋转,可以创建出三维实体。AutoCAD 2007 中新增加了扫掠和放样功能，使用这两个命令也可以将二维图形创建成三维实体。

1．拉伸

使用拉伸命令可以将二维对象沿着 *Z* 轴方向或者某个特定方向拉伸生成实体。

建模工具栏：单击按钮。
下拉菜单："绘图" → "建模" → "拉伸"。
命令窗口：extrude↙。

命令窗口会出现提示信息：

当前线框密度： ISOLINES=8（系统提示）
选择要拉伸的对象：（选择可拉伸的二维图形）
选择要拉伸的对象：（按【Enter】键结束对象选择）
指定拉伸的高度或 [方向(D)/路径(P)/倾斜角(T)] <50.0000>:（指定拉伸高度）

特别提示

各命令选项功能

- 方向(D)：选择此命令选项，通过指定两个点来确定拉伸的高度和方向。
- 路径(P)：选择此命令选项，将对象指定为拉伸的方向。
- 倾斜角(T)：选择此命令选项，输入拉伸对象时倾斜的角度。

被拉伸的对象可以是任何二维封闭多段线、圆、椭圆、封闭样条曲线和面域。图 15-16 所示为拉伸创建的三维实体。

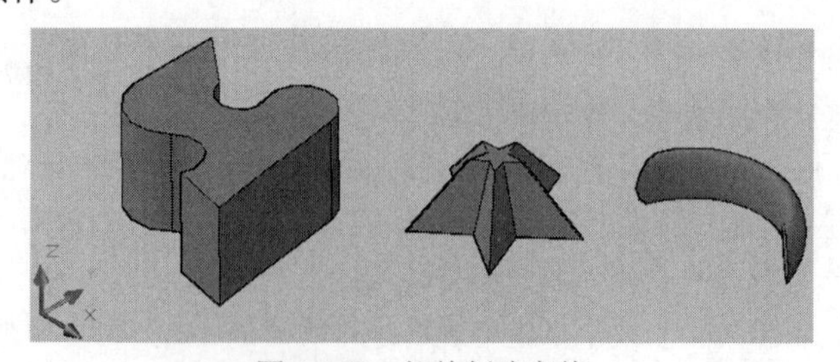

图 15-16　拉伸创建实体

2．旋转

使用旋转命令可以将二维图形绕指定的轴进行旋转来生成三维实体。

建模工具栏：单击按钮。
下拉菜单："绘图"→"建模"→"旋转"。
命令窗口：revolve↙。

命令窗口会出现提示信息：

当前线框密度： ISOLINES=4（系统提示）
选择要旋转的对象：（选择旋转的对象）
选择要旋转的对象：（按【Enter】键结束对象选择）
指定轴起点或根据以下选项之一定义轴 [对象(O)/X/Y/Z] <对象>：（指定旋转轴的起点）
指定轴端点：（指定旋转轴的端点）
指定旋转角度或 [起点角度(ST)] <360>：（输入旋转角度）

特别提示

各命令选项功能

- 对象(O)：选择此命令选项，选择现有的直线或多段线中的单条线段定义轴，这个对象将绕该轴旋转。
- X：选择此命令选项，使用当前 UCS 的正向 *X* 轴作为轴的正方向。
- Y：选择此命令选项，使用当前 UCS 的正向 *Y* 轴作为轴的正方向。
- Z：选择此命令选项，使用当前 UCS 的正向 *Z* 轴作为轴的正方向。

被旋转的对象可以是任何二维封闭多段线、圆、椭圆、封闭样条曲线和面域。如图 15-17 所示为旋转创建的三维实体。

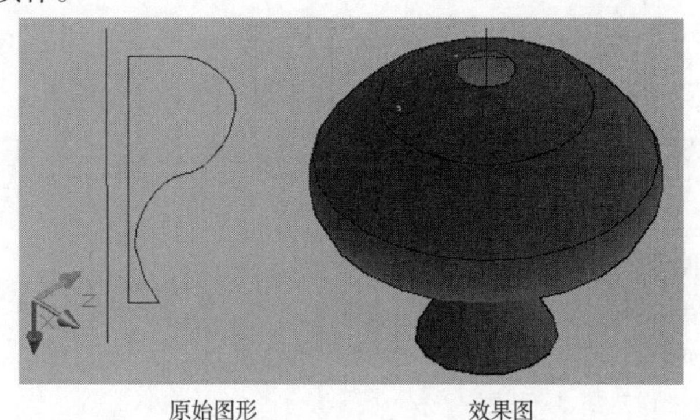

原始图形　　　　效果图

图 15-17　旋转创建实体

3．扫掠

扫掠是 AutoCAD 2007 新增加的功能，使用该功能可以将二维图形创建成网格面或三维实体。如果扫掠的平面曲线不闭合，则生成三维曲面，否则生成三维实体。

建模工具栏：单击按钮。
下拉菜单："绘图"→"建模"→"扫掠"。
命令窗口：sweep↙。

命令窗口会出现提示信息：

当前线框密度： ISOLINES=4（系统提示）
选择要扫掠的对象：（选择扫掠的对象）
择要扫掠的对象：（按【Enter】键结束对象选择）
选择扫掠路径或 [对齐(A)/基点(B)/比例(S)/扭曲(T)]：（选择扫掠的路径）

特别提示

- 各命令选项功能
- 对齐(A)：选择此命令选项，确定是否对齐垂直于路径的扫掠对象。
- 基点(B)：选择此命令选项，指定扫掠的基点。
- 比例(S)：选择此命令选项，指定扫掠的比例因子。
- 扭曲(T)：选择此命令选项，指定扫掠的扭曲度。

图 15-18 所示为扫掠创建的三维实体和网格。

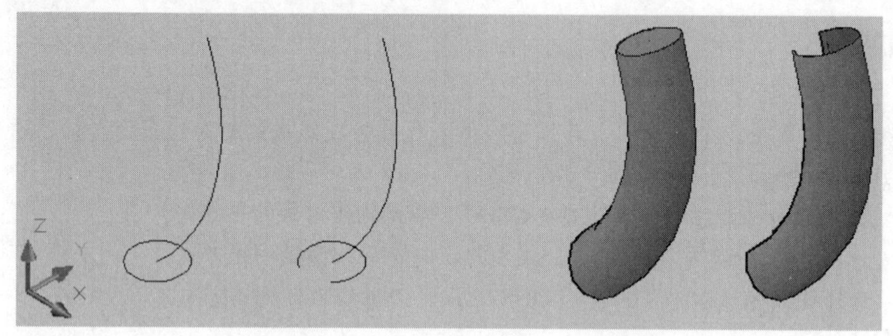

原始图形　　　　效果图

图 15-18　扫掠创建实体

4．放样

放样是 AutoCAD 2007 另一个新增加的功能，使用放样功能也可以由二维图形生成三维实体。

建模工具栏：单击按钮。

下拉菜单："绘图" → "建模" → "放样"。

命令窗口：loft↙。

命令窗口会出现提示信息：

按放样次序选择横截面：（选择第一个放样横截面）
按放样次序选择横截面：（选择下一个放样横截面）
按放样次序选择横截面：（按【Enter】键结束对象选择）
输入选项 [导向(G)/路径(P)/仅横截面(C)] <仅横截面>（选择放样方式）

特别提示

各命令选项功能

- 导向(G)：选择此命令选项，为放样曲面或实体指定导向曲线，每条导向曲线均与放样曲面相交，且开始于第一个截面，终止于最后一个截面。
- 路径(P)：选择此命令选项，为放样曲面或实体指定放样路径，路径必须与每个截面相交。
- 仅横截面(C)：选择此命令选项，弹出"放样设置"对话框，如图 15-18 所示，在该对话框中可以设置放样横截面上的曲面控制选项。

图 15-19 所示为放样创建的三维实体。

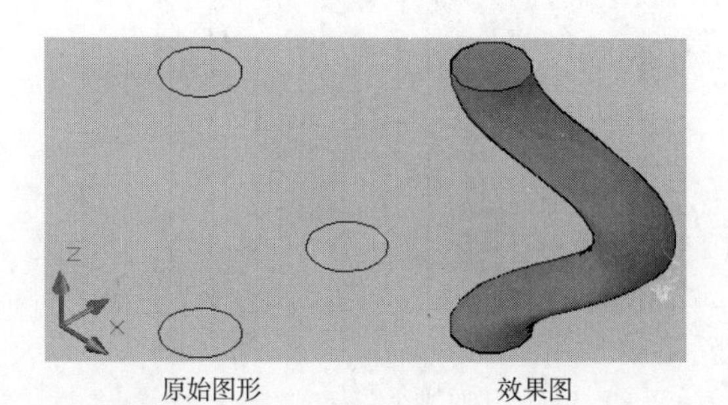

原始图形　　效果图

图 15-19　放样创建实体

四、实体编辑

1. 布尔运算

在 AutoCAD 中，三维实体可进行并集、差集、交集三种布尔运算，来创建复杂实体。例如将一个长方体与一个圆柱体进行布尔运算，如图 15-20（a）所示。

（1）并集运算：将多个实体合成一个新的实体，如图 15-20（b）所示。

命令调用：

实体编辑工具栏：单击按钮。
下拉菜单："修改"→"实体编辑"→"并集"。
命令窗口：UNION↙。

（2）交集运算：从两个或多个实体的交集创建复合实体并删除交集以外的部分，如图 15-20（c）所示。

实体编辑工具栏：单击按钮。
下拉菜单："修改"→"实体编辑"→"交集"。
命令窗口：INTERSECT↙。

（3）差集运算：从两个或多个实体的交集创建复合实体并删除交集以外的部分。

实体编辑工具栏：单击按钮。
下拉菜单："修改"→"实体编辑"→"差集"。
命令窗口：SUBTRACT↙。

• 从长方体中减去和圆柱体交集以外的部分。

_subtract 选择要从中减去的实体或面域...
选择长方体↙
选择要减去的实体或面域 ..
选择圆柱体↙

完成后如图 15-20（d）所示。

• 从圆柱体中减去和长方体交集以外的部分。

_subtract 选择要从中减去的实体或面域...
选择圆柱体↙
选择要减去的实体或面域 ..
选择长方体↙

完成后如图 15-20（e）所示。

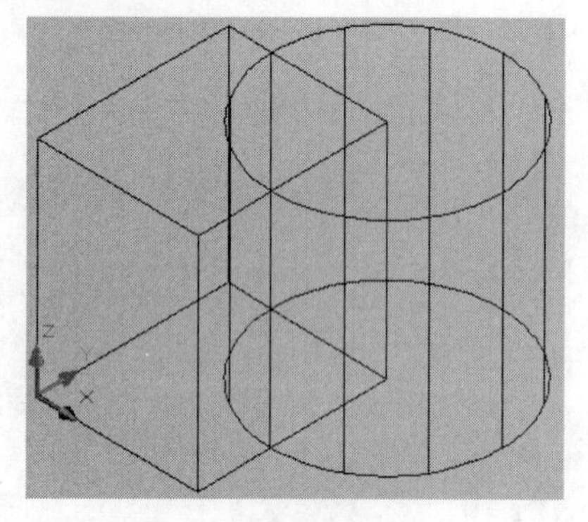

(a) 布尔运算前

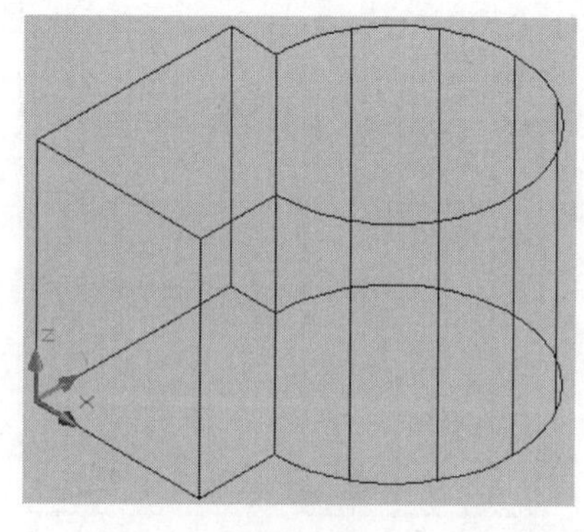

(b) 合集

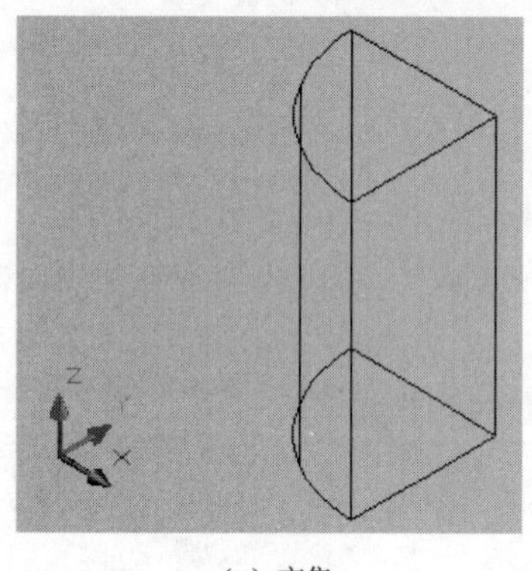

(c) 交集

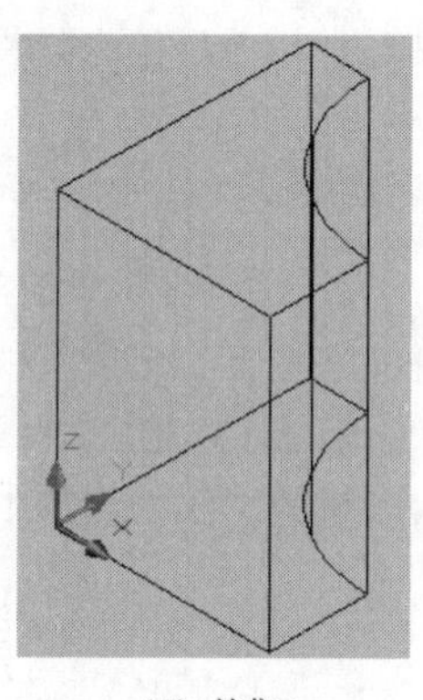

(d) 差集 1

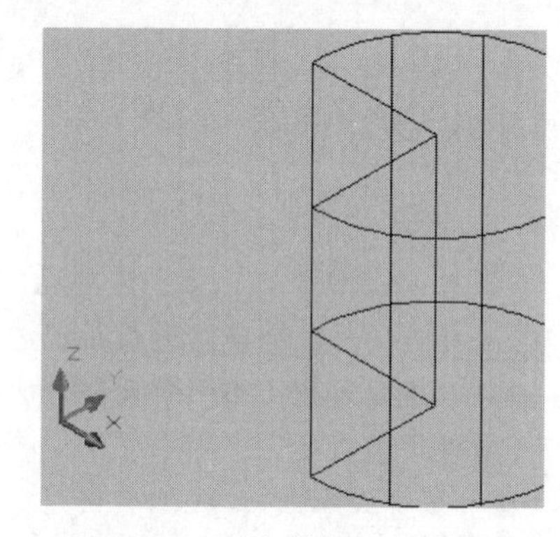

(e) 差集 2

图 15-20　布尔运算

2．剖切

剖切用于设定剖切平面，将实体切割成两个。例如将图 15-21 中的零件进行剖切。

调用剖切命令。

实体工具栏：单击按钮。

下拉菜单："绘图" → "实体" → "剖切"。

命令窗口：SLICE↙。

选择要剖切的对象：

选择对象：↙

指定切面上的第一个点，依照 [对象(O)/Z 轴(Z)/视图(V)/XY 平面(XY)/YZ 平面(YZ)/ZX 平面(ZX)/三点(3)] <三点>：(选择圆柱上边面圆心 *A*)

指定平面上的第二个点：(选择圆柱下表面象限点 *B*)

在要保留的一侧指定点或 [保留两侧(B)]：在图形的右上方单击 [后侧保留，如图 15-22（a）所示，如果此处选择 *B*，效果如图 15-22（b）所示]

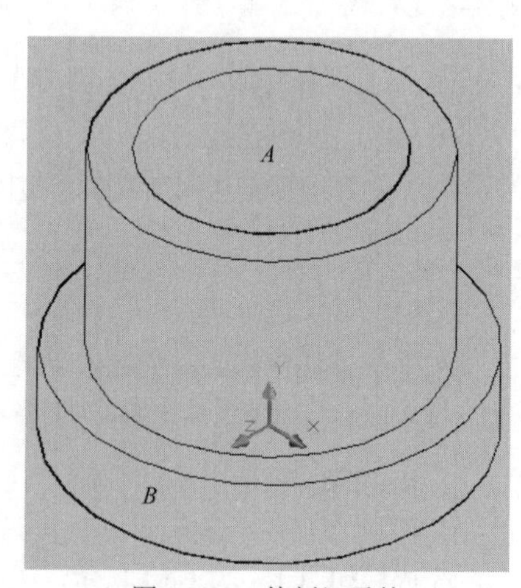

图 15-21　待剖切零件

3．三维镜像

三维镜像是二维镜像的延伸。在二维镜像时设置两点镜像线，而在三维镜像中则需要设置三点镜像面，并且多了 Z 轴的选项。

下拉菜单："修改" → "三维操作" → "三维镜像"。

命令窗口：mirror3d↙。

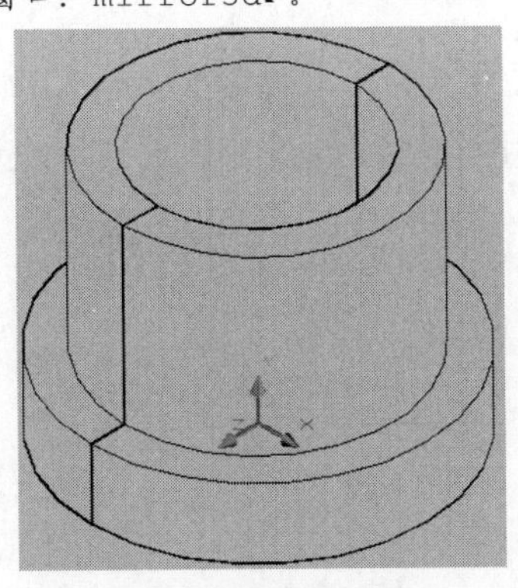

（a）保留两侧剖切效果

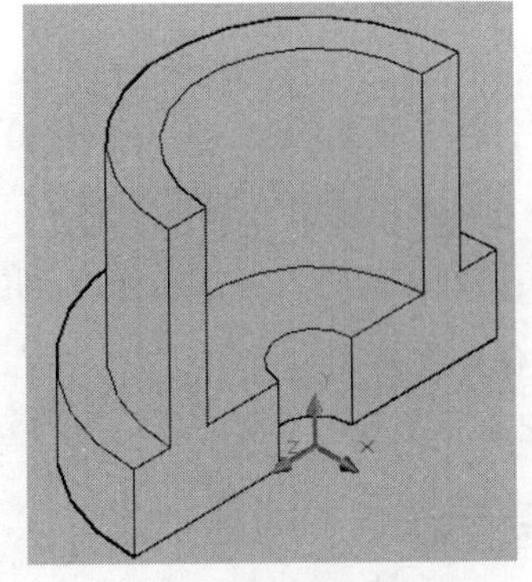

（b）保留一侧剖切效果

图 15-22　三维镜像

4．三维阵列

三维阵列是二维阵列的延伸，只要加上 Z 轴的概念就可以完成操作。

下拉菜单："修改" → "三维操作" → "三维阵列"。

命令窗口：3darray↙。

5．三维旋转

三维旋转是二维旋转的延伸，只是旋转轴有平面的二维变成立体的三维。

下拉菜单："修改" → "三维操作" → "三维旋转"。

命令窗口：3drotate↙。

项目描述

绘制如图 15-23 所示零件。

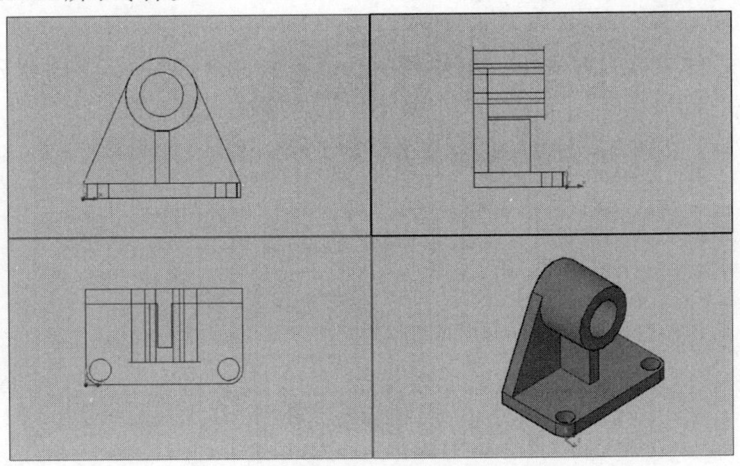

图 15-23　项目图示

1．三维视图

建立新图形文件，图形区域为 A3（420mm × 297mm）幅面，在设置的图形区域内作图。新建视口，将绘图区域建成四个视口，视图角度依次设为“主视”“左视”“俯视”和“西南等轴侧”，视觉样式为“三维线框”。打开“UCS”操作面板，选择“世界”。

2．三维绘图

按照样图所示的三视图给出的尺寸绘制三维实体，其中圆柱的直径为“50 mm”，孔径为“30 mm”；底板为 110 mm × 65 mm × 10 mm 的矩形板；圆柱与底板之间采用斜板和肋板进行支承。

3．三维图形编辑

对矩形外侧的两角进行倒角，圆角半径为“10mm”。视觉样式转换为“概念”。

4．保存文件

将完成的图形以“项目一四：示范项目.dwg”为文件名保存在学生文件夹中。

项目实施

1．三维视图

（1）设置图形界限

运行 AutoCAD2007 软件，调用图形界限命令。

下拉菜单：“格式” → “图形界限”。

命令窗口：LIMITS ↙。

命令行提示如下。

```
指定左下角点或 [开(ON)/关(OFF)] <0.0000,0.0000>: on↙
重复调用图形界限命令。
指定左下角点或 [开(ON)/关(OFF)] <0.0000,0.0000>:↙
指定右上角点 <420.0000,297.0000>: ↙
```

（2）新建视口

调用视口命令。

视口工具栏：单击按钮。

下拉菜单：“视图” → “视口” → “四个视口”。

命令窗口：vports↙。

命令执行后会弹出视口对话框，选择“四个：相等”，在预览区域分别点选各视图，依次将视觉样式设置为“三维线框”，如图 15-24 所示，单击“确定”完成设置。

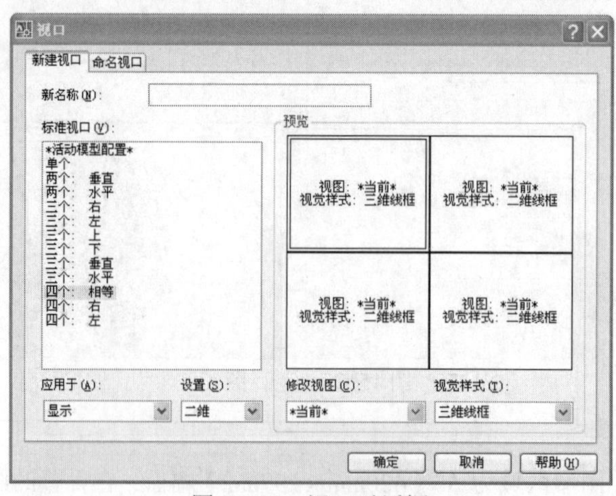

图 15-24　视口对话框

在绘图区域分别点选各视图，利用视图工具栏视图角度依次设为“主视”“左视”“俯视”和“西南等轴侧”。

反键单击工具栏空白处，选择“ACAD”→“UCS”，开启 UCS 工具栏，如图 15-25 所示。在 UCS 工具栏中单击按钮，选择“世界”。

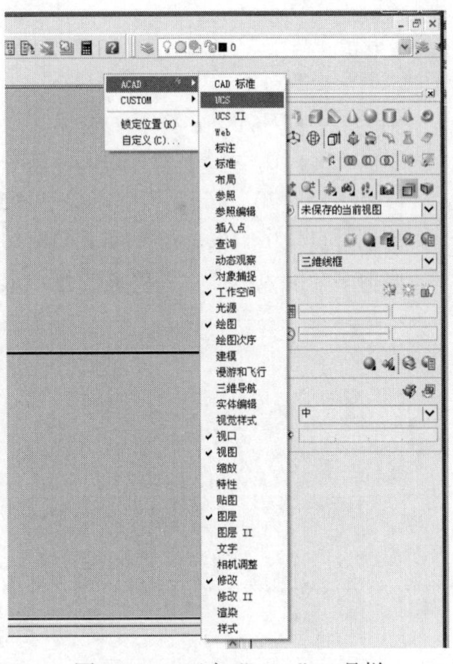

图 15-25　开启“UCS”工具栏

2．创建三维实体

（1）创建底板

调用长方体命令。

三维制作控制台：单击按钮。
下拉菜单：“绘图”→“建模”→“长方体”。
命令窗口：box ↙。

命令行提示如下。

指定第一个角点或[中心（C）]:0，0，0 ↙
指定其他角点或 [立方体(C)/长度（L）]:l↙
(控制鼠标沿 *X* 轴正向拉伸)
指定长度<50.0000>:110↙
(控制鼠标沿 *Y* 轴正向拉伸)
指定下宽度<30.0000>:65↙
(控制鼠标沿 *Y* 轴正向拉伸)
指定高度或[两点（2P）]<10.0000>: 10↙

完成底板，如图 15-26 所示。

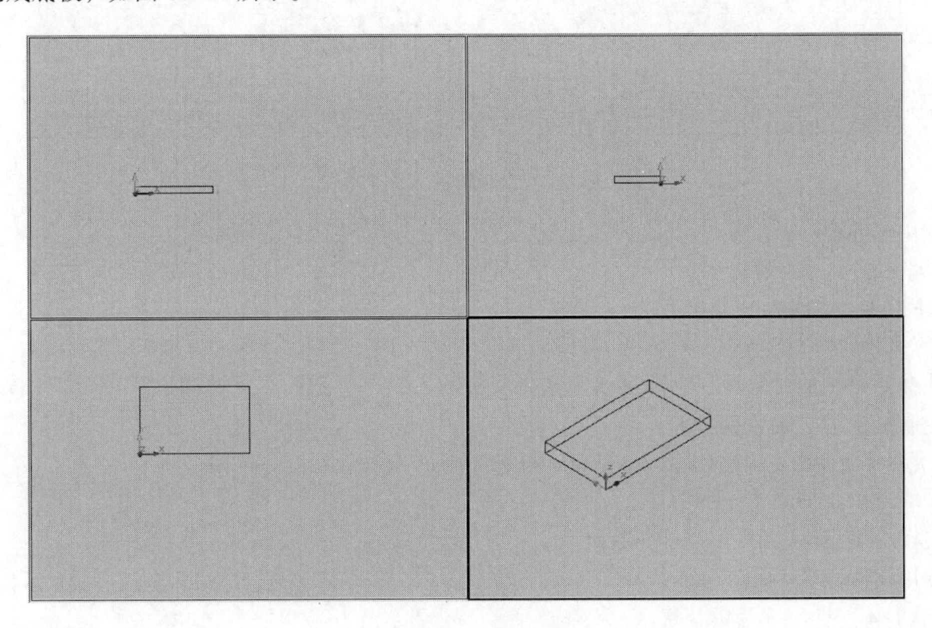

图 15-26　创建底板

（2）创建斜板

绘制斜板的二维平面图形。

调用客户坐标系命令。

UCS 工具栏：单击按钮。

下拉菜单："工具" → "新建 UCS"。

命令窗口：UCS↙。

指定 UCS 的原点或[面（F）/命名（NA）/对象（OB）/上一个（P）/视图（V）/世界（W）/X/Y/Z/Z 轴（ZA）]<世界>;X↙

指定绕 X 轴的旋转角度<90>;↙

以点（0，10，-65）和（110，10，-65）为端点绘制直线。

以点（55，70，-65）为圆心绘制 $\Phi50$ 的圆。

分别过点（0，10，-65）和（110，10，-65）作该圆的切线。

修剪多余的弧线段，并将该二维图形进行面域，如图 15-27 所示。

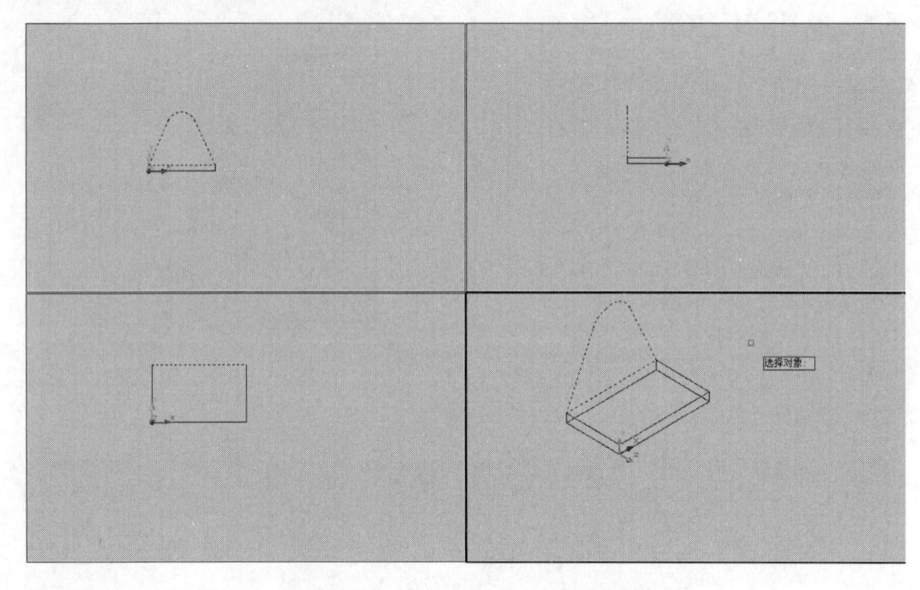

图 15-27　绘制斜板二维平面图形

调用拉伸命令。

建模工具栏：单击按钮。

下拉菜单："绘图" → "建模" → "拉伸"。

命令窗口：extrude↙。

选择要拉伸的对象：在绘图区域中选择斜板的二维平面图形，反键确定。

控制鼠标沿 Z 轴正向拉伸：

指定拉伸的高度或 [方向(D)/路径(P)/倾斜角(T)] <50.0000>:10↙

完成斜板，如图 15-28 所示。

（3）创建圆柱

调用圆柱命令。

三维制作控制台：单击按钮。

下拉菜单："绘图" → "建模" → "圆柱体"。

命令窗口：cylinder

命令行提示如下。

指定底面的中心点或[三点(3P)/两点(2P)/相切、相切、半径(T)/椭圆(E)][捕捉点(55,70,-55)]

指定底面半径或 [直径(D)] <100.0000>:25↙(控制鼠标沿 Z 轴正向拉伸)

指定高度或 [两点(2P)/轴端点(A)] <100.0000>:40↙

完成圆柱，如图 15-29 所示。

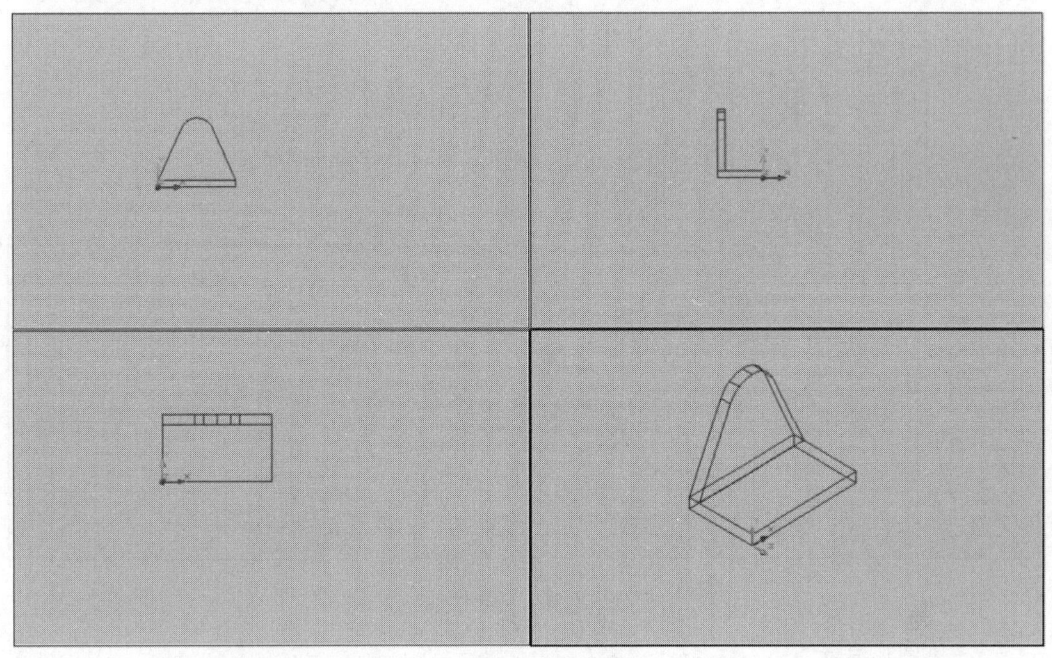

图 15-28 创建斜板

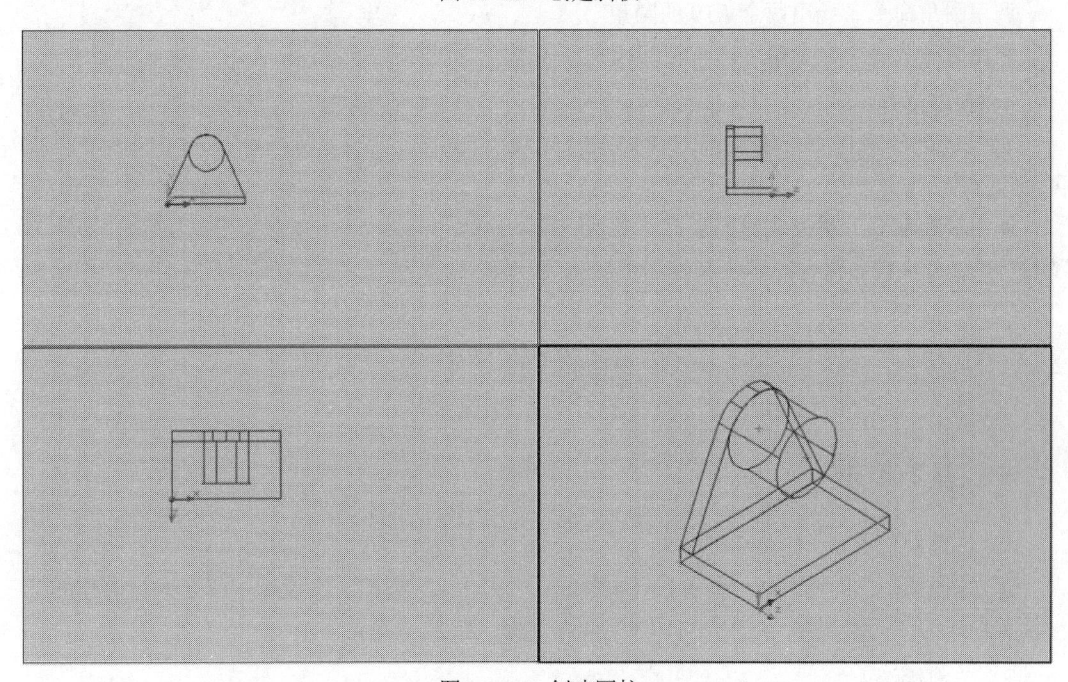

图 15-29 创建圆柱

（4）创建肋板

利用长方体命令绘制肋板，如图 15-30 所示。

将完成的三维建模部分进行并集处理，如图 15-31 所示。

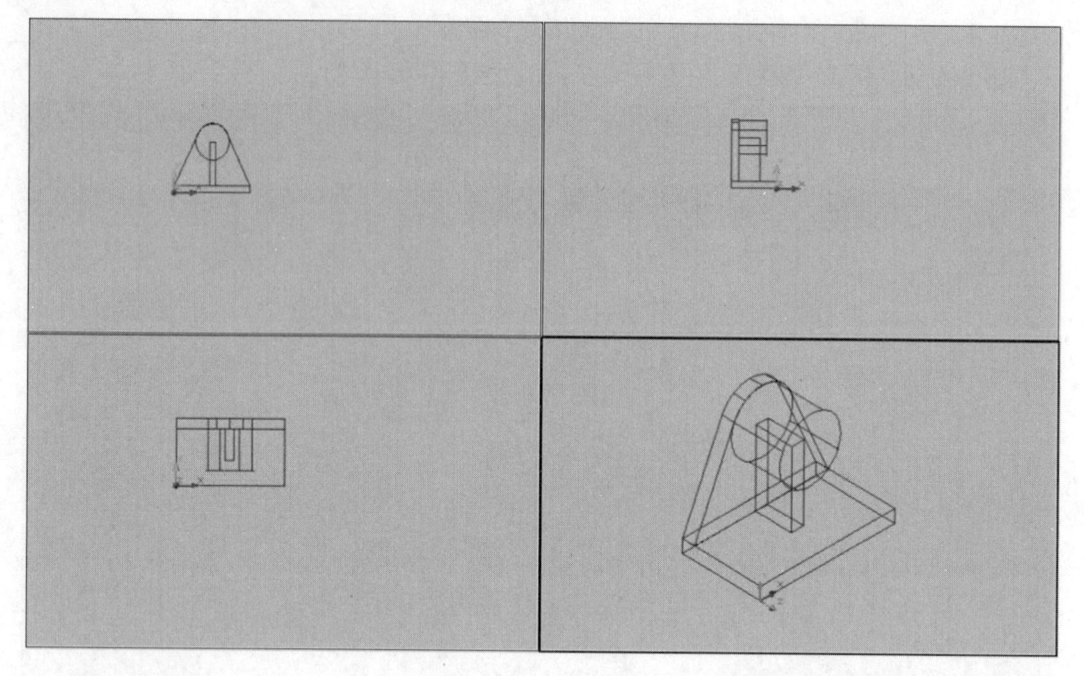

图 15-30　创建肋板

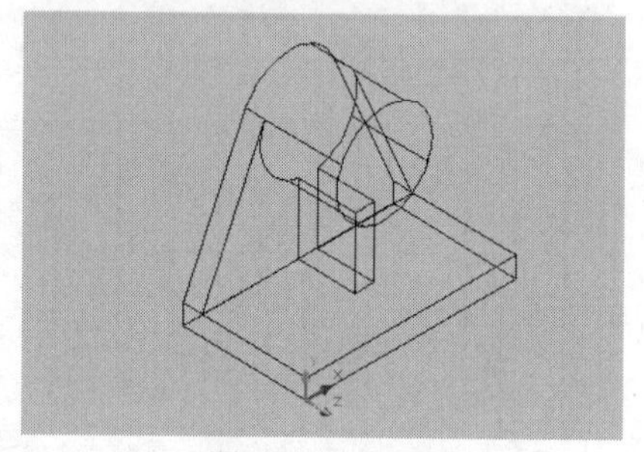

图 15-31　并集

3．三维图形编辑

调用圆角命令，导出两个 *R*10 的圆角。

利用圆柱和差集命令挖出图形中的圆孔。

4．保存文件

将完成的图形以全部缩放的形式显示，完成后如图 15-23 所示。

调用保存命令，将完成的图形以“项目一四：示范项目.dwg”为文件名保存在学生文件夹中。

项目练习 1

一、基本要求

1．三维视图

建立新图形文件，图形区域为 A3（420 mm × 297 mm）幅面，在设置的图形区域内作图。三维视觉样式为“三维线框”。打开“UCS”操作面板，选择“世界”。

2．三维绘图

按照样图所示的三视图给出的尺寸绘制三维图形，在圆柱体中间一外径为“40 mm”的凹台，内部有一直径为“21 mm”的孔。整个圆柱和底座连接在一起，底座有 4 个直径为“18 mm”孔，纵向距离为“140 mm”，间距为“156 mm”。

3．三维图形编辑

视觉样式转换为“概念”，材料颜色选择单色“索引颜色：8”。

4．保存文件

将完成的图形以“项目一四：练习项目 2.dwg”为文件名保存在学生文件夹中。

二、图示效果

项目练习 1 图示如图 15-32 所示。

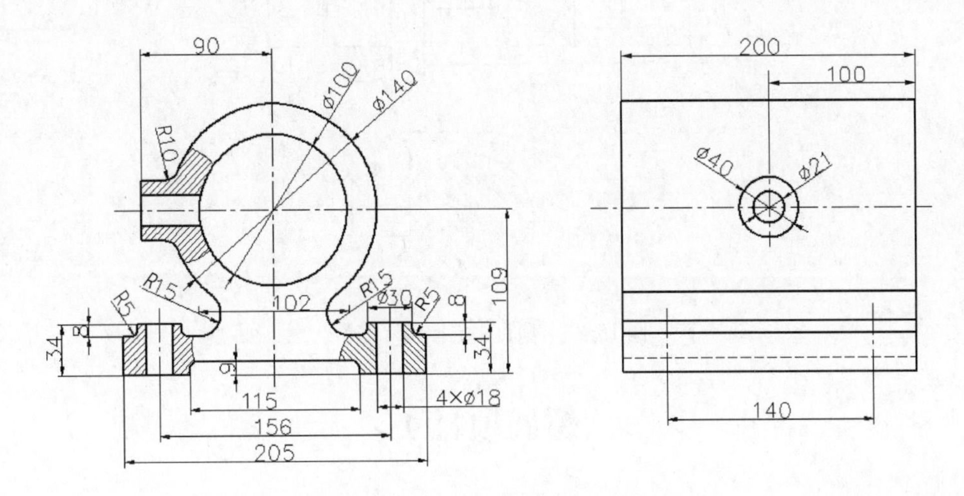

图 15-32　项目十五图示（一）

项目练习 2

一、基本要求

1．三维视图

建立新图形文件，图形区域为 A3（420 mm × 297 mm）幅面，在设置的图形区域内作图。三维视觉样式为“三维线框”。打开“UCS”操作面板，选择“世界”。

2．三维绘图

按照样图所示的三视图给出的尺寸绘制三维图形，在直径为“80 mm”的轴段上有一键槽，在轴段的两端有倒角。

3．三维图形编辑

视觉样式转换为“概念”，材料颜色选择单色“索引颜色：8”。

4．保存文件

将完成的图形以“项目一四：练习项目 2.dwg”为文件名保存在学生文件夹中。

二、图示效果

项目练习 2 图示如图 15-33 所示。

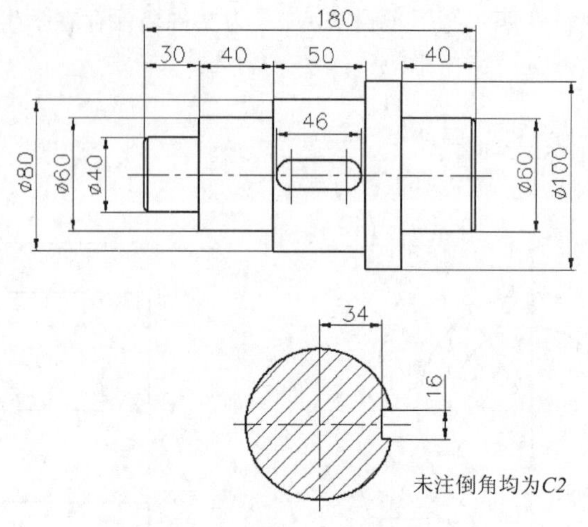

图 15-33　项目十五图示（二）

拓展项目 1

一、基本要求

1．三维视图

建立新图形文件，图形区域为 A3（420 mm × 297 mm）幅面，在设置的图形区域内作图。新建视口，将绘图区域建成四个视口，视图角度依次设为“主视”“左视”“俯视”和“东南等轴侧”，视觉样式为“三维线框”。打开“UCS”操作面板，选择“世界”。

2．三维绘图

按照样图所示的三视图给出的尺寸绘制三维图形，有一外径为“60 mm”的圆柱套，两端孔径为“50 mm”，中间孔径为“40 mm”；在顶部有一小孔，直径为“16 mm”；在圆柱套下方有用于支承的腿。

3．三维图形编辑

圆柱与支板连接处采用半径为“5 mm”的过渡圆角；在支板与底板连接的拐角处采用半径为“10 mm”的过渡圆角；在底板和圆柱之间采用宽度为“8 mm”的加强肋。视觉样式转换为“概念”。材料颜色选择单色“索引颜色：8”。对完成后的零件图进行剖切，保留在一侧。

4．保存文件

将完成的图形以“项目一四：拓展项目 1.dwg”为文件名保存在学生文件夹中。

二、图示效果

拓展项目 1 图示如图 15-34 所示。

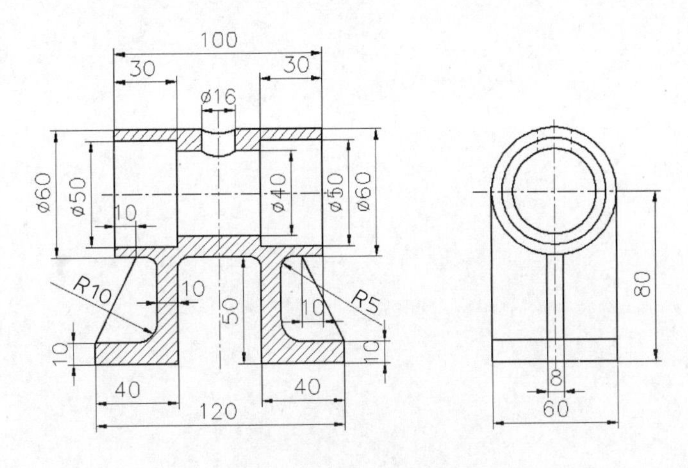

图 15-34　拓展项目 1 图示

拓展项目 2

一、基本要求

1．三维视图

建立新图形文件，图形区域为 A3（420mm×297mm）幅面，在设置的图形区域内作图。三维视图方式选择为“西南等轴侧”，视觉样式为“三维线框”。打开“UCS”操作面板，选择“世界”。

2．三维绘图

按照样图所示给出的尺寸绘制三维图形，在中间有一直径为“30 mm”的孔，外径为“60 mm”的凸台，内部有一直径为“30 mm”的孔横贯整个圆柱体。

3．三维图形编辑

视觉样式转换为“概念”。材料颜色选择单色“索引颜色：8”。对完成后的零件图进行剖切，并保留一侧。

4．保存文件

将完成的图形以“项目一四：拓展项目 2.dwg”为文件名保存在学生文件夹中。

二、图示效果

拓展项目 2 图示如图 15-35 所示。

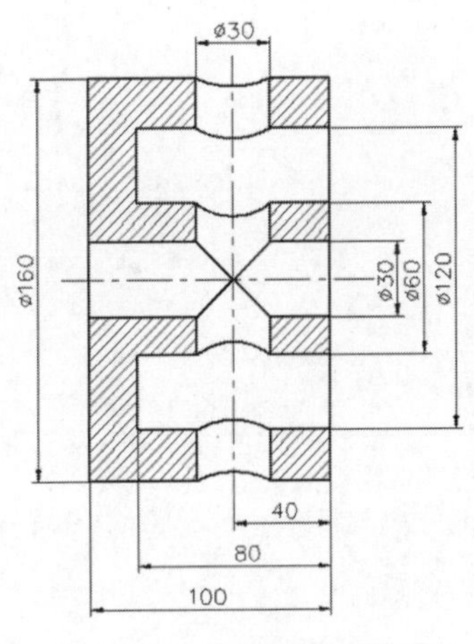

图 15-35　拓展项目 2 图示